マイクロメカニカル シミュレーション

博士(工学) 高野　直樹
博士(工学) 上辻　靖智　共著
博士(工学) 浅井　光輝

コロナ社

ま え が き

　本書は，計算力学あるいは複合材料の分野の研究トピックとして1990年以降に盛んに研究がなされてきたマルチスケール法について，筆者のこれまでの15年間の研究成果を編纂(さん)したものである．この間にたくさんの先生方にご指導をいただいたことをまず記し，感謝したい．

　研究のスタートとなったミシガン大学の菊池昇先生，渡米のチャンスをつくってくださった東京大学の奥田洋司先生，帰国後10年間お世話になった大阪大学の座古勝先生，ミシガン以来お世話になっている東北大学の寺田賢二郎先生，実験パートナーである大阪府立工業高等専門学校の西籔和明先生にまず感謝したい．理論をふまえた「マルチスケールの目」で実現象を観察する機会を多くもてたことは，この分野の研究にたいへんプラスになった．

　バイオメカニクス分野では，大阪大学の中野貴由先生，京都大学の安達泰治先生にリードしていただき，リアリスティックな新しい研究をさせていただいた．2003年10月から2007年3月まで続いたJST CRESTプロジェクトの成果は，海綿骨の解析ソフトウェアDoctorBQとして市販化できた．（株）くいんと，（株）ケイ・ジー・ティーにはたいへんお世話になった．

　2004年から所属した立命館大学では，MEMS（micro electro mechanical system，微小電気機械システム）の勉強ができ，複合材料・多孔質材料や海綿骨とまた違ったマイクロメカニカルシミュレーションを展開できた．特に，鳥山寿之先生，磯野吉正先生（現神戸大学）には御礼申し上げたい．共著者と圧電材料の研究を進めることができたのもこの時期である．また，動的解析については，和歌山工業高等専門学校の山東篤先生（元CREST研究員）の協力を得ている．彼との共同研究の進展を自ら楽しみにしているので，読者も研究の初期段階の最新情報を楽しんでいただきたい．

　ちょうどDoctorBQの市販化と相まって，これまでの研究に一区切りを付

け，啓蒙と普及の活動もしようということで本書の企画を始めた。執筆の最中，本書の内容と関連して，日本機械学会計算力学部門業績賞という名誉な賞を受けることにもなり，はずみとなった。

　本書の理解に必要な線形代数，数値解析，連続体力学や有限要素法（FEM）の基礎については，共著者の一人の浅井光輝先生（当時立命館大学助手，現在九州大学准教授）と前書「メカニカルシミュレーション入門」をコロナ社から出版したが，マルチスケール法の理解に必要な追加項目は本書の付録に記した。併せて読んでいただくことで，結局は「力学の目」を養うのに役立つものと確信している。本書の中でも書いたが，"応力が観察できる顕微鏡付きの万能試験機"がマルチスケール法であり，そのポストプロセシングは「マルチスケールの目」と「力学の目」の育成に有益である。本来なら，シミュレーションをしない実験専門家に読んでいただきたいと願っている。

　前書「メカニカルシミュレーション入門」では，"高精度・高品質"なシミュレーションのための基礎力育成を課題とした。本書ではこれに"高分解能"というキーワードが加わることになる。基本の核となる理論，技術，考え方は一つであるので，プラスチック系複合材料も，セラミックスも，骨も，いずれも現在の専門やテーマにかかわらず読破いただきたいと願っている。大学・大学院の学生から企業の方まで，シミュレーションの専門家も実験の専門家も，「マルチスケールの目」とはどんな目か，感じとっていただければ幸いである。

　最後になったが，本書で使用した市販ソフトウェアに関して多大なるご協力とご助力をいただいたサイバネットシステム（株），丸紅情報システムズ（株）には厚く御礼申し上げる。

　また，コロナ社には，前書に引き続き気長に適切なご助言をいただき，たいへんにお世話になり，深謝する次第である。

2008 年 8 月

高野　直樹

　本書の図面の一部を，コロナ社ホームページ（http://www.coronasha.co.jp）の本書関連ページに，カラーで掲載しました。

目　　次

1.　ソリッドモデリングと有限要素メッシング

1.1　機械系 3D-CAD モデリングとオートメッシュ …………………… *1*
1.2　イメージベースモデリングと数値解析法 …………………… *10*
1.3　MEMS 専用ソフトウェアによるプロセス主体のモデリング ………… *22*

2.　マルチスケール法

2.1　古典的なマイクロメカニクス …………………………………… *31*
2.2　不均質材料のモルフォロジー …………………………………… *36*
2.3　均　質　化　法 …………………………………………………… *38*
2.4　重合メッシュ法 …………………………………………………… *51*
2.5　異メッシュ接合法 ………………………………………………… *63*

3.　繊維強化プラスチック複合材料のマルチスケールシミュレーション

3.1　損傷シミュレーション …………………………………………… *67*
3.2　RTM 成形シミュレーション …………………………………… *76*
3.3　深絞り成形シミュレーション …………………………………… *88*
3.4　四面体要素によるミクロ構造モデルのオートメッシュ ………… *99*

4. 高分解能イメージベースマルチスケールシミュレーション

4.1 多孔質セラミックスへの適用 …………………………………… *103*
4.2 生体硬組織への適用とポストプロセシング ………………… *118*

5. き裂を有する不均質部材のマルチスケールシミュレーション *136*

6. 圧電体のマルチフィジックスシミュレーション

6.1 圧電体の定式化と数値解析法 ………………………………… *154*
6.2 マルチスケール圧電体シミュレーションの定式化 ………… *166*
6.3 結晶形態を考慮したマルチスケールシミュレーション …… *170*
6.4 多孔質PZTのイメージベースマルチスケールシミュレーション … *173*

7. MEMSのシミュレーション

7.1 マイクロセンサの構造シミュレーション …………………… *177*
7.2 くし歯アクチュエータの静電シミュレーション …………… *179*
7.3 モデル縮約法による高速動的シミュレーション …………… *183*

付録 A 構造問題の支配方程式と有限要素法 ……………………… *191*
 A.1 テンソル表記の基礎 *191*
 A.2 変形・ひずみ・応力 *195*
 A.3 支 配 方 程 式 *198*
 A.4 有 限 要 素 *201*

A.5　剛性方程式の導出　*205*

　A.6　境　界　条　件　*209*

付録 B　圧電体の有限要素式 ……………………………………*212*

　B.1　通常の圧電問題の有限要素式　*212*

　B.2　マルチスケール圧電弾性問題の有限要素式　*213*

引用・参考文献 ……………………………………………………*216*

索　　　引 …………………………………………………………*224*

1 ソリッドモデリングと有限要素メッシング

1.1 機械系3D-CADモデリングとオートメッシュ

　本章では，機械部品などの一般的な構造解析，複合材料や生体組織などの微視的な不均質性を考慮した材料のマイクロメカニクス解析やマルチスケール解析から，**MEMS**（micro electro mechanical system, **微小電気機械システム**）に至るまで，さまざまなマイクロメカニカルシミュレーションにおける特徴的なモデリング方法，メッシング方法について述べる。

　まず，本節では，最も一般的で普及しているスタイルである機械系**3D-CAD**（computer-aided design）システムを用い，四面体要素によるオートメッシュについて述べる。

　有限要素法の手順は**図1.1**のようにまとめられる。有限要素法，あるいは

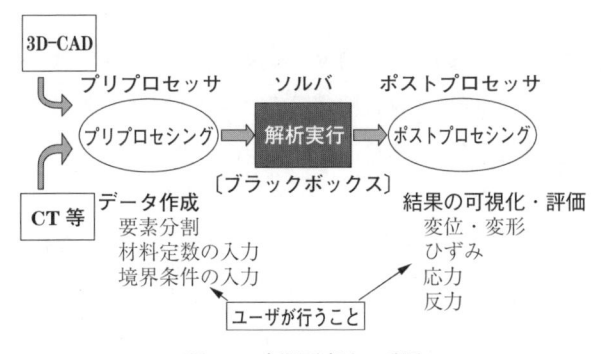

図1.1　有限要素法の手順

CAE (computer-aided engineering) は，プリプロセシング，解析実行，ポストプロセシングの三つの手順からなる。それぞれを実行，支援するソフトウェアが，プリプロセッサ，ソルバ，ポストプロセッサと呼ばれる。作業内容は，プリプロセシングでは，要素分割，材料定数の入力，境界条件の入力というデータ作成である。ポストプロセスでは，出力項目である変位・変形，ひずみ，応力，反力という結果の可視化や評価を行うものである。ソルバはユーザにとってはブラックボックス化している。ユーザが行うのはプリ・ポストプロセシングであるので，これをいかに確実に，かつ効率的に行うかが重要である。このためには付録Aにまとめた理論に立脚して，いろいろな周辺知識も必要である。本書は，理論と実践をともに紹介し，さまざまなマイクロメカニカルシミュレーションの事例から，ユーザに求められるプリ・ポストプロセシングの知識，理論式の行間のようなものをお伝えしたいと願っている。

CAD/CAE というように，最近ではモデル作成は 3D-CAD で行うのが普通である。CADにおける表現の歴史的発展は，点と線（エッジ）によるワイヤフレームモデル，面を加えたサーフェスモデル，面の内と外という立体情報を加えたソリッドモデルがあるが，現在の 3D-CAD はソリッドモデルである。CAD/CAE 間のデータのやりとりについては，時代とともに変遷があるが，ソリッド情報を受け渡すための IGES，parasolid などのフォーマット，表面情報を受け渡す STL 形式のファイルにより，3D-CAD で作成したモデルを CAE に引き渡すようになっている。STL は，表面を三角形パッチの集合として表現するものである。図1.2 に例示するように，曲面部分は多数の細かい三角形パッチにより，平面部分は長細い三角形パッチにより表現される。パッチ総数が多いほど，曲面を含む複雑形状の表現の精度が向上する。

CAE 側のプリプロセッサではオートメッシュを行うというルーチンが相当に確立されている。2次元解析やシェル解析については，三角形要素，四角形要素ともに高次要素を含めて，オートメッシュが対象をほぼ選ばず可能である。3次元解析のオートメッシュについては，複雑形状では四面体要素，簡単な形状であれば六面体要素というのが一般的であろう。四面体要素の場合は，

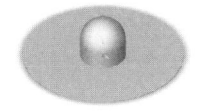

（a） ソリッドモデル

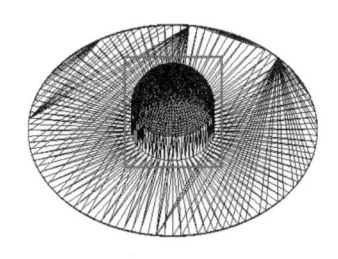

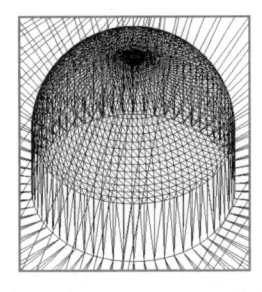

（b） STL データ　　（c） 凸部の STL データの拡大図

図 1.2　STL データの例

精度上 2 次要素（10 節点四面体要素）を用いることが望ましい。パソコン（パーソナルコンピュータ）であってもハードウェアの性能向上のおかげで節点数の上限が急速に跳ね上がり，2 次要素の使用に支障がなくなった。

ただし，CAD からの情報に基づくオートメッシュでは，CAD 情報の粗さ・細かさと，有限要素の要素数は関連があるため，解析規模を適正化する工夫がプリプロセッサのオートメッシュ機能には求められる。

CAD 以外にも，図 1.1 で示したとおり，X 線 CT を用いた複数の断層写真から立体を再構築する手法がある。医療分野ではほかに MRI も用いられる。CAD と CT を併用する場合もある。例えば，インプラントを用いる治療では，CT で取得した生体情報に，CAD からインプラント情報を加えて，術前にシミュレーションを行う。画像をスタートとするイメージベースモデリングについては次節で述べる。

さて，以下にはオートメッシュの事例をいくつか紹介する。使用したソフトウェアは，3 次元 CAD システム Solid Edge と ANSYS である。ANSYS は，一般の機械設計用途だけでなく，マルチフィジックス解析ソフトウェアとして MEMS の解析・設計にも幅広く活用されている。

まず，パワー MEMS の一つであるマイクロガスタービンエンジン用コンプレッサの事例[1),2)]† を示す。図 1.3 に直径わずか 6 mm のインペラ（回転翼）とディフューザ（固定翼）のソリッドモデルを示す。1.3 節で述べるが，シリコンウェーハ上にエッチングプロセスにより形成する MEMS の場合，2 次元的な翼形状となっている。さらに，ソリッドモデルを構築する 3 D-CAD では，図 1.4 のような平面図も作成できる。

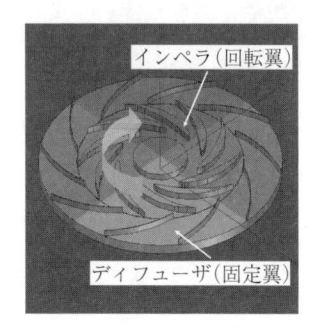

図 1.3 MEMS マイクロコンプレッサのソリッドモデル

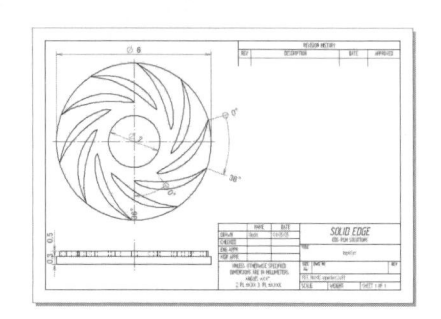

図 1.4 インペラの平面図

このインペラに対して，遠心応力を検討するために行ったオートメッシュの例を図 1.5 に示す。四面体 2 次要素を用いている。形状の表現のために，翼の端部近傍で自然と細かいメッシュになっている。中心軸近傍の拡大図を同図（b）に，また裏面のメッシュの様子を図（c）に示す。

遠心応力を解析した結果の一部を図 1.6 に示す。ミーゼスの相当応力の分布を変形とともに示している。同図（c）がわかりやすいが，周方向の分布がいびつである。これは四面体要素による不規則なメッシュの粗密の影響を受けたものである。特に遠心力は質量マトリックスを用いる解析であるため，四面体要素では不規則なメッシュの影響を受けやすい。

図 1.7 は，同じパワー MEMS の燃焼器内の保炎板[3),4)] の 1/4 モデルである。一般的な表現をすれば，多孔円板である。孔はノズル状に 3 次元形状となっており，全体で 1 000 を越える孔が形成されている。ノズル状の孔形状は異方性

---

† 肩付き数字は，巻末の引用・参考文献の番号を表す。

(a) 翼 面

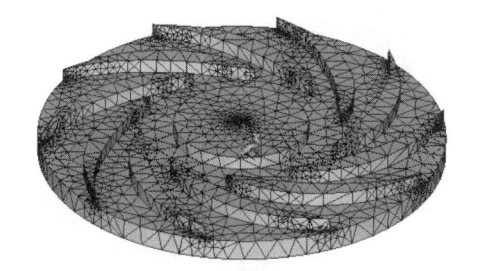

(a) 翼 面

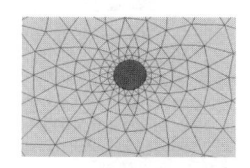

(b) 中心軸近傍の拡大図

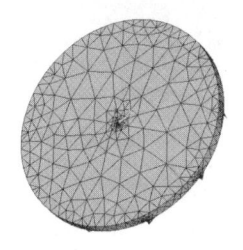

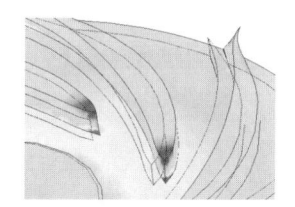

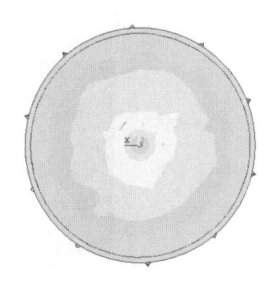

(b) 翼端近傍の拡大図

(c) 裏 面

(c) 裏 面

図1.5 四面体2次要素を用いた
インペラのオートメッシュ

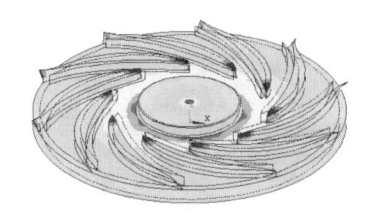

図1.6 遠心応力と変形図

エッチングにより形成される。メッシュ図には陰影が付いていないので3次元的な認識が難しいが，1/4モデルの断面を細かく観察すれば3次元的であることがわかるであろう。この事例でも，形状の複雑さに伴い，メッシュの粗密が自然と付いている。

同図（b）は，孔の影響を物性値に反映させたマクロな等価円板のモデルである。この場合は，メッシュの粗密の必要性は本来ないが，四面体要素のオートメッシュでは図のように不規則なものとなる。これは後述するが，ポストプロセシングにおいては支障となる。

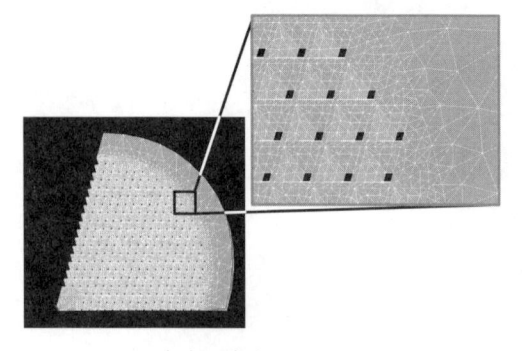

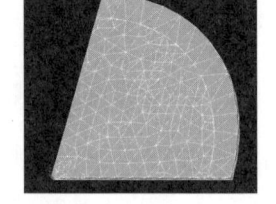

(a) 詳細モデル　　　　　　　(b) 等価円板モデル

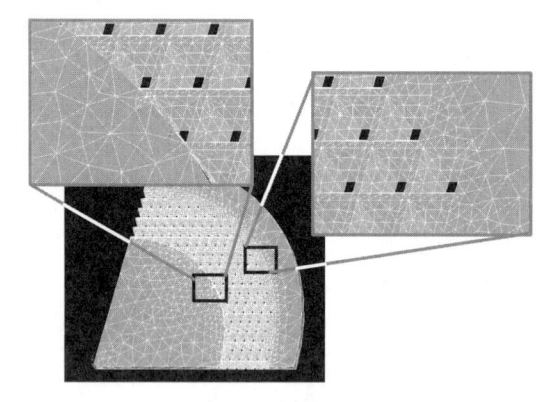

(c) 局所的詳細モデル

図1.7 四面体要素を用いた燃焼器内の保炎板のオートメッシュ

同図(c)は，応力が高い周辺部の孔のみを忠実にモデル化し，円板中央付近は等価円板とした事例である。孔を表現した部分と等価円板モデルの接続部付近では，メッシュサイズの相違が激しく，やや無理のあるメッシュ接続となっているが，なんとかオートメッシュができている。この部位で応力値を評価するわけではないので，手間（コスト）を考えれば，オートメッシュは強力である。解析結果の詳細は本書ではふれないが，全体を忠実に表現した(a)のモデル，(b)の等価円板モデル，局所的に詳細に表現した(c)のモデルとも，動的解析を行ったところ実用上十分な精度の解が得られたことを付記する。

つぎに，**図1.8**はS字はりの2次元圧縮解析である。図(a)は8節点四辺

(a) メッシュ分割 (b) 異方性材料主軸

図 1.8　異方性材料よりなる S 字はりの 2 次元圧縮解析

(a) 等方性材料　(b) 異方性材料

図 1.9　y 方向ひずみ分布

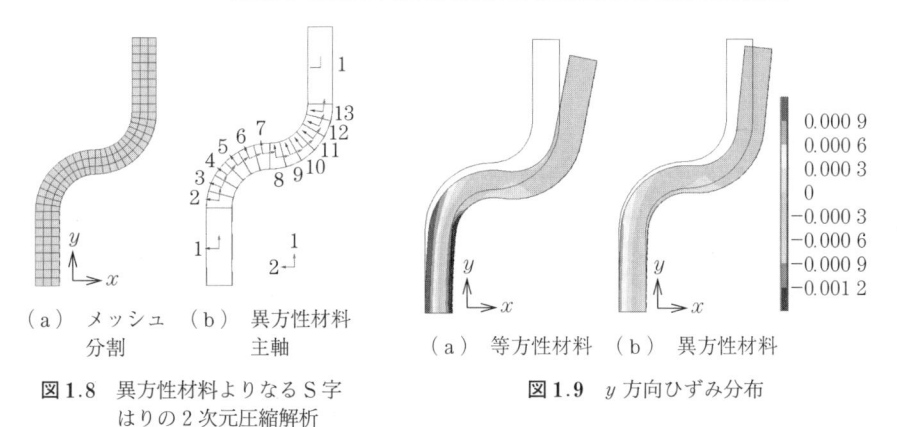

形要素（2 次要素）によるメッシュ分割である．この問題では，図（b）のように材料主軸を定義して異方性材料を想定した解析を行うため，ある程度マニュアルによりコントロールしてメッシングしている．

ここでは 1 軸方向のヤング率が 2 軸方向のヤング率より 2 倍高いケースを想定している．そのため，図（b）のように，領域をブロックに分けて，1 番から 13 番までの材料テーブルを作成し，要素一つ一つに材料テーブルとの対応が定義されている．

境界条件としては，下面を完全に拘束し，上面に y 方向の一様圧力を付与し，圧縮した．解析結果の一部として y 方向ひずみ分布を**図 1.9** に示す．図（a）が等方性材料の場合，図（b）は材料主軸の 1 軸方向のヤング率が 2 倍高い場合である．同一の圧力を与えているので，異方性材料の場合は変形・ひずみが小さいことがわかる．これは 3.1 節や 4.2 節の事例の理解を深めるため，後ほど再読してほしい．

類似の問題であるが，サンドイッチ構造 S 字はりの 2 次元圧縮解析を**図 1.10**，**図 1.11** に示す．表面のヤング率に比して，内部のヤング率は 1/10 としている．同一材料層内の分布を知るために，前の例よりも要素数を増やしているが，同様にコントロールされたメッシングを行っている．境界条件として，下面を完全拘束，上面には y 方向に強制変位を与えている．図 1.11（a）

(a) 材料組成　(b) メッシュ分割

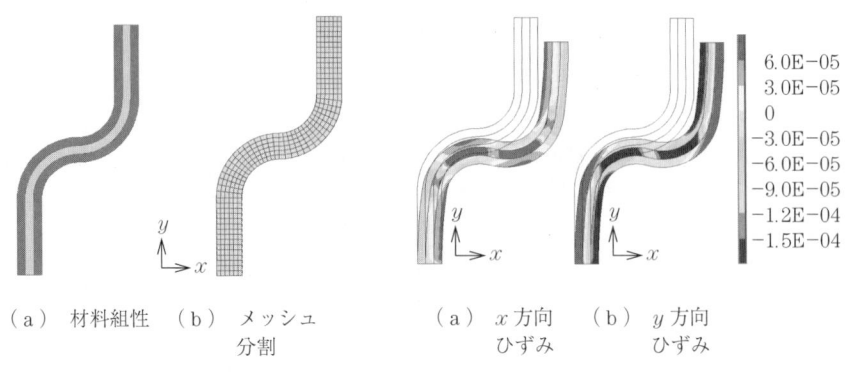

図 1.10 サンドイッチ構造 S 字はりの 2 次元圧縮解析

(a) x 方向ひずみ　(b) y 方向ひずみ

図 1.11 サンドイッチ構造 S 字はりのひずみ分布

は x 方向ひずみ，同図 (b) は y 方向ひずみの分布である．中立軸ではあるが，内部の低いヤング率の層に高いひずみ値（x 方向には引張り，y 方向には圧縮）が発生していることがわかる．これは 4.2 節の海綿骨を均質化したケースを想定して，後ほど再読してほしい．

最後に，再び四面体要素によるオートメッシュの事例を示す．**図 1.12** は全体の 1/2 であるが立方体ブロックに異材のテーパ付くさびが打ち込んであるといったモデルである．10 節点 2 次要素を使用した．下面を拘束し，上面に圧力を与えている．このような問題で評価したいのは界面応力である．ベースのブロックのヤング率とポアソン比は 15 GPa，0.3 であり，くさびのヤング率とポアソン比は 115.7 GPa，0.321 である．したがって，界面でのひずみ，応力は不連続となる．**図 1.13** はせん断応力 τ_{xy} の分布である．

注意点の一つとして，図 (a) は ANSYS の節点解を用いた表示，同図 (b) は要素解を用いた表示であり，後者なら界面での不連続を表現できるが，前者なら平均値を使った無意味な表現となることである．定量的な評価において，材料ごとに違う値となる応力，ひずみを平均した節点解はまったく工学的意味がない．このことは付録 A.5 に解説した．

第二に，この応力は全体座標系での応力であり，界面に沿った座標系ではないことである．そこで，ポストプロセシングでは，要素ごとに局所座標系を定

(a) 立 体 図　　　　（b) 断 面 図

材料Ⅰ
材料Ⅱ

図 1.12　異材界面を有する物体のオートメッシュ

(a) 節点解を用いた表示　　　（b) 要素解を用いた表示

[MPa]

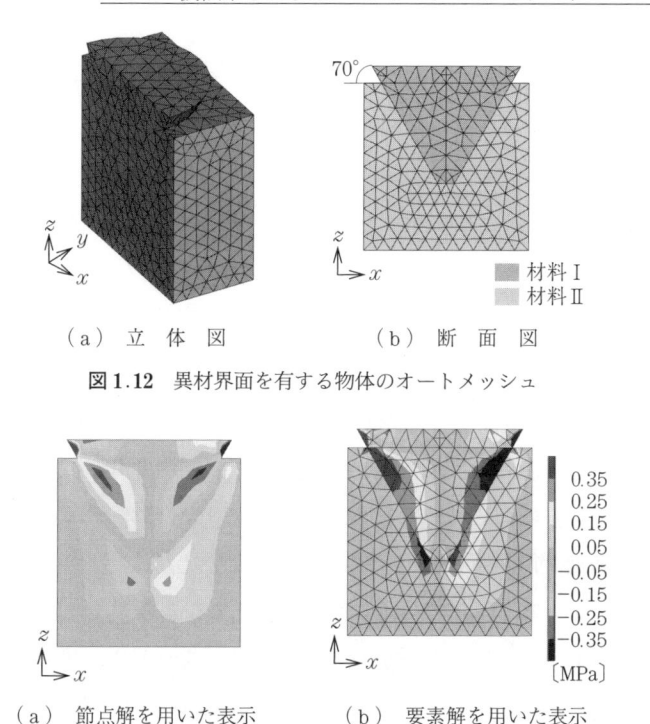

図 1.13　異材界面を有する物体のせん断応力分布

義して応力テンソルを座標回転して出力する必要が本来ある。

　第三に，界面に垂直な垂線上での応力，ひずみの分布をプロットすることが望ましい。ANSYS では二つの節点を選んで，線分上の分布をプロットすることもできるが，正確に垂線にしたいときには，コントロールされたメッシングが必要であり，四面体要素によるオートメッシュではほしいポストプロセシングが必ずしもできないという不便さがつねにある点に留意すべきであろう。逆に，ユーザにはポストプロセシングを正しく行うための力学理論，有限要素法における近似・補間といった知識が求められている。本書を通じて，これらを学んでいただきたい。

1.2 イメージベースモデリングと数値解析法

前節の図1.1で示したX線コンピュータトモグラフィー（CT）やMRIなどの断層写真からの3次元モデリングについて述べる。工業用X線CT，医療用X線CTや高分解能のX線マイクロCTなどが多く使用されるようになり，物体の内部構造を高分解能X線マイクロCTでは最高で数マイクロメートルという分解能で断層撮像できるようになった。さらに，ナノスケールにも技術は進展し，TEMトモグラフィー技術[5]を用いれば，なんと1ナノメートルという超高分解能での回転撮像から3次元モデルの再構築が可能となりつつある。2次元情報である単一の画像はよく知られたピクセルを基にしているが，これに断層間隔の寸法を与えて3次元にしたものをボクセル（voxel）という。1ボクセルをそのまま六面体有限要素とするならば，メッシングという作業は不要である。こうした手法を**イメージベースモデリング**という。

イメージベースモデリングは，当初，整形外科分野において開発されてきた[6]。その後，工業分野では，実製品の解析から逆にCAD図面を生成しようとするリバースエンジニアリング技術として開発されてきた。

工業製品，生体組織とでは，もちろん可能なX線被爆量という点で大きな差異があるが，モデリング技術としては共通に以下の手順をとる。

まず，CTなどで撮像された画像情報はピクセルごとに輝度情報をもっている。これを，対象ごとにあるしきい値で材料種別に色分けする。例えば多孔体の場合には，材料があるか孔であるかの2値化をすることになる。これをすべての断層画像について処理する。多孔体の場合には，図1.14のように材料がある部分のピクセルをそのまま四角形要素と考える。通常は2次元方向には同一の分解能であるから，要素形状は正方形となる。

こうした断層画像が複数枚あり，すべての断層画像は同一の分解能，あるいはピクセル数である。また，断層間隔は同一である。したがって，図1.15に示すように，四角形要素に断層間隔を高さとして与えれば，六面体要素（直方

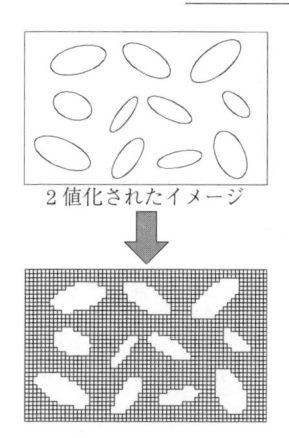

図 1.14 多孔体の場合のボクセルモデリングにおける 2 値化

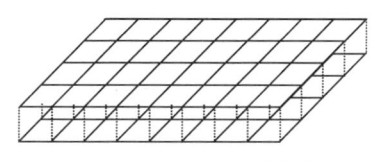

図 1.15 ボクセル要素生成

体要素）となる．面内の分解能と断層間隔が同一であるなら，六面体要素は立方体要素になる．すべての六面体要素の寸法は同一であり，ボクセル要素という言い方をする．これはイメージベースモデリング手法の利点の一つであり，後述のように数値解析法に生かされる．

図 1.14 のように，あたかも方眼紙のような直交格子をあらかじめ用意し，そこに画像を重ね，2 値化された ON/OFF 情報を微小領域ごとに転写していくようなものともいえる．

図からもわかるように，曲線や曲面はギザギザの凹凸形状となってしまう．これはイメージベースモデリング手法の欠点の一つである．いかに分解能を上げても，この欠点は克服できない．形状表現がなめらかでないことは，メカニカルシミュレーションにおいては数値誤差が応力集中として現れる．それ以上に，図 1.16 のように表面力の定義が正確にできないのが欠点となる．このことから接触問題の取扱いにも困る．こうした欠点が出ないのは，本書で紹介す

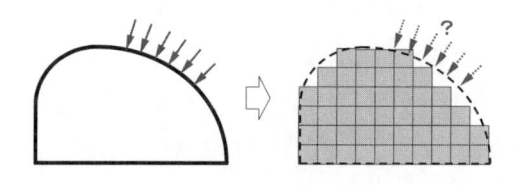

図 1.16 ボクセルモデリングにおける曲面形状と表面力の表現

るように，微視構造を有する不均質材料（生体組織を含む）の一部を高分解能でとらえて解析する図 1.14 のような場合である。内部微視構造の境界は，2値化の誤差のほうがメッシュ表現の問題より重大である。

　また，画像は昨今相当のピクセル数で表現されているわけで，さらに断層数倍という膨大なボクセル数で 3 次元物体の表現がなされる。ボクセルをそのまま直方体要素（あるいは立方体要素）に変換するのだから，要素数は膨大である。$100 \times 100 \times 100$ 分割でも要素数は百万（メガ）となるが，面内分解能だけで 512×512 で約 26 万ピクセルだし，$1\,024 \times 1\,024$ だとメガピクセルである。要素数が膨大になることがもう一つの欠点である。幸い，この欠点は，すべての要素が同一形状，同一寸法であることを利用した数値解析法と，昨今の急速なコンピュータ性能の向上によりほぼ克服されている。

　イメージベースモデリングの最大の利点は，不均質材料の微視構造を非破壊的にとらえた後，複雑な 3 次元微視構造モデルを全自動で生成できる点にある。4 章ではさまざまな多孔質セラミックスと生体硬組織である骨の内部の海綿骨への適用事例を示すが，きわめて複雑な 3 次元構造のメッシングは，イメージベースモデリング以外の方法ではまったく実用性に欠ける。ボクセルをそのまま要素にするということは，メッシングという作業がないに等しい。もちろん要素数を減らすためダウンサイジングという手法を併用することは可能であるが，ユーザが与える情報はそれ以外にはなにもない。よって，ユーザによる解の精度の差異が生じることもない。ユーザによらず解の品質を保つという点では高品質シミュレーションが実現される。有限要素法が抱えるメッシングが解の精度に及ぼす影響という問題点をある意味克服している。むしろ，撮像技術がすべてともいえる。

　複雑形状のモデリングに長けるという点に注目し，プリプロセシング，ソルバ，ポストプロセシングの一連の作業全体のコストを，手作業でメッシングした場合，前節で述べた四面体要素によるオートメッシングと比較したのが**図 1.17** である。もちろん定量的なものではなく，対象によっても大きく異なるので，あくまで定性的かつ概念的な図である。また，四面体要素によるオート

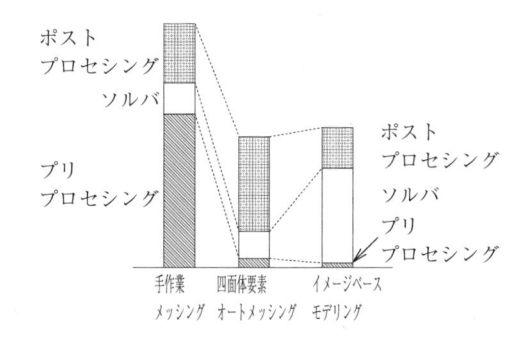

図 1.17 モデリング方法の違いによる有限要素解析にかかる作業全体のコストの比較

メッシングでは 3D-CAD によるソリッドモデルは与えられるとし，イメージベースモデリングでは CT 撮像は完了しているとする．

プリプロセシングについては，当然ながら手作業メッシングは膨大な期間を要する．四面体要素のオートメッシングとイメージベースモデリングを比較した場合，どちらもまさに一瞬で完了するわけだが，四面体要素のオートメッシング後にメッシュ図を表示して念入りなチェックを誰でも行うし，行うべきである．オートメッシングには任せきりにはできないと手作業で微調整をするユーザも多いはずである．イメージベースモデリングでも，上記のように曲面がギザギザメッシュとなる点は確認すべきであるが，不均質材料の内部微視構造のモデリングにおいては，4 章の例題でわかるように，そうしたチェックすら不要といえる．したがって，イメージベースモデリングは最も低コストのプリプロセシング手法といえる．

ソルバに関しては，手作業メッシングと四面体要素オートメッシングはほぼ同程度であろうが，イメージベースモデリングではとにかく要素数が膨大なため，ソルバにかかる時間は多い．しかし，その間はユーザは待つのみであり，別の仕事をしていればよいと思えば，時間差ほどのコスト差はないともいえる．

ポストプロセシングについては，意外かもしれないが，一番楽で効率的なのはイメージベースモデリングである．ついで手作業メッシングで，最もポストプロセスが面倒なのが四面体要素オートメッシングだといえよう．もしも，荷

重点などある1点の変位を見て終わりというならこの図のとおりではないが，変形モードを見て，ひずみ・応力分布を見て，さらに定量的に，かつ緻密に値を調べるということになれば，上述の順番がはっきりと現れる。

　筆者は，特にポストプロセシングには十分な時間をかけて，シミュレーションの妥当性や信頼性を確認するし，つぎの指針を得る，あるいは設計変更案を得るというフィードバック作業すべてをポストプロセスととらえているので，ことさらにメッシングの差を感じる。逆に，ポストプロセシングに適したメッシングを選ぶわけだが，目的を明確にもってシミュレーションに臨むなら，当然である。大学の研究室では1人で実験観察，モデリング・メッシング，解析，設計変更まで行うから当然である。逆に，役割分担をして，メッシングする担当者と設計者とのコミュニケーション不足であったりすると，シミュレーションの目的を理解不足のままメッシングして，欲しい情報が得られず，かえって非効率なことがままあるように思う。

　イメージベースモデリングのポストプロセシングが容易である理由は，すべての要素が直交座標系に沿った同一形状かつ同一寸法であることによる。変位の評価点である節点，ひずみ・応力の評価点であるガウス点や重心点の分布が完璧に規則的である。よって理解がたいへん容易である。さらに解析結果の加工も容易である。

　一方，四面体要素では，要素形状を3次元的に理解することはほぼ不可能で，前節の事例でわかるように粗密もある。節点の分布は不規則で，ガウス点はおろか重心点の分布がどうなっているかすら理解不能である。

　シミュレーションの本質は分布を知ることにある。分布がないなら要素分割という離散化も不要だし，そもそも理論だけで解けるのではないかということになる。また分布のコンピュータ内での表現は，離散的な評価点の情報をつなぐ（近似・補間）ことによりなされる。よって，評価点がどこにあって，どんな風に散らばっているかは，とても重要であり，メッシュの善し悪しを判断する重要な見方である。ひずみや応力の分布を表現するのに必要な評価点を配置できるようなメッシングをすればよいともいえる。ボクセル要素はシミ

ュレーションの目的達成のためのメッシング指針の具現化に適している。また，要素内のひずみ・応力分布は理論的に明示されたものではないため，重心点で代表的に考えたとしたなら，ボクセル要素は重心点が規則的に多数分散しているため，四面体要素に比べると分布の把握に好都合である。

しかしながら，ボクセル要素ではギザギザ表現であるゆえの数値誤差もあるため，いわゆるポイントストレスという1点（節点または重心点）のひずみ・応力値を評価に用いるわけにはいかない。ボクセルはだめだという批判の半分は，ポイントストレス評価をする際に起きる。ちなみに残り半分は，曲面の物体表面の評価の際に問題が起きるが，これは表面力の表現という問題と同じことであり，これだけはいたしかたない。よって，筆者は本書でも紹介するように不均質材料内部の微視構造に関連した解析にのみ使用している。

話を戻すと，ポイントストレス評価はしないということは，注目すべき1点があるなら，その周辺領域を含めた分布を理解したうえで，力学理論に照らし合わせて評価すべきだということである。そのためには，そうした分布を容易に提示するポストプロセッサが必須である。図1.17は，イメージベースモデリングに適したソフトウェア[7),8)]を使用した場合を想定して描いている。

現在では，イメージベースモデリング専用ソフトウェアが市販化されている。国内での情報に限られるが，機械系分野に使用可能なソフトウェアとしては**図1.18**に示す状況にまとめられよう。これ以外に骨形態計測分野では専用ソフトウェアもある。市販ソフトウェアとしては画像はコンバータを介さずに

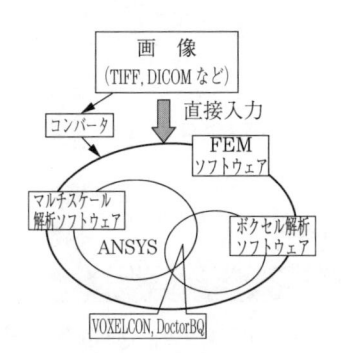

図1.18 イメージベース解析ソフトウェア

直接入力できるのが当然である。有限要素解析ソフトウェアの中でも，ボクセル要素ではなく，四面体要素によるオートメッシュを用いるものもある。また，本書で中心的に取り上げるマルチスケール解析機能を有するものもある。具体的には，均質化法や重合メッシュ法を具備したソフトウェアである。画像を直接入力できて，ボクセル要素を用いるマルチスケール解析ソフトウェアには，（株）くいんと製の VOXELCON と，筆者の一人が開発した DoctorBQ[8]がある。DoctorBQ も企業のサポートを受けて市販化している。本書の 4 章の解析事例の大半はこれらのソフトウェアを用いている。

以下には，DoctorBQ を例にとり，イメージベースマルチスケールモデリングについて紹介する。まず，図 1.19 にソフトウェアの構成を示す。大別すると，モデラ，マルチスケールソルバ，ポストプロセッサからなる。**GUI**（graphical user interface）は，ソフトウェア開発環境・ライブラリである AVS/Express と OpenViz（グラフ作成用）に基づいている。ソルバはモデラ内のランチャから自動起動される。入力は図の左にある画像（TIFF）データのほかには，GUI から物性値や境界条件を入力する。モデラからは，モルフォロジー分析結果がグラフとして出力される（xls データ）。

イメージベースマルチスチールモデラとソルバの構成を図 1.20 に示す。モデラは，画像処理・2 値化モジュール，モルフォロジー分析モジュール，マル

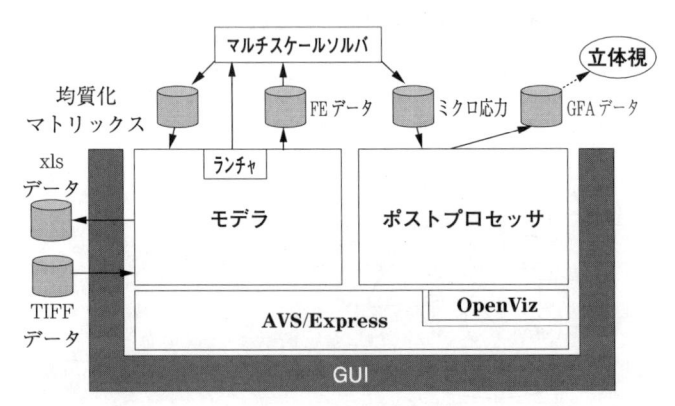

図 1.19 イメージベースマルチスケール解析ソフトウェア DoctorBQ の構成

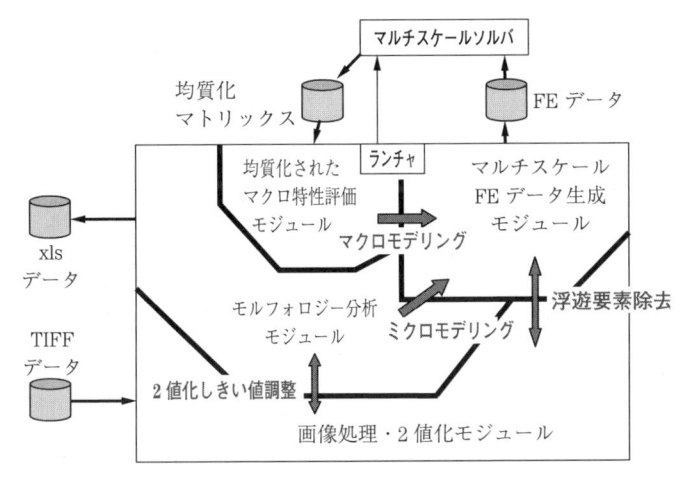

1.2 イメージベースモデリングと数値解析法

図 1.20 DoctorBQ におけるイメージベースマルチスケールモデラとソルバの構成

チスケール有限要素データ生成モジュール，均質化されたマクロ特性評価モジュールの 4 モジュールからなる．

　画像処理・2 値化モジュールの実行画面の一例を**図 1.21** に示す．事例は，6.4 節で紹介する多孔質圧電セラミックス材料である．2 値化のための輝度のしきい値をスライダバーで調整するようになっている．2 値化作業は，解析結果や精度に決定的な影響を及ぼす大事な作業である．**図 1.22**，**図 1.23** は 5.2 節で紹介する腰椎骨の海綿骨[9]であるが，しきい値の違いにより図のような相

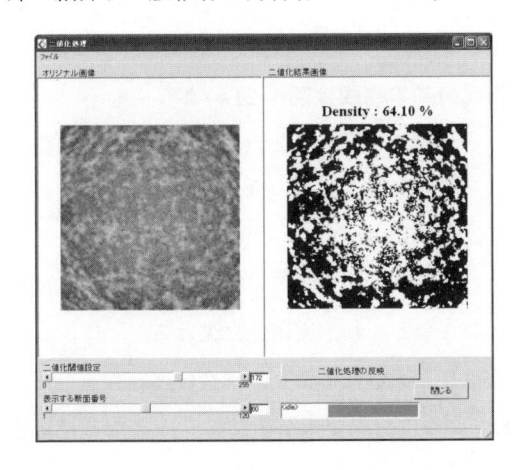

図 1.21 DoctorBQ における画像処理・2 値化モジュールの実行画面

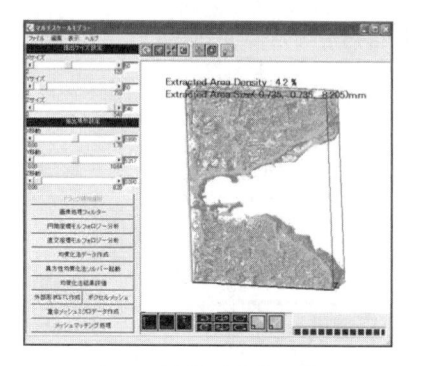

18　　1. ソリッドモデリングと有限要素メッシング

（a）不適切なしきい値　　　　　　　　（b）適切なしきい値

図 1.22　DoctorBQ における腰椎骨のイメージベースモデリングにおける2値化しきい値の違いの例（1）

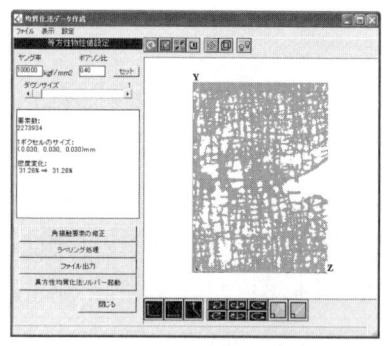

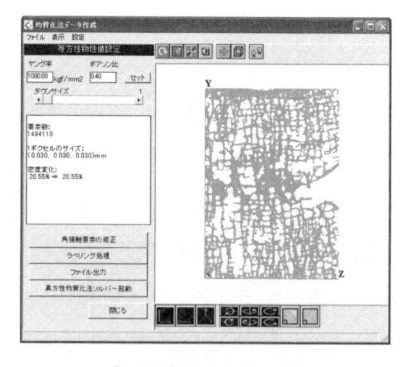

（a）不適切なしきい値　　　　　　　　（b）適切なしきい値

図 1.23　DoctorBQ における腰椎骨のイメージベースモデリングにおける2値化しきい値の違いの例（2）

違が生じる。2値化モジュール画面の基本構成は**図 1.24**のようになっているが，大事なことは，モルフォロジー分析をしながら2値化のしきい値を再調整できるようになっている点である。全体領域，あるいは部分的な抽出領域に対して，体積分率などの情報が画面に表示されていれば便利である。いったん2値化作業を行った後に再調整機能がなければ，ソフトウェアを終了して再起動して2値化作業をやり直さねばならなくなり，実用性に欠ける。

また，画像処理では，例えばラベリング処理により，構造の連結性をチェックすることができ，**図 1.25**に示すように有限要素解析でエラーとなる浮遊要

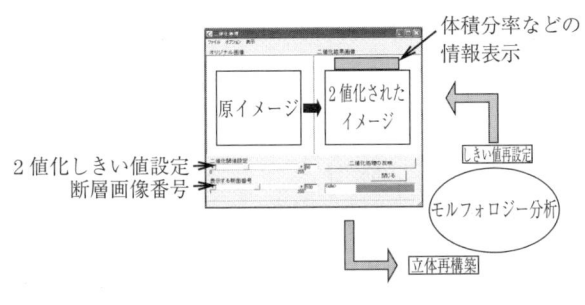

1.2 イメージベースモデリングと数値解析法

図 1.24 DoctorBQ における2値化を支援するモルフォロジー分析機能

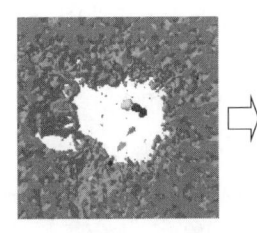

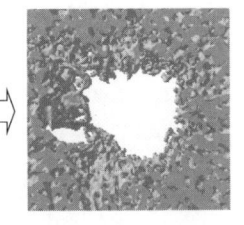

図 1.25 DoctorBQ におけるラベリング処理の例

ラベリング処理による識別　　浮遊要素の除去

素を除去することができるほか，CT 画像中のノイズ除去処理などの機能が最低限必要である。

　図 1.20 のモルフォロジー分析の事例については 4.2 節で紹介するが，その目的の一つは上記の2値化作業の支援であり，主目的はマルチスケールシミュレーション用のミクロモデリングである。均質化法，重合メッシュ法の理論は 3 章で述べるが，ミクロ構造を反映したマクロ特性を評価することは，すなわち正しく平均をとることである。そのため，不均質性を代表する適切なミクロ構造モデルを抽出することが重要であり，精度・信頼性確保のかなめである。したがって，モルフォロジー分析が重要となる。DoctorBQ は，マルチスケールシミュレーションのためのモルフォロジー分析機能を有する特徴的なソフトウェアである。ミクロモデルを作成するという意識ではなく，モルフォロジー分析が終了したら，すなわちミクロモデルが完成しているという思考を補助するようになっている。

　ミクロモデルが完成したら，物性値を与えて，ソフトウェアが自動的に周期境界条件を設定して均質化法によるシミュレーションを実行する。この際，モ

ルフォロジー分析は画像情報と立体再構築したボリュームデータに基づき処理をし，有限要素解析の直前にボクセル要素の情報に変換して出力するようになっている。つまり，ソフトウェアの中では，画像・ボリュームデータとボクセル要素データの対応がつねにとれるデータ構造になっている。

均質化法によりマクロ特性が予測されたら，その結果を評価し，マクロモデルに反映させるため，再びモデラ内での処理が続く。特に，マクロ構造中にミクロ構造が分布・分散している場合には，複数のミクロモデルを抽出して解析することになるため，それらのデータ管理をソフトウェアが行う必要がある。マルチスケールシミュレーションでは，マクロモデルでは微視構造を均質化して扱うため，**図1.26**のモデルのような処理を行う[10]。最終的に，ミクロモデルと，ミクロ構造を反映した均質化されたマクロ特性を有するマクロモデルがそろったら，ミクロ・マクロ連成を考慮したマルチスケールシミュレーションを実施する。

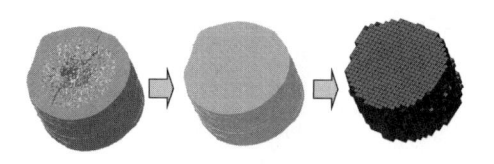

再構築された　内部気孔を埋めた　ボクセル要素分割
立体モデル　　立体モデル

図1.26　DoctorBQによる鳥類脚骨の均質化マクロモデリングの例

最終的に得られた結果，特にミクロ応力分布についてはポストプロセッサで可視化するとともに，情報を定量的に把握し，評価する。材料設計・機械設計へのフィードバックであったり，つぎのシミュレーション方針の決定を行うためのポストプロセシング機能が重要である。

図1.17に示したように，ボクセル要素を用いるイメージベースモデリング手法は，ほかのモデリング・メッシング法に比べてプリ・ポストプロセシングの簡便さが特徴である。したがって，その特徴を伸ばすソフトウェアがキーである。

最後に，ソルバの解析規模であるが，ボクセル要素しか使えない専用ソルバ

を開発すれば,通常のパソコンにおいて,例えば2GBのメモリが使える環境ならば250万要素程度,8GBのメモリが使える環境ならば1000万要素を超える大規模解析が可能である.

　これは,反復法の中でも,全体剛性マトリックスを作成せず,要素剛性マトリックスだけで処理を進める**EBE**(element-by-element)**法**により実現される.反復法として**前処理付き共役勾配法**(preconditioned conjugate gradient,**PCG**)を用いるEBE-PCG法が簡単かつ有力なソルバである.

　CG法であれば,全体剛性マトリックスKと,方向修正ベクトルのようなベクトル(例えばp)との積が計算の主となる.ここで,要素剛性マトリックスK^eから

$$K = \sum_{element} K^e \tag{1.1}$$

を利用すれば

$$Kp = \left(\sum_{element} K^e\right)p = \sum_{element}(K^e p^e) \tag{1.2}$$

であるから,CG反復は要素剛性マトリックスだけで進めることが可能である.ただし,式(1.2)のKpに要する演算量よりも$\sum_{element}(K^e p^e)$に要する演算量は多いため,EBE法は演算量は犠牲にしてもメモリ節約と大規模性を優先させた手法といえる.ここで,イメージベースモデリングでは,すべてのボクセル要素が同一形状,同一寸法であるから,要素剛性マトリックスは1回作成しておけば全要素等しい.この点でもイメージベースモデリングとEBE法の相性はよい.イメージベースモデリングの欠点の一つが要素数が膨大になることであったが,EBE法との相性のよさでこの問題点は克服される.

　前処理には,できるだけ全体剛性マトリックスの非対角項の影響を加味することが望ましいが,EBE法の処理を進めるには限界があり,最も簡単な方法は対角スケーリングを用いるEBE-SCG法(EBE scaled CG)である.4章の例題は,2GBのメモリの範囲内で解析しているが,すべてEBE-SCG法による.4章では全要素にそれぞれ材料主軸を設定した異方性材料モデルを使用しているから,要素剛性マトリックスが全要素異なっている場合でも,大規模

性や計算コスト上の支障はないことが実証ずみである。また，非対角項の影響を少し考慮した EBE 法として，6章のマルチフィジックスシミュレーションでは独自の手法についても紹介する。

1.3 MEMS 専用ソフトウェアによるプロセス主体のモデリング

メカニカルシミュレーションは，重厚長大な機械設計，微視構造に着目した材料設計，あるいは電子デバイスの熱応力シミュレーションなどのこれまでの機械工学の柱と，生体組織・細胞を扱うバイオメカニクスシミュレーションに加え，マイクロマシンあるいは **MEMS** (micro electro mechanical system) と呼ばれるマイクロ機械システムの設計のためのマイクロ・ナノスケールにおけるマルチフィジックスシミュレーションが新たな柱となりつつある。本書では，MEMS に特有の興味深いモデリング法とシミュレーション事例を本節と7章で紹介したい。

MEMS は，半導体の超微細加工手法により，シリコンウェーハ上に微細構造と配線を形成しつつ，静電気力などを用いて動く機械要素を併せもつ微小電気機械システムであり，わが国の新しい製造方法としてここ10年来国家プロジェクトを立てて技術開発を行ってきたものである。MEMS という呼び方は米国を中心としたものであり，欧州ではマイクロシステム，わが国ではマイクロマシンと呼ばれてきたが，近年では MEMS の名前は新聞でも眼にすることが多くなっている。自動車のエアバッグ展開のための加速度センサ，圧電素子を用いたアクチュエータ，プリンタヘッドのインク吐出機構，携帯電話，液晶，ゲーム機などたいへん身近なところにも多く活用されている。あるいは微少量の血液の検査などを行う **micro TAS** (total analysis system) など医療・ライフサイエンス分野でも期待されている。そのほかには，上記例にも含まれるが情報通信分野の **RF-MEMS** (radio frequency MEMS) や光スイッチなどの光 MEMS，速度・加速度を検知する物理センサ，環境モニタリングを行う化学センサ，エネルギー変換や 1.1 節でもふれたパワー MEMS など，

1.3 MEMS専用ソフトウェアによるプロセス主体のモデリング

MEMS加工技術の応用分野は非常に広い。

扱う寸法領域がナノメートルからサブミリメートルの範囲では，ニュートン力学において，体積にかかわる慣性力と，表面積にかかわる粘性力のバランスが巨大機械構造物とは逆転する。大学1年生の力学で慣性力は初期に教えるが，粘性力は最初は無視している。マイクロ機械システムの力学を最初から教えるとしたら，慣性力と同等に，ときにはそれ以上に粘性力が主役となるため，力学の教科書を一変しなければならないかと思うほどである。小学生のころに下敷きをセーターでこすって髪の毛（直径およそ$80\,\mu m$）を立たせたのと同様，マイクロマシンはわずかの静電気力で駆動できるのである。したがって，力学，電磁気学のほか，上記のmicro TASのように流体力学（さらには液滴の流れ，マイクロフルイディクス）などを統合したマルチフィジックスシミュレーションが登場する分野であり，MEMSの教育は機械工学の格好の題材だとも思うほどである。

本題のモデリング・シミュレーションに話を戻すと，MEMS設計者の大半が，現状では電気・電子工学や物理学をバックグランドとする研究者であるためか，MEMS設計支援ソフトウェアとして市販化されているソフトウェアは，1.1節の機械系CADとは思想が異なる特徴的なものとなっている。それは一言でいえば，半導体超微細加工プロセスを主体としたソリッドモデリングである。

半導体超微細加工プロセスは歴史的にもわが国が得意とするところであった。その基本要素は，オングストローム単位で表現されることもある薄膜たい積（デポジット）と，露光（フォトリソグラフィー）による形状形成である。レジスト材の薄膜を形成し，マスクで隠された部分は露光されないためにレジストが除去されないという原理が基礎である。MEMSの駆動する要素の形成は，積層構造の中に犠牲層を形成しておき，最後に犠牲層をエッチングにより除去することにより中空構造をつくるプロセスの開発により実現された。1987年にAT＆Tベル研究所で開発されたマイクロ歯車は，直径$185\,\mu m$，歯数10の歯車と，直径$125\,\mu m$，歯数7の歯車が噛み合って回転するものだった。

1. ソリッドモデリングと有限要素メッシング

現在では比べものにならないほどの精密微細加工が可能となっている。

よって，薄膜たい積とエッチング，犠牲層除去のプロセス設計と，マスク設計を行うのに適したソフトウェアが開発・市販化された。プロセスデータ（よくレシピと呼ばれる）は表形式でシーケンスを並べたものでよく，マスクデータは2次元図面である。この表と2次元図面から，基本的な加工プロセスを幾何的ブーリアン演算でルール化しておけば，ソリッドモデルがコンピュータ内で構築できるというものである（図1.27）。本書では，MEMS設計ソフトウェア CoventorWare（国内代理店：丸紅情報システムズ（株））を例にとり，MEMS独特のモデリング法を紹介する。MEMSとは異分野の方々にも，その特有の発想はなにかのヒントになるものと思う。

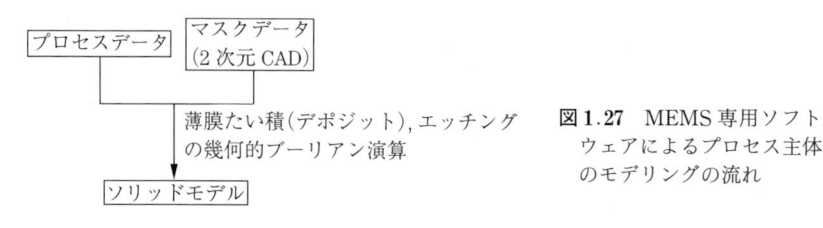

図1.27 MEMS専用ソフトウェアによるプロセス主体のモデリングの流れ

MEMS加工プロセスの基本となる薄膜たい積の基本ルールとして図1.28の4種類が用意されている。ここで，あくまでコンピュータ内でのモデリングのためだけに用意されたルールであることに注意されたい。つまり，実際のプロセスではあり得ないことを理想化したモデルとして表現している。まず，図

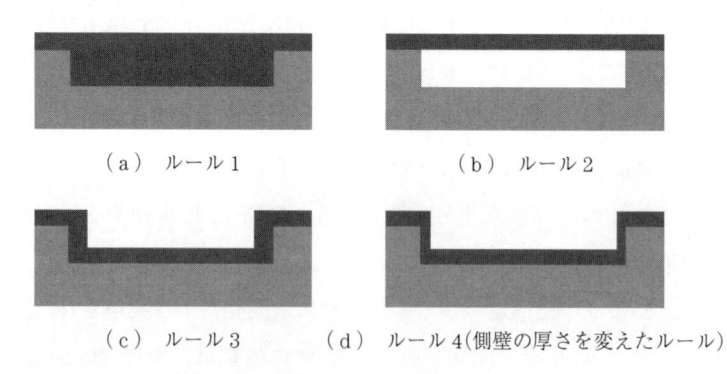

(a) ルール1　　　　(b) ルール2

(c) ルール3　　　(d) ルール4(側壁の厚さを変えたルール)

図1.28 薄膜たい積，4種類の基本ルール

1.3 MEMS専用ソフトウェアによるプロセス主体のモデリング

（a）のように表面が平面でありながら部分的にたい積量が違うようなプロセスはない．たい積後に表面を一様化するプロセスを施すことにより実現されるのを，コンピュータモデリング上は1プロセスで表現したものである．図（b）も，フィルムを貼る以外にはこのような中空構造が一気にできるはずはない．また，図（c），（d）は側壁の厚さが異なるケースであり，正確には膜厚がかくも均一に一定しているわけでもなく，隅部もかくも直角に形成されるわけでもなく，粘度が高い物質を垂らして形成される形状になることは素人でも想像にかたくない．

しかし，初期設計上は，このように理想化された形状で行えばよいことは，マクロな機械構造物と同じである．加工後に計測して，実物と図面の差を検証し，計測事実を反映したシミュレーションを再度行うという手順も，機械構造物と同じである．イメージベースモデリングはこうした手順にも適しており，既出のソフトウェアVOXELCONも実物と図面の差を計測する機能を有している．

クリーンルーム内での加工実験より先にCADで学ぶ場合には，図1.28を実際だと勘違いしないように気を付けねばならない．SEM写真などを多数見て学ぶ重要性は，実はMEMSだけでなく，本書の不均質材料の微視構造観察においても同様である．ことマイクロ・ナノの世界では，実物と理想化されたモデルや理論とのギャップを認識することが重要である．

さて，図1.28のルールを決めたなら，ブーリアン演算によりソリッドモデルを構築することは技術的には可能であろうと誰もが納得することと思う．恐らく，簡単である理由は，2次元的な3次元構造（よく2.5次元構造とか金太郎飴と表現するが）しかできないためであろう．しかし，こうしたソリッドモデル構築の発想が少なくとも筆者にはたいへん新鮮であった．

以下では，CoventorWareのチュートリアルマニュアルのデータを利用して，簡単なスイッチを例にとり，プロセス主体のモデリングを示しつつ，1.1節で紹介した機械系CADを用いた場合との比較から，その効率性を示したい．

図 1.29 に MEMS スイッチの外観を示す。シリコンウェーハ上に，絶縁のための窒化膜を形成し，アルミニウムの浮いた構造を形成し，静電気力によりアルミニウム製スイッチを駆動させるものである。あくまで例題であるが，厚さは $0.5\ \mu\mathrm{m} = 5 \times 10^{-7}\ \mathrm{m} = 500\ \mathrm{nm} = 5\,000\ \text{Å}$ である。

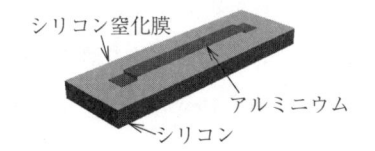

図 1.29　MEMS スイッチの外観

このプロセスは**図 1.30** の手順となる。

1) 窒化膜を形成する（左上）。
2) 犠牲層を塗布する（右上）。
3) マスクを使って犠牲層の一部を除去する（右中）。
4) 図 1.28 (c) のルールによりアルミ薄膜を形成する（左中）。
5) マスクを使ってアルミ薄膜からスイッチ構造を形成する（左下）。
6) 犠牲層を除去して完成（右下）。

図 1.30　MEMS スイッチの製作プロセス

これを表形式で入力するプロセスデータを**図 1.31** に示す。Excel 感覚で非常に使いやすい。手順 3 ）と 5 ）で用いるマスクを一つの図面にしたものを**図 1.32** に示す。

以上の手順により完成したソリッドモデルが既出の図 1.29 である。ソリッ

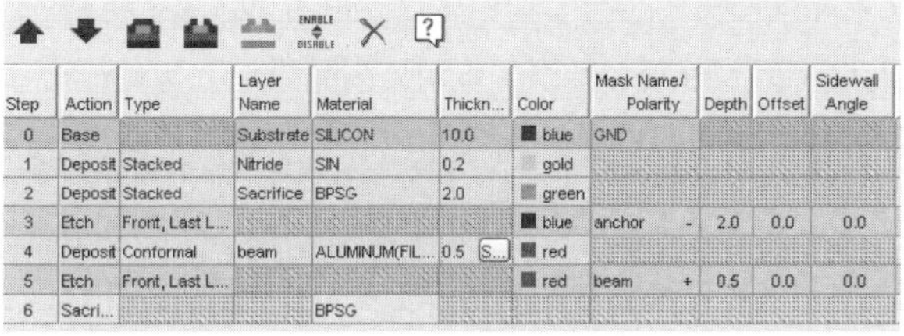

1.3 MEMS専用ソフトウェアによるプロセス主体のモデリング

図 1.31 プロセスデータの入力画面   **図 1.32** マスクデータ

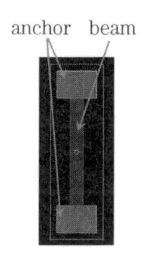

ドモデル自体は 1.1 節の機械系 CAD で構築するものと同一のデータ構造であるから，オートメッシュは同様に行えばよい。**図 1.33**（a）は粗い要素分割ではあるが CoventorWare によりオートメッシュを実施した例である。

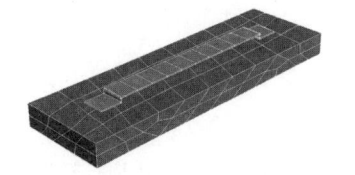

（a） CoventorWare によりオートメッシュを実施した例
（b） 静電-弾性変形解析を行った結果の一部 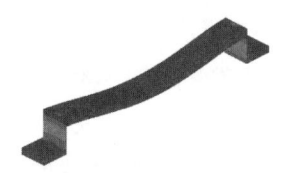

図 1.33 解析用メッシュと解析結果

また図 1.33（b）は静電-弾性変形解析を行った結果の一部である。実物は厚さ方向（高さ方向）の寸法が極端に小さいため，図 1.33（b）は厚さ方向の寸法だけ拡大して表示してある。これも MEMS 特有の機能で興味深い。

ところで，静電-構造連成解析では，空間を含めたマルチフィジックスシミュレーションとなるが，図 1.33 には空間メッシュが示されていない。CoventorWare では，静電場の解析には**境界要素法**（boundary element method，**BEM**）を用いているためである。空間メッシュを必要とする有限要素法ではときに驚くほどのメッシュの細かさが必要とされるが，境界要素法なら空間内の場を知ることはできないが，目的がスイッチの変形挙動であるならば図のように粗い分割でも高精度の解が得られる。さらに，CoventorWareの構造解析にはデフォルトで 2 次要素が指定されている。つまり図 1.33 では

20節点六面体要素を用いている。ユーザが上述のように計算力学の専門家でないことを想定したソフトウェア設計だと推察するが，高品質シミュレーションを目指すソフトウェアの開発（ベンダー側）や選定（ユーザ側）において，たいへん勉強になる点である。ちなみに，大学の授業や講習会ではわざとデフォルトの2次要素指定ボタンをOFFにした場合も試して，2次要素の精度の高さを教えるとともに，いろいろなソフトウェアを使う中ではこうした知識が必要であることも教えた。

さて，MEMS専用のソリッドモデル構築法は，ユーザにとっては図1.31のプロセスデータと図1.32のマスクデータの作成だけでよいということである。これがいかに簡単であるか，比較のために1.1節で紹介した一般的な機械系3D-CADを用いたソリッドモデリングを示す。

まず上部のアルミニウム部品と，下部のシリコン基板と薄膜の二つの部品に分けて作成し，最後に部品を組み立てることにしよう。アルミニウム部品は，図1.34の断面形状を描いた後に，図1.35のようにソリッドモデルとするのが簡単であろう。下部の部品は直方体であるから造作ない。つぎに，各部品に組み立て時の結合部位を指定することによりアセンブリを行い（図1.36），完成（図1.37）となる。図1.36（a）のように回転してひっくり返すという手間も要する。

CADの使い方の訓練を要する図1.34～図1.37の場合と，なんらソフトウ

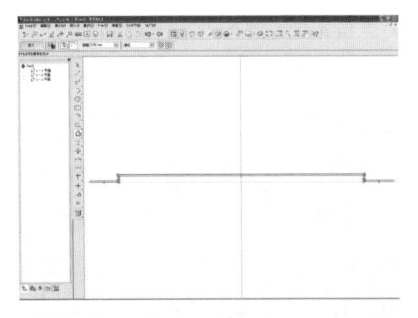

図 1.34　機械系CADによるスイッチ部の断面形状の作図

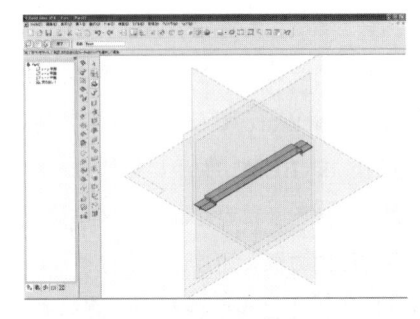

図 1.35　機械系CADによるスイッチ部のソリッドモデル

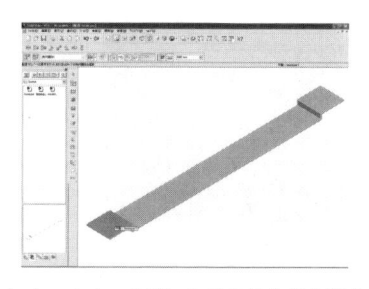

1.3 MEMS 専用ソフトウェアによるプロセス主体のモデリング

（a） スイッチ部における結合部位指定 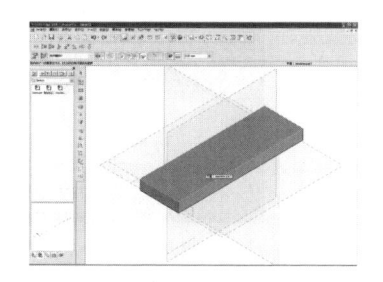　　（b） 基板における結合部位指定

図 1.36　機械系 CAD におけるアセンブリ

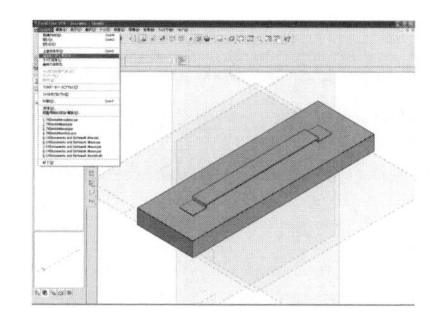

図 1.37　機械系 CAD により
作成したソリッドモデル

ェア的な訓練を要しない MEMS 専用ソフトウェアとの違いは明白である。違ういい方をすれば，どのような対象物でも専用ソフトウェアほど使いやすいものはなく，汎用ソフトウェアほど使いにくくなる（知識と訓練を要するだけであるが）のは当り前といえる。マーケットが大きい汎用ソフトウェアと，マーケットが小さい専用ソフトウェアは，購入価格という側面だけで比較しては無意味であるとも認識したい。

図 1.38 も CoventorWare のチュートリアルマニュアルにある光スイッチの事例である。2 次元図面における簡単な基本要素のコピーアンドペーストにより複雑な構造体が形成されることがおわかりいただけると思う。1.1 節で示した多孔円板と類似の構造要素（グローバル/ローカル問題，マルチスケール問題）が使われていることにも気づかれたであろうか。MEMS で頻出する簡単かつ FEM モデリングが面倒な基本要素の一つが多孔円板であり，要素数を想像しただけでも本格的な MEMS のマルチフィジックスシミュレーションは，

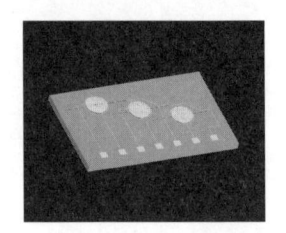

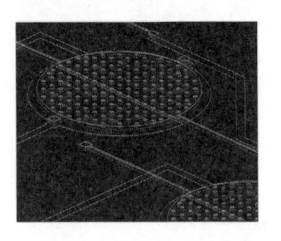

図1.38 光スイッチ（MEMS 専用ソフトウェア CoventorWare の
チュートリアルデータ）

まだ計算力学の非専門家が電卓感覚で実施できるレベルにはなく，研究的要素が残っている。2.5 次元形状（金太郎飴）と侮るわけにいかない。さらにマルチフィジックス問題を解かねばならないのである。6 章では圧電材料の強連成問題について詳しく述べる。7.3 節では動的問題の高速解法についても簡単にふれる。機械分野の計算力学研究者も，素養として MEMS のことを学ぶことをお薦めする。

マルチスケール法

2.1 古典的なマイクロメカニクス

　複合材料では，種々の素材を組み合わせることにより，単一材料では発揮できない特性を得る。つまり，材料開発において期待するのは巨視的な（マクロな）物性値であり，いかにして微視的な（ミクロな）構造を設計し制御するのかが腕の見せどころとなる。古くからミクロ構造とマクロ物性値を解析的に関係づける試みが行われ，これらの業績はマイクロメカニクスとして体系化されている。ここではマイクロメカニクスの基本的な考え方と代表的な理論を概説する。

　複合材料のプリミティブな例として図 2.1 に示す積層材と繊維補強材を取り上げる。ここでは材料は線形弾性体とし，介在物の弾性係数 E_i ＞母材の弾性係数 E_m の関係があるものとする。このとき，図 2.1 に示すようにミクロ構造に対応した局所座標軸を用いれば，材料構成式としてはそれぞれ 1, 3 方向が強

（a）積　層　材　　　　　（b）繊維補強材

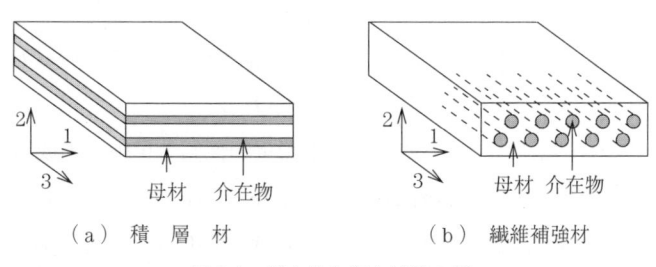

図 2.1 基本的な複合材料の例

軸，3方向が強軸の横等方性材料としてモデル化できる。

まずは積層材に限定し，強軸方向へのマクロ弾性係数 $\bar{E}_1(=\bar{E}_3)$ を評価する。ここではマクロ弾性係数を，巨視的に一様な変形を与えたときの"一次元問題としての"平均応力とひずみを関係づける係数と定義する。強軸方向へひずみ $\bar{\varepsilon}_1$（図中1方向）による一様変形が生じたものと仮定すれば，平均応力は断面力の合算値を断面積 $A = A_m + A_i$ で除することで評価できる。

$$\bar{\sigma}_1 = (A_m E_m \bar{\varepsilon}_1 + A_i E_i \bar{\varepsilon}_1)/A = \left(\frac{A_m}{A}E_m + \frac{A_i}{A}E_i\right)\bar{\varepsilon}_1 \qquad (2.1)$$

母材，介在物の体積分率（ここでは面積比）をそれぞれ c_m, c_i と表記することで，マクロ弾性係数 $\bar{E}_3$ は次式に示す幾何平均の操作により与えられる。

$$\bar{E}_3 = c_m E_m + c_i E_i \qquad (2.2)$$

このように，ひずみ一定を仮定する手順は固有ひずみアプローチと呼ばれ，結果の式は Voigt モデルあるいは並列モデルと称される。

つぎに，積層材の弱軸方向（2方向）のマクロ弾性係数 $\bar{E}_2$ を評価する。弱軸方向へ一定応力 $\bar{\sigma}_2$ が作用した状態を仮定すれば，平均ひずみ $\bar{\varepsilon}_2$ は単純に各層の変形量の和を厚さ $L = L_m + L_i$ で除すことで与えられる。

$$\bar{\varepsilon}_3 = \left(\frac{\bar{\sigma}_2}{E_m}L_m + \frac{\bar{\sigma}_2}{E_i}L_i\right)\bigg/ L = \left(\frac{L_m}{L}\frac{1}{E_m} + \frac{L_i}{L}\frac{1}{E_i}\right)\bar{\sigma}_2 \qquad (2.3)$$

ここで，各層の代表厚みの比率は体積分率に相当することを考慮に入れれば，マクロ弾性係数は各相の弾性係数の逆数平均（調和平均）として与えられる。

$$\bar{E}_2 = \left(\frac{c_m}{E_m} + \frac{c_i}{E_i}\right)^{-1} \qquad (2.4)$$

このように，応力一定を仮定した方法は固有応力アプローチと呼ばれ，結果の式は Reuss モデルあるいは直列モデルと称される。

上記式 (2.2)，(2.4) に示すように，平均化物性値を単純に構成材料の体積分率により評価するものは**複合則** (rule of mixture) と呼ばれる。複合則はこの他にもせん断弾性係数の平均化にもそのまま適用されることもある。

複合則の導出では，一様ひずみ場，および一様応力場を仮定する二つの手順

を示したが，その他にも複数のアプローチ（実際の材料試験も含む）が考えられ，付与する（境界）条件の相違により評価値が異なる．ちなみに上記二つの古典的な複合則はそれぞれ上界，下界を与える．例として，母材，介在物の弾性係数をそれぞれ 10 GPa，100 GPa としたとき，複合則が与える介在物含有率（体積分率）とマクロ弾性係数（巨視的ヤング率）の関係を図 2.2 に示す．つまり積層材では，補強したい強軸方向には最大剛性を示し，逆にそれ以外の方向には剛性は最小となる．

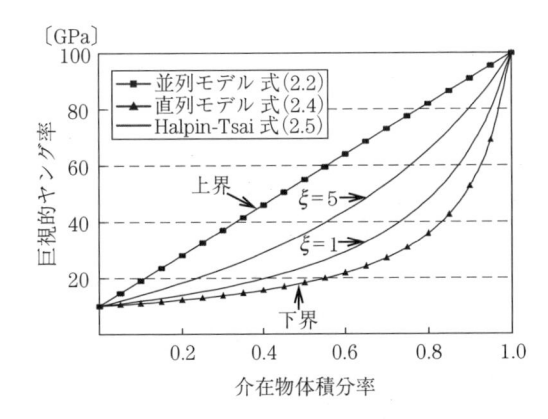

図 2.2 複合材料の上下界と複合則が与える介在物含有率とマクロ弾性係数

つぎに繊維補強材について考える．繊維配向方向，すなわち強軸方向（図中3方向）の弾性係数は積層材の強軸方向と同様に式 (2.2) により理論的に評価することができる．一方で，繊維配向以外の方向，図 2.1 でいえば 1, 2 方向の弾性係数は，複合則により予測と実験値は異なり，実験値は上下界に挟まれる中間程度の値を示すことが経験的に知られている．Halpin-Tsai はこうした実験事実を加味し，繊維の配置，荷重条件などの要因に対応したフィッティングパラメータ ξ を追加した経験則モデルを提案した．

$$\bar{E} = E_m \left(\frac{1 + \xi \eta c_i}{1 - \eta c_i} \right), \quad \eta = \frac{E_i/E_m - 1}{E_i/E_m + \xi} \tag{2.5}$$

Halpin-Tsai の式が暗に示しているように，マクロな複合材料物性とミクロ構造形態には相関性があり，特に以下で取り上げる一般的な不均質材料への適用では慎重に扱う必要がある．

材料試験を行った結果，対象領域 V 内にひずみテンソル ε が分布しているものとする。母材領域 V_m，介在物領域 V_i の弾性テンソルをそれぞれ $\boldsymbol{D}_m$，$\boldsymbol{D}_i$ とすれば，応力テンソルの分布は次式により与えられる。

$$\left.\begin{array}{l}\boldsymbol{\sigma}=\boldsymbol{D}_m\boldsymbol{\varepsilon} \quad \text{in} \quad V_m \\ \boldsymbol{\sigma}=\boldsymbol{D}_i\boldsymbol{\varepsilon} \quad \text{in} \quad V_i \end{array}\right\} \tag{2.6}$$

ここで，次式に示す空間平均操作でマクロ応力 $\langle\boldsymbol{\sigma}\rangle$ とマクロひずみ $\langle\boldsymbol{\varepsilon}\rangle$ を定義し，マクロ弾性テンソル $\langle\boldsymbol{D}\rangle$ は両者を関係づける係数とする。

$$\langle\boldsymbol{\sigma}\rangle=\frac{1}{V}\int_V \boldsymbol{\sigma}dV, \quad \langle\boldsymbol{\varepsilon}\rangle=\frac{1}{V}\int_V \boldsymbol{\varepsilon}dV$$
$$\langle\boldsymbol{\sigma}\rangle=\langle\boldsymbol{D}\rangle\langle\boldsymbol{\varepsilon}\rangle \tag{2.7}$$

1次元問題におけるアプローチを踏襲し，ひずみ一様性を仮定してみれば，式 (2.2) における弾性係数 E を弾性テンソル $\boldsymbol{D}$ に置換することによりマクロ弾性テンソルを評価することができる。

$$\langle\boldsymbol{D}\rangle=c_m\boldsymbol{D}_m+c_i\boldsymbol{D}_i \tag{2.8}$$

ただし，不均質な材料内においてひずみ一様の仮定を定義することは明らかに現実的ではない。そこで，Hill が提案した自己釣合いモデル (self consistent model) では，対象領域の無限遠方から巨視的な一様応力・ひずみが作用するものとし，微視的に空間に分布するひずみと巨視的一様ひずみの関係を与える4階のひずみ集中テンソル $\boldsymbol{S}_m^H, \boldsymbol{S}_i^H$ を定義した。

$$\left.\begin{array}{l}\boldsymbol{\varepsilon}_m=\boldsymbol{S}_m^H\langle\boldsymbol{\varepsilon}\rangle \quad \text{in} \quad V_m \\ \boldsymbol{\varepsilon}_i=\boldsymbol{S}_i^H\langle\boldsymbol{\varepsilon}\rangle \quad \text{in} \quad V_i \end{array}\right\} \tag{2.9}$$

ミクロ構造内のひずみ分布が陽な形で記述できれば，マクロ弾性テンソルは式 (2.8) から次式へと改善できる。

$$\langle\boldsymbol{D}\rangle=c_m\boldsymbol{D}_m\boldsymbol{S}_m^H+c_i\boldsymbol{D}_i\boldsymbol{S}_i^H \tag{2.10}$$

ひずみ集中テンソルについての詳細は割愛するが，自己釣合いモデルは，マクロ材料物性値は単純に構成材の体積分率だけにより評価できるものではなく，ミクロ構造形態を考慮する必要性を意味していることに留意しておいてほしい。

2.1 古典的なマイクロメカニクス

ミクロ構造形態を考慮できるほかのマイクロメカニクス的な手法としては，**等価介在物理論**（equivalent inclusion method）がよく知られている．その概念を図2.3に示す．この理論は「介在物を取り除き，そこに固有なひずみ場 ε^T を加えた等価な応力状態をもつ物体を考えることで，平均的な物性値を与える」ものである．まずは，ひずみ場が一様場 ε^A と擾乱成分 ε^c に加算分解されるものとし，ひずみの擾乱成分と固有ひずみ場を関連づける Eshelby テンソル S^E を定義する．

$$\varepsilon^c = S^E \varepsilon^T \tag{2.11}$$

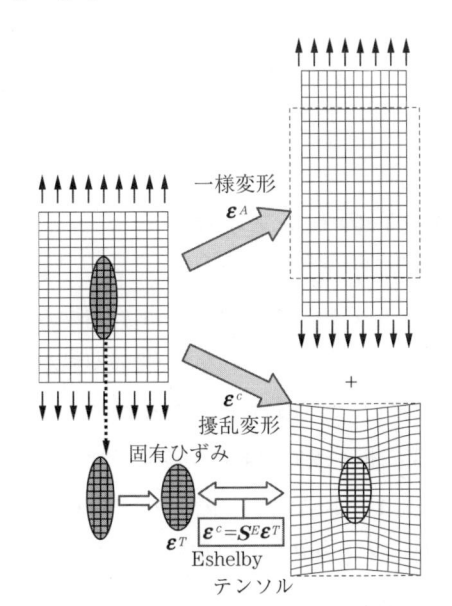

図2.3 等価介在物理論の概念図

森・田中はこの Eshelby テンソルを用いることで次式により巨視的な弾性テンソルが与えられることを示した．

$$\langle D \rangle = D_m \{ D_m - (1-c_i)(D_m - D_i) S^E \}^{-1} [D_m - (D_m - D_i)\{S^E - c_i(S^E - I)\}] \tag{2.12}$$

つまり，Eshelby テンソルさえ与えられれば，マクロ弾性テンソルまでを解析的に評価できることになる．さらに，Hashin-Shtrikman は Eshelby テンソルと変分原理に基づき平均的な弾性テンソル評価の上下界を与えている．

このEshelbyテンソルは，だ円形状の介在物であれば解析的に評価できるものの，任意形状のミクロ構造にそのまま適用することはできない。このため実務上は，数値解析を介するなどの策を講じてでも任意のミクロ構造に適用可能なロバストな理論へと発展することが求められる。

解析的なマイクロメカニクスは，あくまでもマクロな物性値を簡便に評価することを目的とするものである。そのため，例えば等価介在物理論では，介在物内のひずみ分布を一定の固有ひずみとして少し強引な仮定をおいているように，材料内の応力-ひずみ分布を知るために適したものではない。以上の古典的なマイクロメカニクスで扱える対象は限られ，力学的な仮定の制約を受ける。次節では実材の微視構造を概観し，分類したうえで，均質化法に代表されるマルチスケール法の理論を示す。

2.2　不均質材料のモルフォロジー

前節で述べたように複合材料のような不均質材料において介在物の体積含有率は重要な因子であるが，体積含有率が同じでもマクロな特性が異なることがある。このような場合，微視的な形態，すなわち**モルフォロジー**（morphology）が影響している。例えば，第二相が繊維であるか，粒子であるかといった違いである。そのほかにも，**図 2.4** に示すように多結晶材料では結晶構造がマクロ特性に影響を及ぼす。また，フィルタなどに用いられる多孔質材料でも，孔の寸法や形状といったモルフォロジーが重要な因子となる。

さらに細かく分類すれば，繊維の場合には，連続繊維，長繊維，短繊維と分けられ，連続繊維を一方向にそろえた場合，織布とした場合，編布とした場合の違いがあり，一口に織布，編布といってもさまざまな織り方，編み方があることは衣服などでご存じのとおりであろう。

こうした不均質性は，生体組織にも多く見出せる。骨の内部の海綿骨は多孔質であり，繊維状組織は波状であったりすることがある。

こうしたモルフォロジーの分類と，違う観点では，単位となる微視構造の分

2.2 不均質材料のモルフォロジー

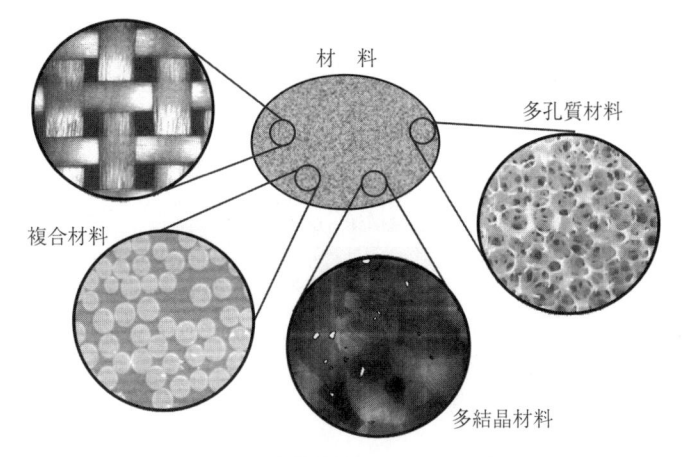

図2.4 不均質材料のモルフォロジー

散の仕方の違いも重要である。連続繊維の場合には，基本パターンの周期繰返しとなっていることが多いのに対し，粒子分散などではランダムな分散をしている。ランダムな場合には注意を要する。例えば電子顕微鏡などで観察していることを想像していただくと，低倍率ではなんとなく一様に分散しているように見えたとしても，倍率を高くしていけばいくほど，局所的にはきわめてランダムであることがある。つまり，ランダムな分散の場合に，仮に不均質度といった指標が存在するとしたら，それは倍率（あるいは寸法）によって異なる定義（あるいは寸法の関数）となるべきである。これまでに普遍的に通用するこのような指標は定義されていないし，じつは本書の中でも解決されていない。しかし，倍率（あるいは分解能）の違いとランダム性との関係について考え，なんとか取り組もうとしている。見方を変えれば，低倍率で見ることは，一種の平均値を観察していることになる。これがマルチスケール法の均質化ということと等しい。平均をとることに意味があるか，平均値に微視構造の情報が反映されているか，といったことを理論的にも実践においても考えていきたい。

さらに，き裂を考える場合には，構造体のごく一部に存在するので，構成材料を考えるときとはまた別の見方が必要であろう。図2.5のように，不均質性あるいはモルフォロジーの分類をとらえ，個々に適したモデリング・シミュレ

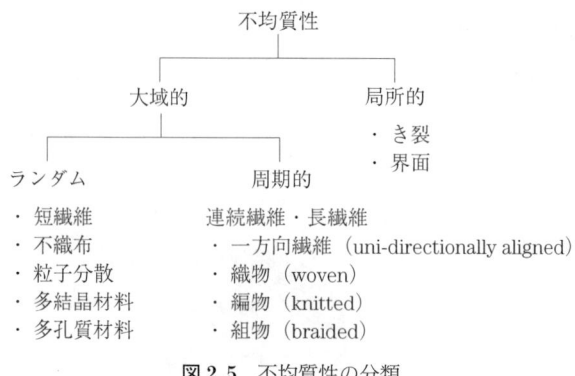

```
                        不均質性
                    ┌──────┴──────┐
                   大域的          局所的
              ┌─────┴─────┐      ・き裂
           ランダム      周期的    ・界面
```

・短繊維   連続繊維・長繊維
・不織布   ・一方向繊維（uni-directionally aligned）
・粒子分散   ・織物（woven）
・多結晶材料   ・編物（knitted）
・多孔質材料   ・組物（braided）

図 2.5　不均質性の分類

ーション法を整理した。

　モルフォロジーを考える際に，最後に付け加えるなら，できればまず3次元的に考えたいということである。当然観察は2次元的あるいは表面のほうが簡単であろう。しかし，複雑でランダムなモルフォロジーを考える際，例えば球状の粒子が複合化されているとして，断面だけで球の直径が同定できるだろうか。断面のとり方によってしまうのは明らかである。さらには，断面だけで球であることが決定できるのか。形状が決まらないのに，寸法を議論することができるのか。すべて答えはノーであることは明らかである。本書では，X線CTによるイメージベースモデリング手法により，モルフォロジーを3次元的に分析することにする。本書の図をながめて，2次元モデルとしてよいかどうか，考えていただければ幸いである。

2.3　均　質　化　法

　均質化法[1),2)]では，対象とする不均質な全体構造に対して，全体構造と同じ大きさをもち微視的な不均質性を考慮しない構造をマクロ構造（領域 Ω），微視的な不均質性を特徴づける周期的な単位構造をミクロ構造またはユニットセル（領域 Y）と定義する。ここで，マクロ構造に対してミクロ構造は十分に小さく，ミクロスケールにおいてある単位構造が周期的に繰り返されていると

仮定する．図2.6に示すように，均質化法ではミクロスケールにおける不均質な幾何性状を平均化してマクロスケールにおいて発現される特性を評価できるほか，外部負荷に対するマクロスケールの応答から不均質なミクロスケールでの応答を評価できる．前者はミクロ構造からマクロ構造への均質化プロセス，後者はマクロ構造からミクロ構造への局所化プロセスであり，両スケールに対して双方向の評価が実現できる．古典的な複合則や介在物理論と比較した場合，均質化法を導入することでミクロ構造とマクロ構造に対して数学的に整合する支配方程式を導出できる．また，均質化法は種々の物理現象に適用できるほか，ミクロ構造の任意の幾何性状に対応できることから，高い汎用性を有する．さらに，有限要素法との親和性も高く，数値解析により容易に近似解を得ることが可能である．以下では，線形弾性問題を一例として均質化法によるマクロ-ミクロスケール連成問題の定式化と有限要素法による離散化について解説する．式の理解には付録Aも参照されたい．

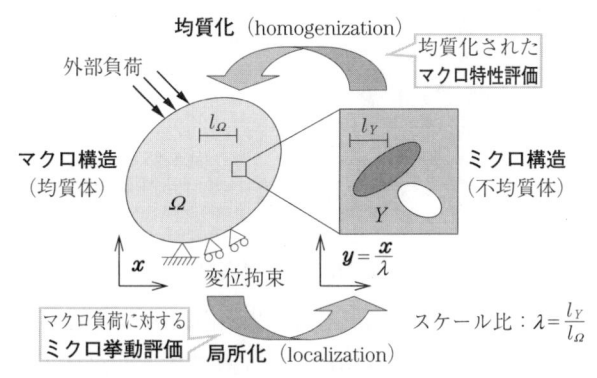

図2.6 均質化法による弾性体のマルチスケールシミュレーション

マクロ-ミクロスケール連成方程式を導出するにあたり，次式に示すようにマクロ構造の代表長さ l_Ω に対するミクロ構造の代表長さ l_Y の比（スケール比）を λ と定義する．

$$\lambda = \frac{l_Y}{l_\Omega} \tag{2.13}$$

例えば，マクロ構造の代表長さが 1 m（= 1 000 mm），ミクロ構造の代表長さが 1 mm である場合，スケール比は $\lambda = 1/1\,000$ となる．スケール比は両構造のスケール差が大きいほど小さい値となる．マクロ構造を記述する座標を $\boldsymbol{x} = (x_1, x_2, x_3)$，ミクロ構造を記述する座標を $\boldsymbol{y} = (y_1, y_2, y_3)$ とし，両座標をスケール比により次式のように関係づける．

$$\boldsymbol{y} = \frac{\boldsymbol{x}}{\lambda} \tag{2.14}$$

全体構造の領域を便宜的にマクロ領域 Ω とミクロ領域 Y の積空間 $\Omega^\lambda = \Omega \times \lambda Y$ として定義し，図 2.7 に示す線形弾性問題を考える．全体構造に対する支配方程式は次式のように表される．

$$\frac{\partial \sigma_{ij}^\lambda}{\partial x_i} = 0 \quad \text{in } \Omega^\lambda \tag{2.15}$$

$$\left. \begin{array}{ll} t_i = \sigma_{ij}^\lambda n_j & \text{on } \Gamma_t^\lambda \\ u_i^\lambda = 0 & \text{on } \Gamma_u^\lambda \end{array} \right\} \tag{2.16}$$

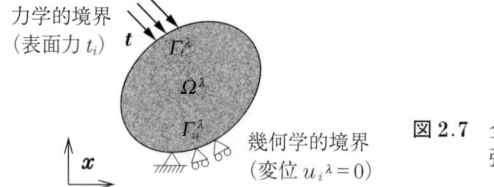

図 2.7 全体構造の線形弾性問題

式 (2.15) は平衡方程式，式 (2.16) は境界条件式である．ここで，t_i は全体構造の表面 Γ_t^λ に作用する単位面積当りの表面力，n_j は表面 Γ_t^λ の法線単位ベクトルを意味する．なお，全体構造における物理量および材料定数はミクロ構造に依存することから上添字 λ を付記する．微小ひずみを考えた場合，ひずみ-変位関係式は次式となる．

$$\varepsilon_{ij}^\lambda = \frac{1}{2}\left(\frac{\partial u_i^\lambda}{\partial x_j} + \frac{\partial u_j^\lambda}{\partial x_i} \right) \tag{2.17}$$

また，線形弾性構成則より応力は次式のように定まる．

$$\sigma_{ij}^\lambda = D_{ijkl}^\lambda \varepsilon_{kl}^\lambda \tag{2.18}$$

2.3 均質化法

支配方程式 (2.15) および式 (2.16) にガウスの発散定理を適用し整理すると，つぎの仮想仕事の原理式を得る．

$$\int_{\Omega^\lambda} \sigma_{ij}^\lambda \frac{\partial \delta u_i^\lambda}{\partial x_j} d\Omega = \int_{\Gamma_t^\lambda} t_i \delta u_i^\lambda d\Gamma \tag{2.19}$$

ここで，δu_i^λ は仮想変位である．なお，外部負荷である表面力 t_i はミクロ構造に依存しないとする．

つぎに，ミクロ構造に依存する全体構造の変位 u_i^λ を次式のような漸近展開式で表せるとする．

$$\begin{aligned} u_i^\lambda &= u_i^0(\boldsymbol{x}) + \lambda u_i^1(\boldsymbol{x},\boldsymbol{y}) + \lambda^2 u_i^2(\boldsymbol{x},\boldsymbol{y}) + \cdots \\ &\cong u_i^0(\boldsymbol{x}) + \lambda u_i^1(\boldsymbol{x},\boldsymbol{y}) \end{aligned} \tag{2.20}$$

ここで，$u_i^0(\boldsymbol{x})$ はミクロな不均質性を無視したマクロ構造における変位を意味する．また，$u_i^1(\boldsymbol{x},\boldsymbol{y})$ は不均質なミクロ構造における変位の擾乱を表す．一例として，いずれの点においても同じミクロ構造をもつマクロ構造が単軸引張負荷を受ける場合を考え，マクロ変位とミクロ擾乱変位の関係を図 2.8 に示す．式 (2.20) では，マクロスケールにおいて負荷方向のマクロ変位は線形的に増加するが，ミクロスケールにおいてマクロ変位は一定であり，ミクロ構造の不均質な幾何性状に応じてミクロ変位のみが変動することを意味している．また，当然のことながら，マクロ変位およびミクロ変位擾乱はそれぞれの構造の代表長さと同じスケールで扱う．例えば，前述と同様にマクロ構造の代表長さが 1 m，ミクロ構造の代表長さが 1 mm である場合，マクロ変位は m 単位，

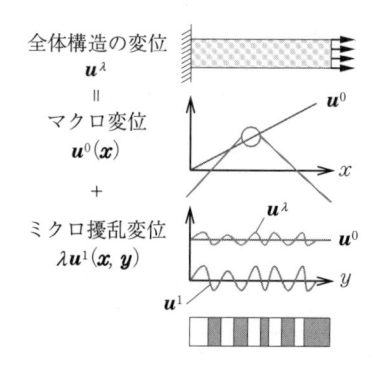

図 2.8 マクロ変位とミクロ変位擾乱の関係

ミクロ変位擾乱は mm 単位となる。マクロ構造と同じスケールである全体構造の変位は m 単位である。式 (2.20) では，m 単位のマクロ変位 $u_i^0(\boldsymbol{x})$ とスケール比により単位をそろえた，ミクロ変位擾乱 $\lambda u_i^1(\boldsymbol{x},\boldsymbol{y})$ により全体構造の変位を表している。均質化は，単位ミクロ構造が無限に繰り返されていると考えた状態，つまり $\lambda \to 0$ の極限として与えられる。

漸近展開式 (2.20) を用いると，全体構造における変位の偏微分は

$$\frac{\partial u_i^\lambda}{\partial x_j} = \frac{\partial}{\partial x_j}(u_i^0 + \lambda u_i^1)$$

$$= \frac{\partial u_i^0}{\partial x_j} + \lambda \left(\frac{\partial u_i^1}{\partial x_j} + \frac{\partial u_i^1}{\partial y_j}\frac{\partial y_j}{\partial x_j} \right) = \frac{\partial u_i^0}{\partial x_j} + \frac{\partial u_i^1}{\partial y_j} \quad (2.21)$$

となる。ここで，式 (2.14) より

$$\frac{\partial y_j}{\partial x_j} = \frac{\partial}{\partial x_j}\left(\frac{1}{\lambda}x_j\right) = \frac{1}{\lambda} \quad (2.22)$$

の関係を用いた。また，マクロ構造ではミクロな不均質性を無視するため

$$\frac{\partial u_i^1}{\partial x_j} = 0 \quad (2.23)$$

とみなすことに加え，ごく小さな数である λ が乗じられる項なので無視する。

さらに，全体構造の仮想仕事の原理 (2.19) に対して，マクロおよびミクロ領域が混在する積分領域を分離するため，次式に示す平均化近似定理を採用する。

$$\lim_{\lambda \to 0} \int_{\Omega^\lambda} \varphi^\lambda d\Omega = \int_\Omega \frac{1}{|Y|} \int_Y \varphi(\boldsymbol{x},\boldsymbol{y})\,dY d\Omega \quad (2.24)$$

ここで，被積分関数 $\varphi(\boldsymbol{x},\boldsymbol{y})$ は不均質な物理量または材料定数を意味する。平均化近似定理が成立するためには，被積分関数 $\varphi(\boldsymbol{x},\boldsymbol{y})$ が次式に示すミクロスケールにおける周期性（Y-周期性）をもつことが条件である。なお，平均化近似定理の数学的証明は文献 2) を参考にしてほしい。

$$\varphi(\boldsymbol{x},\boldsymbol{y}+\boldsymbol{\psi}) = \varphi(\boldsymbol{x},\boldsymbol{y}) \quad (2.25)$$

$\boldsymbol{\psi}(=(\psi_1,\psi_2,\psi_3))$ はミクロ基本周期ベクトル，ψ_i は各方向のミクロ周期長さである。全体構造の仮想仕事の原理 (2.19) に対して，線形弾性構成式 (2.18)

と式 (2.20) および式 (2.21) を代入し平均化近似定理 (2.24) を適用すると，次式の関係を得る．

$$\int_\Omega \frac{1}{|Y|} \int_Y D_{ijkl} \left(\frac{\partial u_k^0}{\partial x_l} + \frac{\partial u_k^1}{\partial y_l} \right) \left(\frac{\partial \delta u_i^0}{\partial x_j} + \frac{\partial \delta u_i^1}{\partial y_j} \right) dY d\Omega = \int_{\Gamma_t} t_i \delta u_i^0 d\Gamma \quad (2.26)$$

任意のマクロ仮想変位 δu_i^0 に対して式 (2.26) が成り立つためには，次式に示すマクロ方程式が満足される必要がある．

$$\int_\Omega \frac{1}{|Y|} \int_Y D_{ijkl} \left(\frac{\partial u_k^0}{\partial x_l} + \frac{\partial u_k^1}{\partial y_l} \right) \frac{\partial \delta u_i^0}{\partial x_j} dY d\Omega = \int_{\Gamma_t} t_i \delta u_i^0 d\Gamma \quad (2.27)$$

一方，任意のミクロ仮想変位攪乱 δu_i^1 に対して式 (2.26) が成り立つためには，次式に示すミクロ方程式が満足される必要がある．

$$\frac{1}{|Y|} \int_Y D_{ijkl} \left(\frac{\partial u_k^0}{\partial x_l} + \frac{\partial u_k^1}{\partial y_l} \right) \frac{\partial \delta u_i^1}{\partial y_j} dY = 0 \quad (2.28)$$

ここで，ミクロ変位攪乱 u_i^1 は，次式に示すようにマクロひずみに比例すると仮定する．

$$u_i^1(\boldsymbol{x}, \boldsymbol{y}) = \chi_i^{kl}(\boldsymbol{x}, \boldsymbol{y}) \frac{\partial u_k^0(\boldsymbol{x})}{\partial x_l} \quad (2.29)$$

比例定数 $\chi_i^{kl}(\boldsymbol{x}, \boldsymbol{y})$ はマクロ単位ひずみに生じるミクロ変位攪乱を意味し，特性変位関数と呼ぶ．左辺のミクロ変位攪乱 $u_i^1(\boldsymbol{x}, \boldsymbol{y})$ は，式 (2.30) に示す Y-周期性をもつことから，特性変位関数も式 (2.31) に示すように Y-周期性を継承する．

$$u_i^1(\boldsymbol{x}, \boldsymbol{y} + \boldsymbol{\psi}) = u_i^1(\boldsymbol{x}, \boldsymbol{y}) \quad (2.30)$$

$$\chi_i^{kl}(\boldsymbol{x}, \boldsymbol{y} + \boldsymbol{\psi}) = \chi_i^{kl}(\boldsymbol{x}, \boldsymbol{y}) \quad (2.31)$$

式 (2.29) を用いると，マクロ方程式およびミクロ方程式におけるミクロ変位攪乱の偏微分は

$$\frac{\partial u_i^1}{\partial y_j} = \frac{\partial}{\partial y_j} \left(\chi_i^{kl} \frac{\partial u_k^0}{\partial x_l} \right) = \frac{\partial \chi_i^{kl}}{\partial y_j} \frac{\partial u_k^0}{\partial x_l} \quad (2.32)$$

と記述できる．式 (2.32) をマクロ方程式 (2.27) に代入して整理すれば

$$\int_\Omega D_{ijkl}^H \frac{\partial u_k^0}{\partial x_l} \frac{\partial \delta u_i^0}{\partial x_j} d\Omega = \int_{\Gamma_t} t_i \delta u_i^0 d\Gamma \quad (2.33)$$

となる．ここで，上添字 H は均質化されたマクロモデルであることを意味し，

均質化されたマクロ弾性スティフネス定数は次式により与えられる．

$$D_{ijkl}^H = \frac{1}{|Y|}\int_Y \left(D_{ijkl} + D_{ijmn}\frac{\partial \chi_m^{kl}}{\partial y_n}\right)dY \tag{2.34}$$

同様に，式 (2.32) をミクロ方程式 (2.28) に代入して整理すれば

$$\frac{1}{|Y|}\int_Y \left(D_{ijkl} + D_{ijmn}\frac{\partial \chi_m^{kl}}{\partial y_n}\right)\frac{\partial \delta u_i^1}{\partial y_j}dY\frac{\partial u_k^0}{\partial x_l} = 0 \tag{2.35}$$

となる．ミクロ方程式 (2.35) が任意のマクロひずみに対して成り立つためには，次式が満足される必要がある．

$$\int_Y D_{ijmn}\frac{\partial \chi_m^{kl}}{\partial y_n}\frac{\partial \delta u_i^1}{\partial y_j}dY = -\int_Y D_{ijkl}\frac{\partial \delta u_i^1}{\partial y_j}dY \tag{2.36}$$

最終的に，マクロ方程式 (2.33) およびミクロ方程式 (2.36) を解くことで，線形弾性問題のマルチスケールシミュレーションが実現する．全体構造の仮想仕事の原理式 (2.19) に対して，変位の漸近展開式 (2.20)，ミクロ変位擾乱の変数分離 (2.29) および平均化近似定理 (2.24) を導入して，マクロ方程式 (2.33) およびミクロ方程式 (2.26) を導出する流れを図 2.9 にまとめる．

全体構造の仮想仕事の原理	$\int_{\Omega^\lambda}\sigma_{ij}\frac{\partial \delta u_i^\lambda}{\partial x_j}d\Omega = \int_{\Gamma_t^\lambda}t_i\delta u_i^\lambda d\Gamma$	(2.19)
変位の漸近展開	$u_i^\lambda = u_i^0(\boldsymbol{x}) + \lambda u_i^1(\boldsymbol{x},\boldsymbol{y})$	(2.20)
ミクロ擾乱変位の変数分離	$u_i^1(\boldsymbol{x},\boldsymbol{y}) = \chi_i^{kl}(\boldsymbol{x},\boldsymbol{y})\frac{\partial u_k^0(\boldsymbol{x})}{\partial x_l}$	(2.29)
積分領域の分離	$\lim_{\lambda\to 0}\int_{\Omega^\lambda}\varphi^\lambda d\Omega = \int_\Omega \frac{1}{|Y|}\int_Y \varphi(\boldsymbol{x},\boldsymbol{y})dYd\Omega$	(2.24)
マクロ方程式	$\int_\Omega D_{ijkl}^H \frac{\partial u_k^0}{\partial x_l}\frac{\partial \delta u_i^0}{\partial x_j}d\Omega = \int_{\Gamma_t}t_i\delta u_i^0 d\Gamma$	(2.33)
均質化された材料定数	$D_{ijkl}^H = \frac{1}{|Y|}\int_Y\left(D_{ijkl}+D_{ijmn}\frac{\partial \chi_m^{kl}}{\partial y_n}\right)dY$	(2.34)
ミクロ方程式	$\int_Y D_{ijmn}\frac{\partial \chi_m^{kl}}{\partial y_n}\frac{\partial \delta u_i^1}{\partial y_j}dY = -\int_Y D_{ijkl}\frac{\partial \delta u_i^1}{\partial y_j}dY$	(2.36)

図 2.9　マクロおよびミクロ方程式導出の流れ

つぎに，マクロ構造およびミクロ構造の物理量について，その評価方法を説明する．ミクロ構造における不均質性を無視したマクロ構造の変位 u_i^{macro} は，次式のように u_i^0 により評価できる．

2.3 均質化法

$$u_i^{\text{macro}} = u_i^0 \tag{2.37}$$

また,マクロ構造におけるひずみ $\varepsilon_{ij}^{\text{macro}}$ は,微小ひずみである場合には次式により評価できる.

$$\varepsilon_{ij}^{\text{macro}} = \frac{1}{2}\left(\frac{\partial u_i^{\text{macro}}}{\partial x_j} + \frac{\partial u_j^{\text{macro}}}{\partial x_i}\right) \tag{2.38}$$

さらに,マクロ構造における応力 $\sigma_{ij}^{\text{macro}}$ は,線形弾性構成則により次式のように評価できる.

$$\sigma_{ij}^{\text{macro}} = D_{ijkl}^H \varepsilon_{kl}^{\text{macro}} \tag{3.39}$$

マクロ構造の応力評価には,式(2.34)から与えられる均質化されたマクロ弾性スティフネス定数を用いることが特徴である.

一方,正規化されたミクロ座標系で定義されるミクロ構造における変位 u_i^{micro} は

$$u_i^{\text{micro}} = y_j \frac{\partial u_i^0}{\partial x_j} + u_i^1 \tag{2.40}$$

のように評価できる.すなわち,ミクロ変位 u_i^{micro} はミクロ構造において一様な変位勾配による変位と,式(2.29)で計算されるミクロ不均質組織による変位の擾乱 u_i^1 の和として表現できる.ミクロ構造におけるひずみ $\varepsilon_{ij}^{\text{micro}}$ は,次式により評価できる.

$$\varepsilon_{ij}^{\text{micro}} = \frac{1}{2}\left(\frac{\partial u_i^{\text{micro}}}{\partial y_j} + \frac{\partial u_j^{\text{micro}}}{\partial y_i}\right) \tag{2.41}$$

さらに,ミクロ構造における応力 $\sigma_{ij}^{\text{micro}}$ は,線形弾性構成則により次式のように評価できる.

$$\sigma_{ij}^{\text{micro}} = D_{ijkl} \varepsilon_{kl}^{\text{micro}} \tag{2.42}$$

ここで

$$\sigma_{ij}^{\text{macro}} = \frac{1}{|Y|}\int_Y \sigma_{ij}^{\text{micro}} dY \equiv \langle \sigma_{ij}^{\text{micro}} \rangle \tag{2.43}$$

なる関係が成り立つことが重要である.この式の証明は読者への宿題としよう.

以上のように,均質化理論に基づいて導出したマクロ方程式(2.33)および

ミクロ方程式 (2.36) を有限要素法により離散化する。表記法は付録 A.4 を参照されたい。最初にマクロ方程式の離散化を考える。マクロモデルの要素の形状関数 N_a^0 を用いると,要素内の座標および変位は次式のように離散化される。

$$x_i = N_a^0 x_{ia} \tag{2.44}$$

$$u_i^0 = N_a^0 u_{ia}^0 \tag{2.45}$$

ここで, x_{ia} はマクロ構造の節点座標, u_{ia}^0 はマクロ節点変位を表す。インデックス a は要素を構成する節点の番号を意味する。式 (2.45) を適用して,マクロ構造の変位の偏微分を

$$\frac{\partial u_i^0}{\partial x_j} = \frac{\partial}{\partial x_j} N_a^0 u_{ia}^0 = B_{ja}^0 u_{ia}^0 \tag{2.46}$$

と表す。ここで B_{ja}^0 はマクロモデルの要素のひずみ-変位マトリックスである。離散化式 (2.44)〜(2.46) をマクロ方程式 (2.33) に適用すると

$$\int_\Omega D_{ijkl}^H B_{la}^0 B_{j\beta}^0 d\Omega u_{ka}^0 = \int_{\Gamma_t} t_i N_\beta^0 d\Gamma \tag{2.47}$$

となる。ここで,インデックス β は, a と同様に要素を構成する節点の番号を意味する。積分項を整理すれば,マクロ方程式は最終的に次式のように表される。

$$K_{ika\beta} u_{ka}^0 = F_{i\beta} \tag{2.48}$$

ここで

$$K_{ika\beta} = \int_\Omega D_{ijkl}^H B_{la}^0 B_{j\beta}^0 d\Omega \tag{2.49}$$

$$F_{i\beta} = \int_{\Gamma_t} t_i N_\beta^0 d\Gamma \tag{2.50}$$

式 (2.48) をマトリックス表記すれば,次式の連立 1 次方程式となる。

$$[\boldsymbol{K}]\{\boldsymbol{u}^0\} = \{\boldsymbol{F}\} \tag{2.51}$$

ここで, $\boldsymbol{u}^0$ はマクロ節点変位ベクトル, $\boldsymbol{F}$ はマクロ節点力ベクトルである。マクロ構造に関する有限要素式 (2.51) は,係数マトリックスの算出において均質化されたマクロ材料定数を用いる以外は通常の有限要素法と同じである。

つぎにミクロ方程式の離散化を考える。ミクロモデルの要素の形状関数 N_a^1 を用いると，要素内の座標および特性変位関数は次式のように離散化される。

$$y_i = N_a^1 y_{ia} \tag{2.52}$$

$$\chi_i^{kl} = N_a^1 \chi_{ia}^{kl} \tag{2.53}$$

ここで，y_{ia} はミクロ構造の節点座標，χ_{ia}^{kl} は節点における特性変位関数を表す。式 (2.53) を適用して，特性変位関数の偏微分を

$$\frac{\partial \chi_i^{kl}}{\partial y_j} = \frac{\partial}{\partial y_j} N_a^1 \chi_{ia}^{kl} = B_{ja}^1 \chi_{ia}^{kl} \tag{2.54}$$

と表す。ここで，前述のマクロ方程式中の均質化されたマクロ弾性スティフネス定数は，ミクロ構造の節点における特性変位関数によってつぎのように離散化される。

$$D_{ijmn}^H = \frac{1}{|Y|} \int_Y \left(D_{ijmn} + D_{ijkl} B_{la}^1 \chi_{ka}^{mn} \right) dY \tag{2.55}$$

また，離散化式 (2.52)～(2.54) をミクロ方程式 (2.36) に適用すると

$$\int_Y \left(D_{ijkl} B_{la}^1 \chi_{ka}^{mn} \right) B_{j\beta}^1 dY = -\int_Y D_{ijmn} B_{j\beta}^1 d\Gamma \tag{2.56}$$

となる。積分項を整理すれば，ミクロ方程式は最終的に次式のように表される。

$$k_{ika\beta} \chi_{ka}^{mn} = t_{i\beta}^{mm} \tag{2.57}$$

ここで

$$k_{ika\beta} = \int_Y D_{ijkl} B_{la}^1 B_{j\beta}^1 dY \tag{2.58}$$

$$t_{i\beta}^{mm} = -\int_Y D_{ijmn} B_{j\beta}^1 dY \tag{2.59}$$

ミクロ方程式 (2.56) をマトリックス表記すれば

$$[\boldsymbol{k}]\{\boldsymbol{\chi}^{mn}\} = \{\boldsymbol{t}^{mn}\} \tag{2.60}$$

となる。3次元問題の場合に要素内の全節点数を n_e とすれば，$\boldsymbol{k}$ はミクロ構造の剛性マトリックスであり，$3n_e \times 3n_e$ の成分をもつ。ミクロ方程式 (2.60) と前述のマクロ方程式 (2.51) を比較すると，係数マトリックスに関しては同じであり，左辺の未知ベクトルおよび右辺の定数項ベクトルに大きな違いがあ

る。マクロ方程式において未知ベクトルは節点変位ベクトルであり，定数項ベクトルは境界条件により与えられた節点力ベクトルである。これに対して，ミクロ方程式において未知ベクトルは節点の特性変位関数ベクトル χ^{mn} であり，定数項ベクトル t^{mn} はミクロ構造における弾性スティフネス定数の不均質性により与えられる。ミクロ方程式の特性変位関数ベクトルの成分を具体的に示せば

$$\{\chi^{mn}\} = \begin{Bmatrix} \chi^{mn}_{11} \\ \chi^{mn}_{21} \\ \chi^{mn}_{31} \\ \chi^{mn}_{12} \\ \chi^{mn}_{22} \\ \chi^{mn}_{32} \\ \vdots \\ \chi^{mn}_{1n_e} \\ \chi^{mn}_{2n_e} \\ \chi^{mn}_{3n_e} \end{Bmatrix} \quad (2.61)$$

となる。ここで，上添字 mn はひずみ成分を意味する。ひずみテンソルを独立な6成分をもつひずみベクトルに縮約した場合では，ミクロ方程式 (2.60) において $mn=11,22,33,23,31,12$ に対して六つの未知ベクトルおよび定数項ベクトルが存在する。したがって，実際には右辺の定数項ベクトルを逐次更新して左辺の未知ベクトルを求めることになり，ミクロ方程式 (2.60) は6回にわたって連立1次方程式を解くことになる。このとき，特性変位関数は式 (2.31) に示す Y-周期性をもつことから，ミクロ方程式は周期境界条件で解く必要がある。

マルチスケール有限要素解析の流れを図 2.10 に示して解析手順を説明する。最初に均質化プロセスにおいて，ミクロ方程式 (2.56) を解き，ミクロ構造を特徴づける特性変位関数を得る。つぎに，得られた特性変位関数を用いて式

2.3 均質化法

ミクロ方程式 $\int_Y (D_{ijkl} B^1_{l\alpha} \chi^{mn}_{k\alpha}) B^1_{j\beta} dY = -\int_Y D_{ijmn} B^1_{j\beta} d\Gamma$ (2.56)

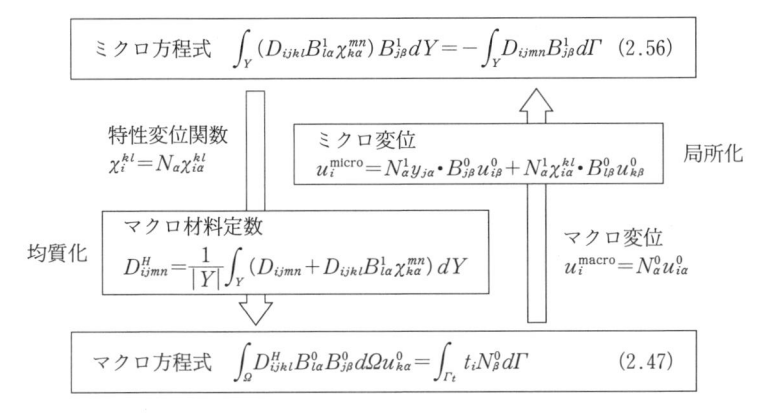

特性変位関数
$\chi^{kl}_i = N_\alpha \chi^{kl}_{i\alpha}$

ミクロ変位
$u^{\text{micro}}_i = N^1_\alpha y_{j\alpha} \cdot B^0_{j\beta} u^0_{i\beta} + N^1_\alpha \chi^{kl}_{i\alpha} \cdot B^0_{l\beta} u^0_{k\beta}$

局所化

均質化

マクロ材料定数
$D^H_{ijmn} = \dfrac{1}{|Y|} \int_Y (D_{ijmn} + D_{ijkl} B^1_{l\alpha} \chi^{mn}_{k\alpha}) dY$

マクロ変位
$u^{\text{macro}}_i = N^0_\alpha u^0_{i\alpha}$

マクロ方程式 $\int_\Omega D^H_{ijkl} B^0_{l\alpha} B^0_{j\beta} d\Omega u^0_{k\alpha} = \int_{\Gamma_t} t_i N^0_\beta d\Gamma$ (2.47)

図 2.10 マルチスケール有限要素解析の流れ

(2.55) より均質化されたマクロ弾性スティフネス定数を算出してマクロ方程式 (2.47) を解き，式 (2.37)～(2.39) に従ってマクロ構造の物理量を評価する．一方，局所化プロセスでは，マクロ構造におけるひずみに対して式 (2.40)～(2.42) に従ってミクロ応答を評価することで，弾性体のマルチスケールシミュレーションが実現する．

以下には，均質化理論の典型的な実践として，平織強化複合材料に対するマルチスケール解析例[3),4)]を二つ紹介する．まず，図 2.11 には，自動車ドアパ

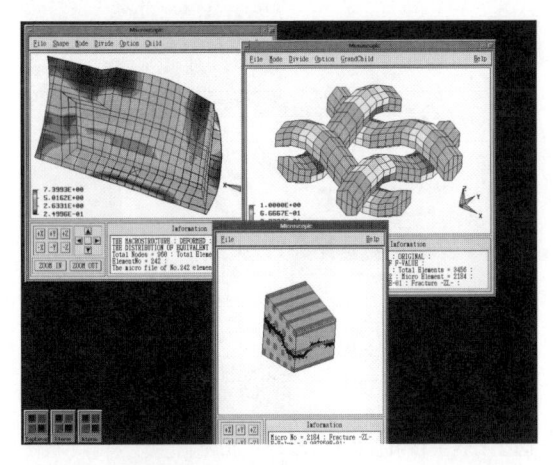

図 2.11 平織強化複合材料の自動車ドアパネルにおける初期ミクロ損傷の予測

ネルを想定したマクロ構造が平織強化複合材料よりできているとし,繊維束の織り構造をミクロ構造としたマルチスケール解析例を示す.初期ミクロ損傷が発生するマクロ構造中の部位と荷重,損傷状態を解析した結果を図 2.11 に示す.すなわち,繊維束とマトリックスからなる不均質体に対するミクロ方程式から特性関数を求めマクロ均質化物性を算出した後,分布荷重を受けるマクロ構造の変形状態からひずみ分布を解析し,マクロ構造の各部位に対するミクロ構造の応力分布に基づいて損傷判定を行ったものである.図 2.11 では,初期ミクロ損傷が発生する荷重と部位が予測され,その荷重値において,図 2.11 左上はマクロ構造のミーゼス相当応力分布,右上は初期ミクロ損傷部の繊維束の F 値分布(Hoffman 則に基づく損傷判定値,詳細は 3.1 節を参照),中央下は損傷状態の模式図を示している.入力する物性値は中央下の模式図における単繊維と樹脂の物性値だけである.

つぎに,平織強化複合材料平板の一様引張負荷時のミクロ損傷進展解析結果を**図 2.12** に示す.本解析例では,3 種類の損傷,すなわちマトリックスの損傷,繊維束内のせん断損傷およびトランスバースき裂が確認され,図 2.12 はミクロ構造の損傷部位と損傷状態をグラフィック表示したものである.このよ

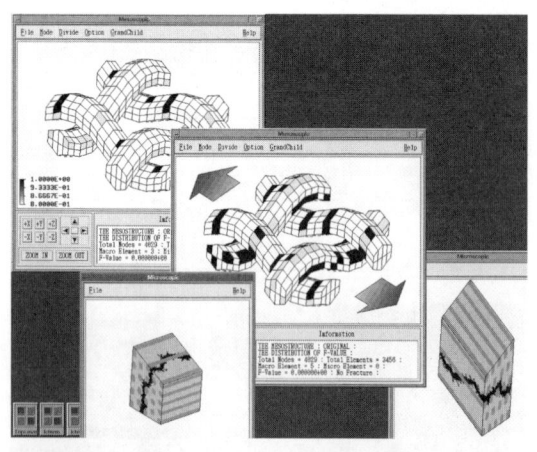

図 2.12 一様引張負荷を受ける平織強化複合材料平板におけるミクロ損傷進展解析

うに均質化法を導入することでマクロ負荷に対するミクロ構造の応力状態を把握することができる．したがって，得られたミクロ応力に基づいて損傷発生判定を行い，複合材料構造物の強度評価が実現する．

しかし，本例のようにマクロに一様荷重であればミクロ構造を一つ用意すればよいが，任意ケースに対応した"非線形挙動の万能試験機"とするには，計算コストが膨大となるため，並列計算などの高速計算法の研究が別途なされている．そこで，3.1節では，ミクロな損傷進展問題を通常の有限要素法で解析した事例を示す．

また，繊維強化プラスチック複合材料は，面内寸法に対して板厚が小さい，すなわち板厚方向に周期境界条件が成立しない場合が多く，均質化法の適用範囲は制約される．これについては，次節に示す重合メッシュ法による解決策の事例を5章に紹介する．

2.4 重合メッシュ法

均質化法では，不均質材料のミクロ構造の周期性に基づき，ミクロからマクロへの橋渡しとしての均質化，ならびにマクロからミクロへの橋渡しとしての局所化の理論と手順を述べた．ここで，ミクロ構造の幾何的な周期性のみならず，変位，ひずみ，応力といった物理量もすべて周期性があるとみなして理論展開がなされた．これは，平均としてのマクロな場が一様であることと等しい．例えば，図2.13のような状況である．これを式で表すと

$$\frac{\partial u_k^0}{\partial x_l} = \text{constant} \quad \text{w.r.t.} \quad \boldsymbol{y} \tag{2.62}$$

$$u_i(\boldsymbol{y}) = \frac{\partial u_i^0}{\partial x_j} y_j + \chi_i^{kl} \frac{\partial u_k^0}{\partial x_l} \tag{2.63}$$

$$\sigma_{ij} = \left(D_{ijkl} + D_{ijpq} \frac{\partial \chi_p^{kl}}{\partial y_q} \right) \frac{\partial u_k^0}{\partial x_l} \tag{2.64}$$

となる．この状況が崩れたら，たとえ変形前は幾何的に周期構造であったとしても，変形後は図2.14のように隣り合うユニットセルは別個の状態になるで

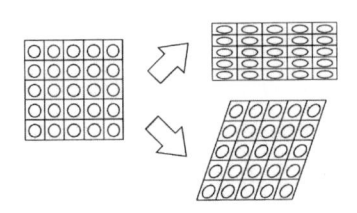

図 2.13 一様なマクロ場におけるミクロ変形

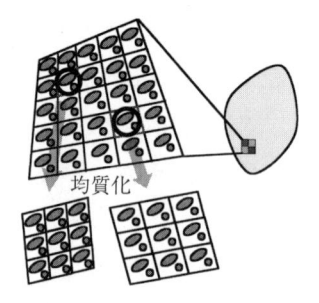

図 2.14 一般的な非一様なマクロ場におけるミクロ変形

あろう。マクロなひずみ分布は要素分割という離散化手段によって表現しているから，マクロな要素に対してそれぞれユニットセルの周期性を定義したとしたら，図 2.14 のようにみなしたことになる。この仮定の下で，局所化，すなわちミクロ応力を求めたら，やはり現実とは違うといわざるを得ない。といっても，しょせんはモデル化であるから，誤差の程度の問題ではあるが。

スケール比 $\lambda \to 0$ の極限をとる均質化法の仮定と現実が合わない理由は，ユニットセルの寸法が有限であり，零（点）ではないことにもよる。したがって，有限の寸法のユニットセル内で，マクロ場がどうなっているかを考える必要がある。図 2.15 に，3 通りのマクロひずみ分布を示す。マクロひずみが大きいか小さいかではなく，ユニットセル内でマクロ場の一様性を仮定するということは，ひずみ勾配の大小が問題となることがわかる。それでも，ひずみ勾配が大きくてもユニットセルが本当に小さければよいのかもしれない。しか

$\dfrac{\partial u_i^0}{\partial x_j}$: 大, $\dfrac{\partial^2 u_i^0}{\partial x_m \partial x_n}$: 小

$\dfrac{\partial u_i^0}{\partial x_j}$: 大, $\dfrac{\partial^2 u_i^0}{\partial x_m \partial x_n}$: 大

$\dfrac{\partial u_i^0}{\partial x_j}$: 小, $\dfrac{\partial^2 u_i^0}{\partial x_m \partial x_n}$: 大

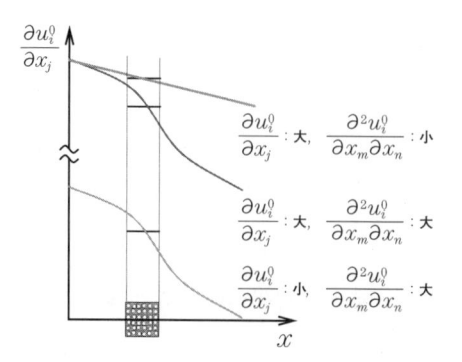

図 2.15 3 通りのマクロひずみ分布

2.4 重合メッシュ法

し，ミクロな不均質性とは，倍率を上げて観察すればするほど目立ってくるものであるから（図4.2の説明を参照），ユニットセル寸法には関係ないと考えたほうがよさそうである。

前節の均質化法では，漸近展開式の第1次項だけを考えていたが，ひずみ勾配の影響を加味した2次項も考える方法がある。その場合の，ミクロ応力の算出式を以下に示す。3次元で6モードあった特性変位 χ_p^{kl} に加え，π_p^{kmn} なる高次の特性関数も登場する。

$$\sigma_{ij} = \left(D_{ijkl} - D_{ijpq}\frac{\partial \chi_p^{kl}}{\partial y_q}\right)\frac{\partial u_k^0}{\partial x_l} + \lambda\left\{\left(D_{ijkl} - D_{ijpq}\frac{\partial \chi_p^{kl}}{\partial y_q}\right)\frac{\partial \tilde{u}_k^1}{\partial x_l}\right.$$
$$\left. -\left(D_{ijpm}\chi_p^{kn} - D_{ijpq}\frac{\partial \pi_p^{kmn}}{\partial y_q}\right)\frac{\partial^2 u_k^0}{\partial x_m \partial x_n}\right\} \quad (2.65)$$

この計算をするのはたいへんである。それよりも，2次項まで考えたとしても，図2.15のひずみ勾配は直線近似することになる。き裂先端近傍などで指数的な分布をしていたとしたら，直線近似でもやはり近似には違いない。抜本的な解決法とはいい難い。また，式(2.65)にはスケール比が直接的に登場する。スケール比を現実問題で一意に定義することはじつはできない。破壊力学でよく代表寸法という概念が登場するが，数値解析ではさらに離散化という手を使うので，もはや代表寸法の定義は一意的ではない。こういう点に，理論と現実のギャップがある。

重合メッシュ法ではスケール比は用いず，マクロ場とミクロ場を同じ倍率で眺めて足し合わせる。すなわち

$$\boldsymbol{u} = \begin{cases} \boldsymbol{u}^G & \text{on } \Omega^G, \Gamma^{GL} \\ \boldsymbol{u}^G + \boldsymbol{u}^L & \text{on } \Omega^L \end{cases} \quad (2.66)$$

である。問題設定は，図2.16のように，全体領域 Ω とその境界 Γ，ミクロ

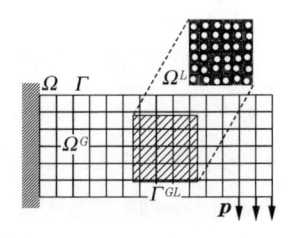

図2.16 重合メッシュ法のための問題設定

（ローカル）領域 Ω^L を Ω の内部に定義したら，マクロ（グローバル）領域を $\Omega^G = \Omega \setminus \Omega^L$ とし，グローバル/ローカル領域の境界（すなわちローカル領域の境界）を Γ^{GL} とする．要素分割は，全体領域を離散化したグローバルメッシュと，ローカル領域を離散化したローカルメッシュの二つを考える．たがいのメッシュは完全に独立したものでよい．すなわち，同じソリッド要素，あるいは平面要素であれば，三角形や四角形，四面体や六面体などの要素形状に関する種類は同一でなくてよい．さらに，両メッシュの節点や要素分割パターンは一致・整合する必要はない．ローカルメッシュはグローバルメッシュの上に重ね合わせる．したがって，ローカル領域には，グローバルメッシュとローカルメッシュがともに存在することになる．各要素の形状関数，ひずみ-変位マトリックスなどは上添字 G（グローバル）または L（ローカル）として表記する．ひずみは次式となる．

$$\varepsilon = \begin{cases} B^G u^G & \text{on } \Omega^G \\ B^G u^G + B^L u^L & \text{on } \Omega^L \end{cases} \tag{2.67}$$

この考え方は，s-version FEM として，r 法，h 法，p 法などのアダプティブ有限要素法の一環の研究として Jacob Fish[5] によって提案された．その後，D.H. Robbins, Jr. と J.N. Reddy[6] はスマート複合材料の設計にこの手法を用い，M.M. Rashid[7] はき裂進展解析に類似の手法を用いた．和名は，筆者[8),9)]が初めて国内学会で発表したときは有限要素重ね合せ法と呼んでいたが，後に東京大学の鈴木克幸先生[10] が同手法を重合メッシュ法と呼んだことから，現在では重合メッシュ法の名前で定着している（文献 9）の投稿日が 1998 年 5 月 5 日，文献 10) の投稿日が 1999 年 2 月 15 日）．本書では，上記の他者の適用事例とはやや趣を変えて，不均質材のマルチスケール法としての使用法[11)~16)] を紹介する．

ここでは，簡単のために，図 2.16 のように，境界条件としての拘束条件，荷重条件ともに内部のローカルメッシュには与えられず，グローバルメッシュにのみ与えられるとする．不均質材のマルチスケール法としての重合メッシュ法の有用性は 6 章で具体的に示すが，この設定の範囲内で考えるのがよい．た

だし，自重や熱荷重といった物体力項として作用する荷重はローカル領域にも考えることにする。

式 (2.66) において，u^G はグローバルメッシュにより求められる変位，u^L はローカルメッシュにより求められる変位とし，ローカル領域ではその和として定義する。均質化法における漸近展開式と対比されたい。スケール比が入っていないと考えるのではなく，スケールはメッシュとして直接的にモデル化されているのである。

グローバル・ローカルメッシュの境界において変位が連続であるために

$$u^L = 0 \quad \text{on } \varGamma^{GL} \tag{2.68}$$

とする。これは，ローカルメッシュに対する境界条件として与えることになる。

不均質材では成形プロセスなどにおいて与えられる熱荷重を考える問題も多いから，温度変化 $\varDelta T$ も変位と同様に定義しておく。

$$\varDelta T = \begin{cases} \varDelta T^G & \text{on } \varOmega^G, \varGamma^{GL} (\varDelta T^L = 0 \quad \text{on } \varGamma^{GL}) \\ \varDelta T^G + \varDelta T^L & \text{on } \varOmega^L \end{cases} \tag{2.69}$$

材料モデルとして，グローバルメッシュでは，不均質材のミクロ構造を均質化したマクロ材料モデルを用い，ローカルメッシュでは，不均質性をその寸法のとおりに直接的にモデル化して素材の材料モデルを用いるとする。すなわち，応力-ひずみ関係式は

$$\sigma = D(\varepsilon - \varepsilon_T) = \begin{cases} D^G(B^G u^G - \alpha^G \varDelta T^G) & \text{on } \varOmega^G \\ D^L\{B^G u^G + B^L u^L - \alpha^L(\varDelta T^G + \varDelta T^L)\} & \text{on } \varOmega^L \end{cases} \tag{2.70}$$

とする。ここに，応力-ひずみマトリックスと線膨張係数はグローバル，ローカルで別個に定義する。熱ひずみも

$$\varepsilon_T = \begin{cases} \alpha^G \varDelta T^G & \text{on } \varOmega^G \\ \alpha^L(\varDelta T^G + \varDelta T^L) & \text{on } \varOmega^L \end{cases} \tag{2.71}$$

とした。式 (2.71) が最も明りょうであるが，変位はグローバル・ローカル境界で連続としたが，その1階微分であるひずみはグローバル・ローカル境界で

不連続である。応力も不連続である。

　ローカルメッシュでは，材料のミクロ構造のみならず，損傷，欠陥，き裂が局所部にのみ存在するケースも取り扱う。5章で数値例を示すが，き裂はグローバルメッシュでは無視していても，ローカルメッシュでモデル化すれば，ちゃんと解析できるので便利である。ローカルメッシュは，部材内部の異材界面にも重合できる。その他，構造的な応力集中部に用いれば，非一様なマクロ場におけるミクロ挙動が把握できることになる。これらをまとめると図2.17のように，構造解析上重要な因子が重合メッシュ法で解析できることがわかる。グローバルメッシュに適用する等価なマクロ材料モデルは均質化法で解析できるから，均質化法と重合メッシュ法を併用したマルチスケール法の手順は図2.18のようになる。

　グローバルメッシュは，構造部材全体をモデル化するためにそれなりの粗さ

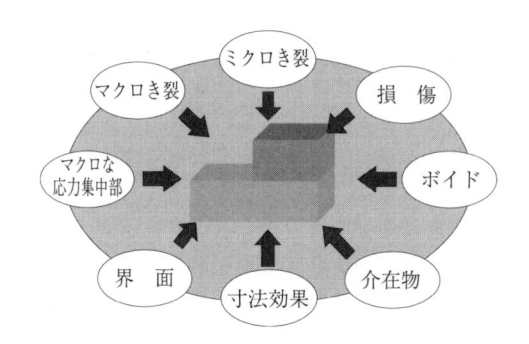

図2.17　応力解析を必要とするマルチスケール問題

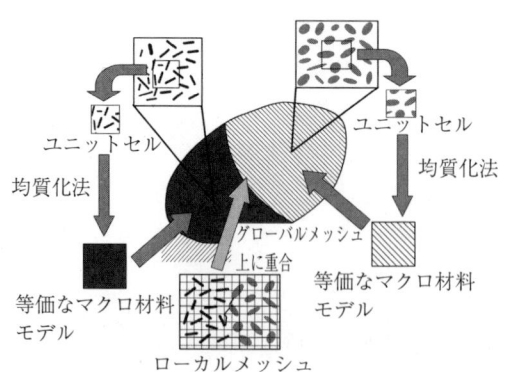

図2.18　均質化法と重合メッシュ法を併用したマルチスケール法の手順

2.4 重合メッシュ法

となるが，ローカルメッシュは，不均質性を実寸法どおりに直接的にモデル化するから，両メッシュの要素寸法は大きく異なることになる．しかし，均質化法のユニットセルは正規化された寸法で表現され，ミクロな実寸法が考慮されていないのに対し，重合メッシュ法では寸法効果も表現できることになる．これらの状況を図 2.19 にまとめる．すなわち，不均質性を二つに分類し，非周期的な局所的不均質部には重合メッシュ法を用いればよい．図 2.5 とも照らし合わせて分類されたい．

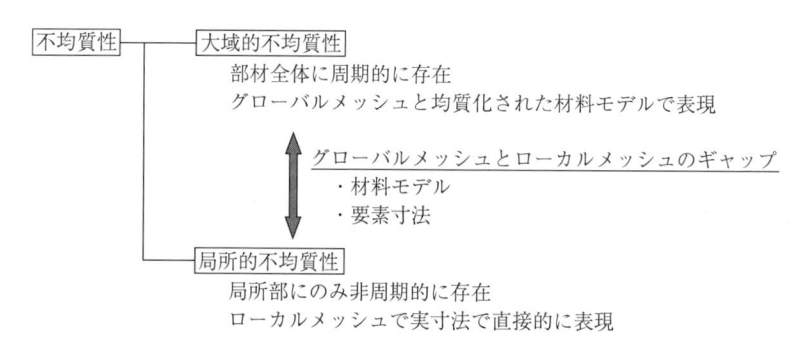

```
不均質性 ─┬─ 大域的不均質性
          │    部材全体に周期的に存在
          │    グローバルメッシュと均質化された材料モデルで表現
          │
          │         ↕ グローバルメッシュとローカルメッシュのギャップ
          │           ・材料モデル
          │           ・要素寸法
          │
          └─ 局所的不均質性
               局所部にのみ非周期的に存在
               ローカルメッシュで実寸法で直接的に表現
```

図 2.19　不均質性の分類と重合メッシュ法の適用範囲

さて，定式化の続きを述べよう．解くべき式は，物体力，熱ひずみを無視すれば

$$\int_{\Omega} (B\bar{u})^T D (Bu) \, d\Omega = \int_{\Gamma_p} (N\bar{u})^T p \, d\Gamma \tag{2.72}$$

である．$\bar{u}$ は仮想変位である．グローバル領域，ローカル領域に分けると

$$\int_{\Omega^G} (B\bar{u})^T D^G (Bu) \, d\Omega + \int_{\Omega^L} (B\bar{u})^T D^L (Bu) \, d\Omega = \int_{\Gamma_p} (N\bar{u})^T p \, d\Gamma \tag{2.73}$$

となる．これに式 (2.66) などを代入すれば

$$\int_{\Omega^G} (B^G \bar{u}^G)^T D^G (B^G u^G) \, d\Omega + \int_{\Omega^L} (B^G \bar{u}^G + B^L \bar{u}^L)^T D^L (B^G u^G + B^L u^L) \, d\Omega$$
$$= \int_{\Gamma_p} (N^G \bar{u}^G)^T p \, d\Gamma \tag{2.74}$$

となる．展開して整理すれば

$$(\bar{\boldsymbol{u}}^G)^T \left\{ \int_{\Omega^G} (\boldsymbol{B}^G)^T \boldsymbol{D}^G \boldsymbol{B}^G d\Omega + \int_{\Omega^L} (\boldsymbol{B}^G)^T \boldsymbol{D}^L \boldsymbol{B}^G d\Omega \right\} \boldsymbol{u}^G$$

$$+ (\bar{\boldsymbol{u}}^G)^T \left\{ \int_{\Omega^L} (\boldsymbol{B}^G)^T \boldsymbol{D}^L \boldsymbol{B}^L d\Omega \right\} \boldsymbol{u}^L$$

$$+ (\bar{\boldsymbol{u}}^L)^T \left\{ \int_{\Omega^L} (\boldsymbol{B}^L)^T \boldsymbol{D}^L \boldsymbol{B}^G d\Omega \right\} \boldsymbol{u}^G$$

$$+ (\bar{\boldsymbol{u}}^L)^T \left\{ \int_{\Omega^L} (\boldsymbol{B}^L)^T \boldsymbol{D}^L \boldsymbol{B}^L d\Omega \right\} \boldsymbol{u}^L = (\bar{\boldsymbol{u}}^G)^T \int_{\Gamma_p} (\boldsymbol{N}^G)^T \boldsymbol{p} d\Gamma \tag{2.75}$$

これが任意の仮想変位について成立するためには

$$\begin{bmatrix} \int_{\Omega^G} (\boldsymbol{B}^G)^T \boldsymbol{D}^G \boldsymbol{B}^G d\Omega + \int_{\Omega^L} (\boldsymbol{B}^G)^T \boldsymbol{D}^L \boldsymbol{B}^G d\Omega & \int_{\Omega^L} (\boldsymbol{B}^G)^T \boldsymbol{D}^L \boldsymbol{B}^L d\Omega \\ \int_{\Omega^L} (\boldsymbol{B}^L)^T \boldsymbol{D}^L \boldsymbol{B}^G d\Omega & \int_{\Omega^L} (\boldsymbol{B}^L)^T \boldsymbol{D}^L \boldsymbol{B}^L d\Omega \end{bmatrix} \begin{Bmatrix} \boldsymbol{u}^G \\ \boldsymbol{u}^L \end{Bmatrix}$$

$$= \begin{Bmatrix} \int_{\Gamma_p} (\boldsymbol{N}^G)^T \boldsymbol{p} d\Gamma \\ 0 \end{Bmatrix} \tag{2.76}$$

簡単のため,以下のように略記することにする。

$$\boldsymbol{K}^G = \int_{\Omega^G} (\boldsymbol{B}^G)^T \boldsymbol{D}^G \boldsymbol{B}^G d\Omega + \int_{\Omega^L} (\boldsymbol{B}^G)^T \boldsymbol{D}^L \boldsymbol{B}^G d\Omega \tag{2.77}$$

$$\boldsymbol{K}^{GL} = \int_{\Omega^L} (\boldsymbol{B}^G)^T \boldsymbol{D}^L \boldsymbol{B}^L d\Omega \tag{2.78}$$

$$\boldsymbol{K}^{LG} = \int_{\Omega^L} (\boldsymbol{B}^L)^T \boldsymbol{D}^L \boldsymbol{B}^G d\Omega = (\boldsymbol{K}^{GL})^T \tag{2.79}$$

$$\boldsymbol{K}^L = \int_{\Omega^L} (\boldsymbol{B}^L)^T \boldsymbol{D}^L \boldsymbol{B}^L d\Omega \tag{2.80}$$

$$\boldsymbol{F}_p = \int_{\Gamma_p} (\boldsymbol{N}^G)^T \boldsymbol{p} d\Gamma \tag{2.81}$$

最終的に剛性方程式は簡単に

$$\begin{bmatrix} \boldsymbol{K}^G & \boldsymbol{K}^{GL} \\ (\boldsymbol{K}^{GL})^T & \boldsymbol{K}^L \end{bmatrix} \begin{Bmatrix} \boldsymbol{u}^G \\ \boldsymbol{u}^L \end{Bmatrix} = \begin{Bmatrix} \boldsymbol{F}_p \\ 0 \end{Bmatrix} \tag{2.82}$$

と書ける。

熱ひずみを考える場合[12]には,さらに熱ひずみによる等価節点力

2.4 重合メッシュ法

$$F_T^G = \int_{\Omega^G} (B^G)^T D^G \alpha^G \Delta T^G d\Omega^G + \int_{\Omega^L} (B^G)^T D^L \alpha^L (\Delta T^G + \Delta T^L) d\Omega^L \tag{2.83}$$

$$F_T^L = \int_{\Omega^L} (B^L)^T D^L \alpha^L (\Delta T^G + \Delta T^L) d\Omega^L \tag{2.84}$$

を考え,剛性方程式は

$$\begin{bmatrix} K^G & K^{GL} \\ (K^{GL})^T & K^L \end{bmatrix} \begin{Bmatrix} u^G \\ u^L \end{Bmatrix} = \begin{Bmatrix} F_p + F_T^G \\ F_T^L \end{Bmatrix} \tag{2.85}$$

となる[15]。上記の定式化において,K^G, K^L は通常の剛性マトリックスそのものであるが,K^{GL} が両メッシュの相関性を表す。これが零であれば,適当な境界条件とともに考えるズーミング法となる。

グローバルメッシュの自由度を n^G, ローカルメッシュの自由度を n^L とすると,K^G, K^L はそれぞれ $n^G \times n^G$, $n^L \times n^L$ のマトリックスである。K^{GL} は $n^G \times n^L$ となる。K^G, K^L はスカイラインマトリックスとなる。しかし,K^{GL} の存在のため,K^L のスカイラインマトリックスの性質は失われることになる。

境界条件として,u^G に対しては部材に対する拘束条件を課し,u^L に対しては,グローバル・ローカルメッシュ境界での変位の連続性を保証するための式 (2.68) が境界条件となる。

重合メッシュ法の数値解析では,通常の有限要素法とは異なる数値積分を行わねばならない。まず,式 (2.78) の K^{GL} の積分では,ローカルメッシュの要素について積分するわけだが,ローカルメッシュのガウス積分点において,グローバルメッシュの B^G を評価しなければならない。この様子を図 2.20 に示す。つまり,ローカルメッシュのガウス積分点のそれぞれが,どのグローバル

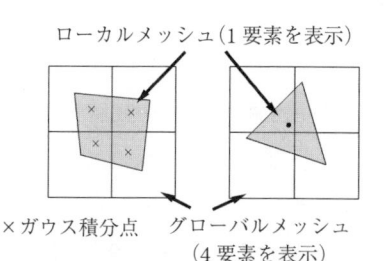

図 2.20 重合メッシュ法における数値積分

メッシュに属するかを知り，つぎにローカルメッシュのガウス積分点の位置をグローバルメッシュの正規化座標系における座標値で表さねばならない．つまり，ローカルメッシュの正規化座標値，ワールド座標系の座標値，グローバルメッシュの正規化座標値の順で算出せねばならない．しかし，形状関数による補間において，グローバル座標値から正規化座標値を知ることは，任意形状の要素については明示的でない．そこで，反復計算により正規化座標値を求めることになる．あるいは，図2.20のように，ボクセル要素を用いれば明示的に算出できる．筆者は，6章で述べるように，3次元問題においてはボクセル要素を用いており，これだとグローバルメッシュの要素分割パターンによる精度への影響を受けにくい．

また，式(2.77)で定義されるK^Gの計算においても第2項$\int_{\Omega^L}(B^L)^T D^L B^G d\Omega$という$\Omega^L$領域内の積分をグローバルメッシュで評価することになる．これには，Ω^L領域をローカルメッシュから認識するか，領域を数式で定義しておく必要がある．さらに，マルチスケール法として使用する場合，D^Lをグローバルメッシュのガウス点で評価することになるが，そもそもミクロな不均質性をグローバルメッシュでは表現したくないわけだから，D^Lの評価をグローバルメッシュパターンによらずに正確に行うことはマルチスケール法のメリットを損なう．通常の有限要素法以上に要素分割パターンの影響を強く受けるような方法では，とても実用的とはいえない．また，グローバル要素をプログラム内で細分割すればよいという考え方もあるが，それなら，重合するという方法以外の選択肢がある．よって

$$K^G = \int_{\Omega^G}(B^G)^T D^G B^G d\Omega + \int_{\Omega^L}(B^G)^T D^L B^G d\Omega$$

$$\cong \int_{\Omega}(B^G)^T D^G B^G d\Omega \qquad (2.86)$$

とするのが合理的である．また，その妥当性を簡単な数値実験で示してきた[11]．

また，数値実験による経験から，ローカルメッシュの積分点は，通常の積分次数よりも1次以上高い積分点を用いなければよい精度の解は得られないよう

であるので留意を要する。こうした点から，重合メッシュ法は，簡単なユーザサブルーチンだけで市販プログラムを改良して作成するには困難を伴う。

剛性マトリックスは図 2.21 のようにスカイラインマトリックスの性質を損なうことを述べた。しかしながら，各種のリナンバリング法（節点再付番）を用いれば，通常の有限要素法とさほど変わらないスパース性を有する。一例として，3 次元六面体要素を用いた例題において，グローバルメッシュよりローカルメッシュが 1.5 倍程度要素数が多いケースで，リナンバリングによるメモリ削減の効果を調査した結果を図 2.22 に示す。ここでは RCM 法（reverse Cuthill-Mackee 法）を用いている。リナンバリングを用いれば，たとえローカルメッシュを複数同時に重合した図 2.23 のような場合でも，スパースマトリックスソルバが適用可能となる。

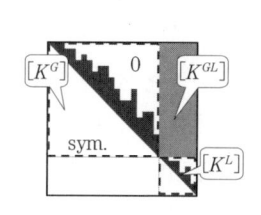

図 2.21 重合メッシュ法における剛性マトリックス

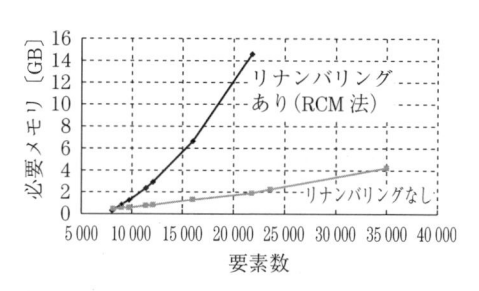

図 2.22 RCM 法によるリナンバリングの効果

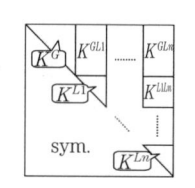

図 2.23 複数のローカルメッシュを重合した場合の剛性マトリックス

最後に，方程式を解いて得られる解 u^G, u^L はグローバルメッシュ，ローカルメッシュの節点変位であり，u^L はそれ単独では物理的意味がない。したがって，ローカルメッシュの節点座標からグローバルメッシュの正規化座標値を知り，グローバルメッシュ内で変位関数による補間を用いたうえで $u^G + u^L$ を

計算する。ひずみは，式 (2.67) で計算するのが定義どおりなのであるが，筆者は Ω^L においては $\boldsymbol{u}^G+\boldsymbol{u}^L$ と $\boldsymbol{B}^L$ から $\boldsymbol{B}^L(\boldsymbol{u}^G+\boldsymbol{u}^L)$ として求めている。これは定式上は本来の重合メッシュの特性を失うのだが，求まった $\boldsymbol{u}^G+\boldsymbol{u}^L$ を一番信用しようという方針からそうしている。なお，Ω^L において $\boldsymbol{B}^G\boldsymbol{u}^G$ や $\boldsymbol{D}^G\boldsymbol{B}^G\boldsymbol{u}^G$ は物理的意味をもたないので，$\boldsymbol{u}^G$ と $\boldsymbol{u}^L$ だけから求まる $\boldsymbol{B}^G\boldsymbol{u}^G$，$\boldsymbol{D}^G\boldsymbol{B}^G\boldsymbol{u}^G$ をグローバルメッシュで表示するようなポストプロセシングは意味をもたないばかりか，重合メッシュ法の詳細を知らないユーザに誤解を与えるので避けるべきである。

$\boldsymbol{u}^G+\boldsymbol{u}^L$ を一番信じようという考えであることを述べた。したがって，6 章の事例解析でも変位の比較を精度検証として行っているので，覚えておいてほしい。さらに，Ω^L の全域で $\boldsymbol{u}^L=0$ となるような例題は検証例にならない。これは，Ω^L 内に局所的不均質性を含まず，マクロ場が一様である問題を解いた場合である。均質材の棒や板の一様引張問題などがそうである。これをいかにローカルメッシュで重合して細分割しようが，ローカルメッシュの全節点で $\boldsymbol{u}^L=0$ である。検証例題を適切に選ぶには，理論をある程度は理解していただきたい。また，グローバル・ローカルメッシュ境界での変位，ひずみ，応力の分布についても注意してシミュレーション結果を観察していただきたい。そのためには，通常のポストプロセッサではなく，ある程度専用の表示機能をもつポストプロセッサを開発しておく必要がある。

2006 年に市販ソフトウェア VOXELCON（(株)くいんと製）に重合メッシュ法の機能が搭載されたので，一般ユーザは是非これを利用していただきたい。このソフトウェアは，3 次元解析，ボクセル要素に限定されている。一番間違いが起きにくいケースなので，機能を限定して市販化した。2 次元解析ははっきりいって重合メッシュ法を使う必要性はない。6 章では事例解析を示しているが，精度検証のためだったり，わかりやすい適用例として示していると理解してほしい。2 次元解析なら，がんばって要素分割すればよいし，ほぼ自動要素分割も可能であろう。要素数が少々増えようが，いまのコンピュータパワーなら解けるだろう。本命はあくまで 3 次元解析である。しかも，部材の内

部に不均質部があり，局所的に不規則メッシュとなるケースである．2008年版では熱応力の解析機能も追加された．さらに，現在のVOXELCONでは，全体剛性マトリックスを作成した後に，剛性方程式の解法には専用の前処理を施した反復法を用いている．さらに超大規模解析を可能とするべくEBE (element-by-element)的な解法の開発が今後期待される．

2.5 異メッシュ接合法

従来までの教科書レベルの有限要素法の説明によれば，有限要素法は要素間で節点を共有しなくてはいけない．実際にCADソフト内で複数のパーツを個別にモデリングしたとき，事前にパーツの一体化操作を行ってから要素分割を行わないと，パーツ間で節点の不整合が生じてしまい解析が実行できないといったエラーに遭遇するであろう．ここで紹介する異メッシュ接合法とは，逆に要素間での節点の不整合を積極的に発生させ，領域ごとに要素の粗密・サイズを変化させることにより簡易的なグローバル・ローカル解析を行うものである．応力集中部あるいは局所的な損傷部など解析精度が要求される箇所のみを細かな要素分割をした解析が可能となる．ズーミングしたい箇所に対してのみ細かなメッシュを配置するといった使い方は，前節で示した重合メッシュ法と共通する．前節で紹介した重合メッシュ法では，粗いグローバル要素内に細かなローカル要素を重ね合わせた解法であった．一方，異メッシュ接合法では，図2.24に例示するようにグローバル要素領域とローカル要素領域は必ず隣接させなくてはならず，異メッシュ界面を接合面としてあらかじめ設定する必要がある．

有限要素法の枠組の中で，異メッシュ界面を接合するにはいくつかの手法がある．これらの基本的な考えは同じであり，接合する片面内の節点を支配節点 (master node)，他方の面に属する節点を従属節点 (slave node) と設定し，支配節点を設定した面の動きに従属節点の動きを同調させる．最も単純な方法は，図2.24に示すように接合面を硬いばねで連結させるペナルティー法であ

64　　2. マルチスケール法

グローバル要素領域　　ローカル要素領域

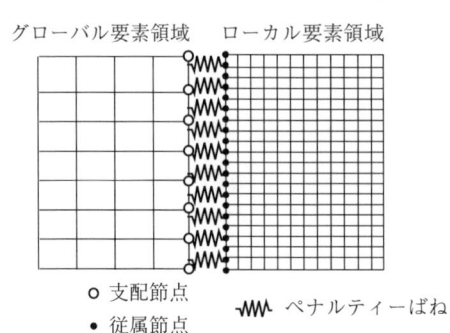

○ 支配節点
● 従属節点
⟳⟳⟳ ペナルティーばね

図 2.24　ペナルティー法による異メッシュ接合

る．その他には，両者が連結する制約条件をラグランジュ未定乗数法により取り扱う方法，あるいは静的縮約により従属節点の自由度を消去する方法などがあり，これらのアルゴリズムは接触解析技術を転用したものである．同様のアイデアにより，例えば熱応力解析に対応することも可能である．このときには温度に関する変数に対しても共通する辺上の値が同一となる制約条件を追加することになる．

　図 2.25 に示す凸部を有する構造解析例を基に使い方を説明する．凸部（part A）と土台部（part B）がすでに別々のソリッドモデルとして CAD で定義されているものとする．異メッシュ接合法によれば，結合させる前に両者を別々に要素分割し，解析時に両者を結合させることができる．ただし，凸部上面に荷重を載荷することを想定すれば，結合する角部に応力が集中することは明らかであり，応力集中を議論するなら角部周辺までを細かい要素分割することが望ましい．その際には，結合した状態をさらに抜き取り操作により領域分けし，角部を含む part A′ に細かな要素を割り当てるとよい．

　図 2.26 に示す解析モデル例を用い，計算コスト・解析精度について通常の有限要素解析と比べてみよう．参照解として用いる有限要素解析は，凸部の正

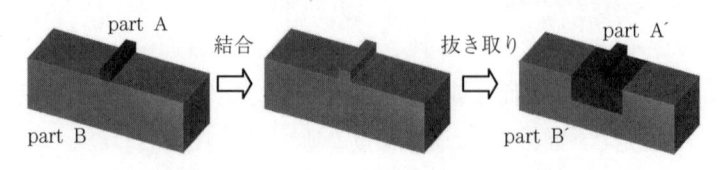

part A　結合　　抜き取り　part A′
part B　　　　　　　　　　　part B′

図 2.25　異メッシュ接合法へ向けた CAD 演算

2.5 異メッシュ接合法

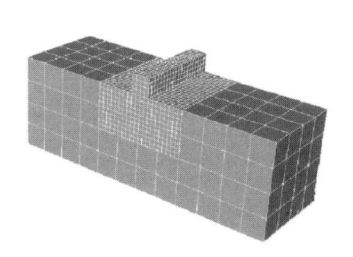

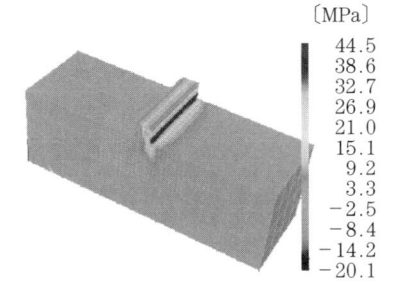

(a) 異メッシュ接合解析モデル　　　(b) 主応力コンタ図

図 2.26 異メッシュ接合法にするメッシングと解析結果

方形断面を 4×4 分割する寸法の立方体要素により領域全体を要素分割する。異メッシュ接合法では，part A′ に関しては参照解とする有限要素モデルと同じサイズの立方体要素を用い，part B′ 領域では参照解の $4\times 4\times 4$ 要素を1要素に置き換えている。解析精度は保ったまま，要素数・節点数はおよそ 1/5 に抑えられ，計算時間においては 1/10 に短縮できている（**表 2.1**）。

表 2.1 計算時間比較

モデル	節点数	要素数	計算時間 [s]
参照モデル	27 321	24 320	295
異メッシュ接合	5 567	4 481	27

先の重合メッシュ法とは違い，理論と呼ばれるほどの中身はなく簡単な方法であり，有限要素法の市販ソフトウェアでもこの種の手法が扱えるものが増えてきている。実用化のための困難点は領域を切断して接合面を設定するなどのプリプロセシングにある。重合メッシュ法のようになにも考えず貼り付けるといったオペレーションではこと足りず，3D-CAD との連携がどうしても必須となり，使い勝手のよいソフトは少ない。ここで示した例題では，非線形構造解析ソフトの普及に多大な貢献をされた P.V. Marcal 先生が開発した新しい CAE ソフト（MPave）を使用した[17],[18]。このソフトは，プリプロセッサ機能内にブーリアン演算をはじめとした簡易的な 3D-CAD 機能が含まれた数少ないソフトである。理論的にも単純明快であり，重合メッシュ法と比較したとき

のデメリットである3次元問題のプリプロセシング（切抜き，結合などの操作を含む）を克服すれば，今後は異メッシュ接合法とあえて名前を付けなくてもよいほど一般的な有限要素法の機能の一つとなるものと思われる。

異メッシュ接合法は，一部に複雑な構造をもつ，あるいは局所的に欠陥があるケースでは簡易グローバル・ローカル法的な使い方により威力を発揮することができる。重合メッシュ法ではローカルメッシュは必ず内部に配置させるのに対し，本手法はローカルメッシュを外部表面にくっつけることができる。また，7.1節には別の解析例を示しているのでそちらも参考にしてほしい。

今後は，本章で示した均質化法，重合メッシュ法，異メッシュ接合法の三者を同時に扱え，問題に応じて使い分けられるマルチスケールシミュレータが現れることを期待したい。

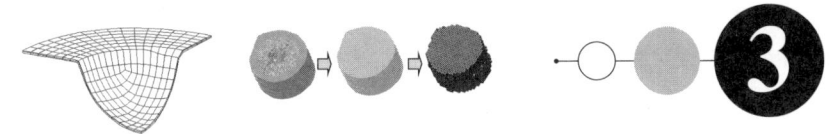

繊維強化プラスチック複合材料の
マルチスケールシミュレーション

3.1 損傷シミュレーション

　繊維強化プラスチック複合材料は，ガラス繊維や炭素繊維などを強化材，プラスチックを母材とする複合材料であり，比剛性および比強度に優れることから航空機をはじめとする輸送機器に利用されている．強化繊維の形態に着目すると，繊維強化プラスチック複合材料は，まず繊維が不連続である短繊維強化プラスチックと長繊維強化プラスチックに分類される．前者の短繊維強化プラスチックは，繊維の配向状態によってランダム配向と選択配向に細分される．ランダム配向した短繊維強化プラスチックは等方性材料である．選択配向した短繊維強化プラスチックは，板厚に対して比較的長い短繊維で強化したプラスチックの場合，短繊維は板厚方向よりも面内方向に配向するため，横等方性材料となる．また，射出成形により作成された短繊維強化プラスチックは射出方向に短繊維が高配向することから，同様に横等方性材料となる．一方，後者の長繊維強化プラスチックは，強化繊維が一方向に配列した一方向繊維強化プラスチックと強化繊維が特有の立体構造をもった織物・編物・組物強化プラスチックに細分される．短繊維強化プラスチックや一方向繊維強化プラスチックは強化形態が比較的単純であることから，それらの力学的特性は古典的な複合則により評価できる場合が多い．これに対して，織物・編物・組物強化プラスチックは強化繊維が複雑な3次元構造をもち，力学的特性の評価がしばしば困難である．そこで本章では，織物・編物・組物強化プラスチック（ひとまとめに

テキスタイル複合材料という）に着目し，損傷非線形挙動から成形および加工プロセスに及ぶシミュレーションを紹介し，最後に特に織物複合材料を得意とする市販ソフトMultiscale.Sim（サイバネットシステム（株））を紹介する。

織物複合材料は，強化材として繊維を織り構造の形態で利用することで優れた変形能や引裂強度を発現することから，航空・宇宙機器をはじめ広範な分野で主要部材にも適用されつつある。一般に，織物複合材料は脆性破壊を示すことが多く，構造物の安全性および信頼性の観点から損傷評価が重要課題の一つに挙げられる。しかし，その損傷評価は容易ではない。その理由は，図3.1に示すように複雑な繊維束の織り構造に起因してマトリックスき裂，繊維束内トランスバースき裂や繊維破断などさまざまなモードの損傷が発生するほか，損傷後の力学的挙動は損傷モードに強く依存するからである。

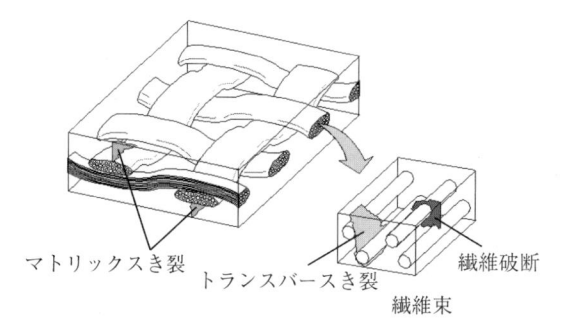

図3.1 織物複合材料に発生する損傷

繊維束の幾何学的形状，特に繊維束のうねりを正確に考慮できる点で3次元有限要素モデルの適用に関する研究が数多くなされてきた。本書では，開繊された平織強化プラスチック複合材料の単層材の解析例[1]を示す。開繊技術は，繊維束への樹脂含浸特性を向上し，図3.2に示すように繊維束のうねりを軽減することで繊維の力学的特性を十分に発揮させるのが目的である。

ところで，繊維強化プラスチック複合材料は，極端な強度異方性をもち，実構造物での使用では組合せ応力状態となることから，解析対象に応じて適切な破損強度則[2]を選択する必要がある。損傷発生のみならず，図3.1に示したさまざまな損傷モード，すなわち損傷異方性を正確に考慮した損傷進展解析手法

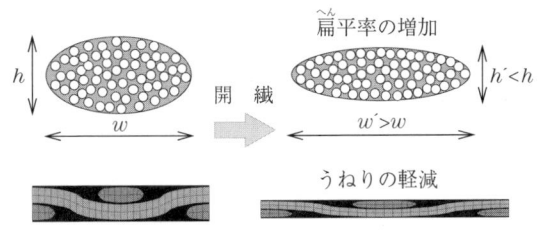

図 3.2 開繊による繊維束形状の変化

も必要である。

まず，直交異方性材料の破損強度則を大別すると，最大応力説，最大ひずみ説，相互作用説がある。最大応力説は，繊維方向垂直応力，繊維直角方向垂直応力，面内および面外せん断応力に着目し，いずれかの応力成分がそれに対応した強度値に達した場合に破損すると判定する。最大ひずみ説も同様である。最大応力説および最大ひずみ説は，破損に及ぼす応力またはひずみ成分の干渉効果を考慮せず，各成分が独立に関与することを仮定している。

一方，相互作用説は，等方性材料のミーゼス降伏条件に基づいて，応力成分の干渉効果を考慮したものである。代表的な相互作用説として，**表 3.1** に示す Tsai-Hill 則[3]，Hoffman 則[4]，Tsai-Wu 則[5] がある。ここでは，縮約された応力ベクトル σ_i により破損強度則を表記した。なお，表中には，一方向繊維強化材のような横等方性材料が平面応力状態にある場合の係数 S_{ij} および S_i を示す。X は強度を意味し，上添字＋は引張り，－は圧縮，下添字 L は繊維方向，T は繊維直角方向を表す。

表 3.1 相互作用説に基づく破損強度則

	Tsai-Hill 則 $S_{ij}\sigma_i\sigma_j=1$	Hoffman 則 $S_{ij}\sigma_i\sigma_j+S_i\sigma_i=1$	Tsai-Wu 則 $S_{ij}\sigma_i\sigma_j+S_i\sigma_i=1$
S_{11}	$1/X_L^2$	$1/(X_L^+ X_L^-)$	$1/(X_L^+ X_L^-)$
S_{22}	$1/X_T^2$	$1/(X_T^+ X_T^-)$	$1/(X_T^+ X_T^-)$
S_{12}	$-1/(2X_L^2)$	$-1/(2X_L^+ X_L^-)$	$S_{12}^* (S_{11}S_{22})^{1/2}$
S_{66}	$1/X_{LT}^2$	$1/X_{LT}^2$	$1/X_{LT}^2$
S_1	—	$1/X_L^+ - 1/X_L^-$	$1/X_L^+ - 1/X_L^-$
S_2	—	$1/X_T^+ - 1/X_T^-$	$1/X_T^+ - 1/X_T^-$
			$-1 < S_{12}^* < 1$

Tsai-Hill 則は，ミーゼス降伏条件を等方性から直交異方性に拡張して破損強度則に転用したものであり，応力の2次多項式として与えられる。また，Hoffman 則は応力の多項式の1次項を導入して引張強度と圧縮強度の違いを考慮した破損強度則である。本節あるいは2.3節の図2.11ではHoffman則を用いている。Tsai-Wu 則は，Hoffman 則を一般化したものであり，干渉効果を表すパラメータ S_{12}^* に対して指定された範囲（$-1<S_{12}^*<1$）で実験値に整合するように設定できる。十分な実験データがない場合は，$S_{12}^*=-0.5$ と設定することが望ましいとされる。

損傷発生と判定された繊維束は，**表3.2**に示すような繊維破断（Mode L），または異なる応力成分に起因する繊維束内マトリックスき裂（Mode T&LT, Mode Z&ZL, Mode TZ）のいずれかの状態にあると仮定し，各方向の引張り，圧縮，せん断強度に対する発生応力の比により支配的応力を決定して損傷モードを特定する。

表3.2 損傷モードの分類

損傷モード	異方損傷モデル（繊維束）				等方損傷モデル（母材）
	Mode L	Mode T&LT	Mode Z&ZL	Mode TZ	
応力/強度	$\dfrac{\sigma_L^2}{X_L^+ X_L^-}$	$\dfrac{\sigma_T^2}{X_T^+ X_T^-}$ or $\dfrac{\tau_{LT}^2}{X_{LT}^2}$	$\dfrac{\sigma_Z^2}{X_Z^+ X_Z^-}$ or $\dfrac{\tau_{ZL}^2}{X_{ZL}^2}$	$\dfrac{\tau_{TZ}^2}{X_{TZ}^2}$	—
損傷テンソル $\begin{bmatrix} F_L & 0 & 0 \\ 0 & F_T & 0 \\ 0 & 0 & F_Z \end{bmatrix}$	$\begin{bmatrix} 1 & 0 & 0 \\ 0 & 0 & 0 \\ 0 & 0 & 0 \end{bmatrix}$	$\begin{bmatrix} 0 & 0 & 0 \\ 0 & 1 & 0 \\ 0 & 0 & 0 \end{bmatrix}$	$\begin{bmatrix} 0 & 0 & 0 \\ 0 & 0 & 0 \\ 0 & 0 & 1 \end{bmatrix}$	$\begin{bmatrix} 0 & 0 & 0 \\ 0 & 1 & 0 \\ 0 & 0 & 1 \end{bmatrix}$	$\begin{bmatrix} 1 & 0 & 0 \\ 0 & 1 & 0 \\ 0 & 0 & 1 \end{bmatrix}$

損傷後の挙動を表現するために，座古らが提案した損傷力学に基づいた3次元有限要素解析[6]~[8]を用いる。すなわち，垂直応力が支配的である場合，その作用面に平行なき裂損傷と考える。また，繊維直角方向の T 軸および Z 軸まわりのせん断応力が支配的である場合，繊維方向の異方性を考慮してそれぞれ Z 軸および T 軸垂直面の有効面積を減少させるき裂損傷とする。さらに，繊維方向の L 軸まわりのせん断応力が支配的である場合，T 軸および Z 軸方向

の等方性から両垂直面での有効面積を減少させるき裂損傷とみなす.なお,損傷モードは支配的応力の成分で表現するが,有効面積の減少形態が等価である Mode T および LT と Mode Z および ZL は,それぞれ Mode T&LT, Mode Z&ZL と表記する.図2.12の損傷進展もこの手法により解析した.

各損傷モードの力学的特性は,次式に示す2階損傷テンソルを用いて構成則に反映する.

$$[F] = \begin{bmatrix} F_L & 0 & 0 \\ 0 & F_T & 0 \\ 0 & 0 & F_Z \end{bmatrix} \tag{3.1}$$

繊維束の損傷モード Mode L, Mode T&LT, Mode Z&ZL, Mode TZ に対する損傷テンソルの対角成分 (F_L, F_T, F_Z) はそれぞれ (1,0,0),(0,1,0),(0,0,1),(0,1,1) で表される.一方,等方損傷として取り扱うマトリックスに対する損傷テンソルの対角成分は (1,1,1) とする.なお,いずれの損傷モードも非対角成分はすべて0である.損傷状態における縮約された構成則は,弾性エネルギー等価性の仮説により次式となる.

$$\begin{Bmatrix} \sigma_L \\ \sigma_T \\ \sigma_Z \\ \tau_{TZ} \\ \tau_{ZL} \\ \tau_{LT} \end{Bmatrix} = \begin{bmatrix} f_L{}^2 D_{11} & f_L f_T D_{12} & f_Z f_L D_{13} & 0 & 0 & 0 \\ & f_L{}^2 D_{22} & f_T f_Z D_{23} & 0 & 0 & 0 \\ & & f_Z{}^2 D_{33} & 0 & 0 & 0 \\ & & & f_{TZ} D_{44} & 0 & 0 \\ & \text{sym.} & & & f_{ZL} D_{55} & 0 \\ & & & & & f_{LT} D_{66} \end{bmatrix} \begin{Bmatrix} \varepsilon_L \\ \varepsilon_L \\ \varepsilon_L \\ \gamma_{TZ} \\ \gamma_{ZL} \\ \gamma_{LT} \end{Bmatrix} \tag{3.2}$$

ここで,$\sigma_i\,(i=L,T,Z)$ は垂直応力,$\tau_i\,(i=TZ,ZL,LT)$ はせん断応力,$\varepsilon_i\,(i=L,T,Z)$ は垂直ひずみ,$\gamma_i\,(i=TZ,ZL,LT)$ は工学せん断ひずみである.また,D_{ij} は初期非損傷状態の応力-ひずみマトリックスの成分であり,$f_i\,(i=L,T,Z,TZ,ZL,LT)$ は次式のように損傷テンソルの対角成分により定まる.

$$\left.\begin{aligned}&f_L=1-F_L\\&f_T=1-F_T\\&f_Z=1-F_Z\\&f_{TZ}=\left\{\frac{2(1-F_T)(1-F_Z)}{(1-F_T)+(1-F_Z)}\right\}^2\\&f_{ZL}=\left\{\frac{2(1-F_Z)(1-F_L)}{(1-F_Z)+(1-F_L)}\right\}^2\\&f_{LT}=\left\{\frac{2(1-F_L)(1-F_T)}{(1-F_L)+(1-F_T)}\right\}^2\end{aligned}\right\} \tag{3.3}$$

以上の定式化の詳細は文献6)〜8)を参照されたい。

さて,開繊された平織強化プラスチック複合材料の3次元有限要素モデルの例として,**図3.3**に平面寸法$3.162\times3.162 \text{ mm}^2$,板厚$0.12 \text{ mm}$である周期織り構造の単位モデルを示す。繊維束の各要素にはその幾何学的条件に基づいて図中に示す配向角(φ,θ)により繊維方向を定義した。開繊に伴う繊維束の幾何学的変化の影響を明らかにするため,繊維体積含有率V_fを一定値22.1%とし,**図3.4**の5種類のモデルを解析する。

Type Aは最も開繊された状態を模擬し,繊維束断面の偏平率w/hが大きく繊維束のうねりが小さいのが特徴である。Type AからType Eになるにつ

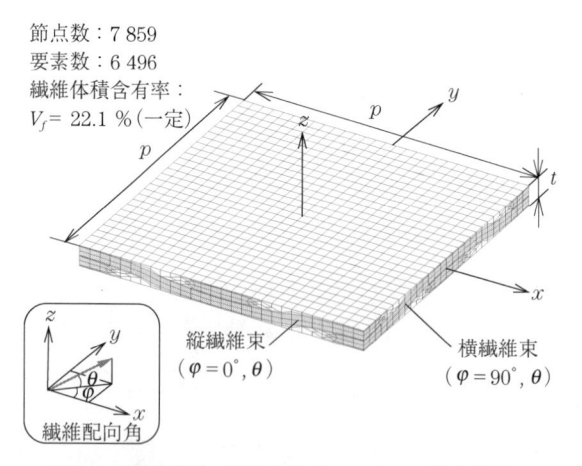

図3.3 開繊状態の平織強化プラスチック複合材料の3次元有限要素モデルの例

Type A
(t = 0.12 mm, p = 3.162 mm, w = 0.819 mm, h = 0.051 mm)

Type B
(t = 0.18 mm, p = 2.582 mm, w = 0.669 mm, h = 0.077 mm)

Type C
(t = 0.24 mm, p = 2.236 mm, w = 0.579 mm, h = 0.103 mm)

Type D
(t = 0.30 mm, p = 2.000 mm, w = 0.518 mm, h = 0.129 mm)

Type E
(t = 0.36 mm, p = 1.826 mm, w = 0.473 mm, h = 0.154 mm)

繊維体積含有率
V_f = 22.1 %(一定)

大 ← 開繊状態 繊維束断面の扁平率 (w/h) → 小

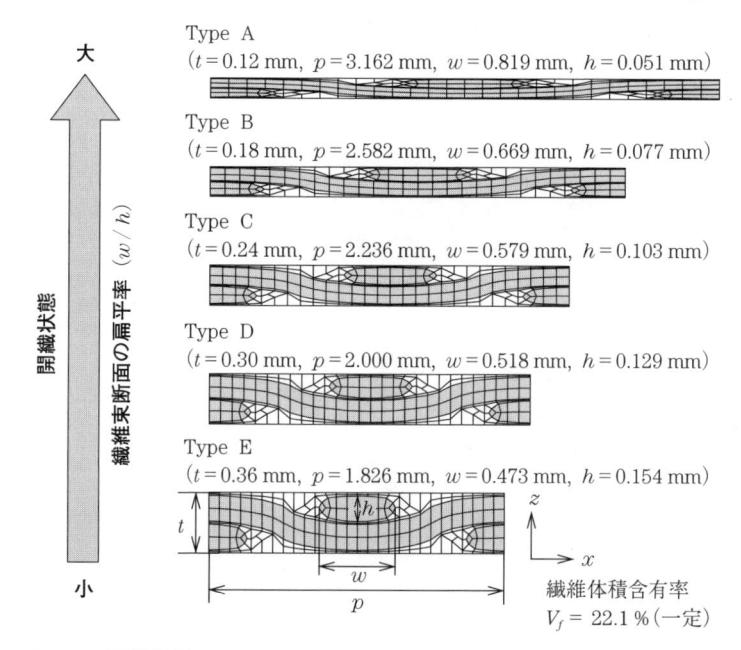

図 3.4 開繊状態の異なる5種類の平織強化プラスチック複合材料のモデル

れ,開繊による繊維束断面の扁平が小さくなり,繊維束のうねりが大きくなる。繊維とマトリックスにはEガラス目抜平織材とビニルエステル樹脂を想定した。

弾性変形挙動の一例として,負荷ひずみ0.78%(初期損傷発生前)におけるType Aの変形および引張負荷方向応力の分布状態を図3.5に示す。同図では,変位量を10倍に拡大表示し,内部繊維束の状態も併せて示す。平織強化複合材料では,引張負荷により負荷方向繊維束(縦繊維束)のうねりが平滑化され,逆に負荷直角方向繊維束(横繊維束)は面外へ圧迫されうねりを増大する。面外変形量を調べると,交差部で極値を示し,周期単位長さが大きくなるにつれ顕著になることがわかった。

図3.6に解析により得られた応力-ひずみ曲線の比較を示す。微小な損傷が徐々に進展することによる非線形性を示すことがわかる。これから図3.7に引張強度に及ぼす開繊状態の影響をまとめる。縦軸の引張強度は,図3.6に示す

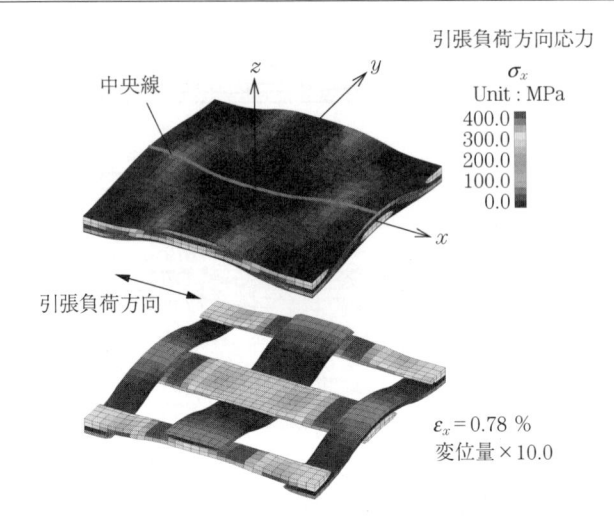

図3.5 引張負荷時の平織強化プラスチック複合材料の変形と引張負荷方向応力分布

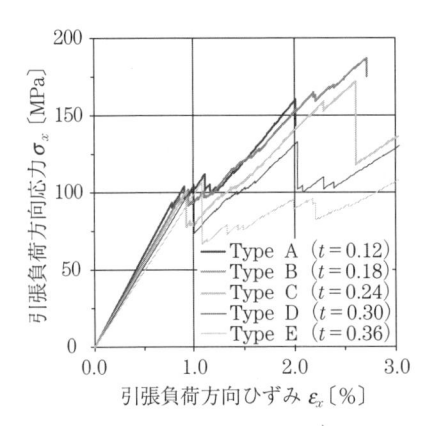

図3.6 開繊状態の異なる平織強化プラスチック複合材料における応力-ひずみ曲線の比較

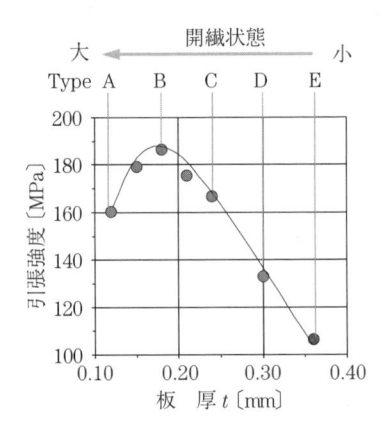

図3.7 引張強度に及ぼす開繊状態の影響

負荷ひずみ範囲における引張応力の最大値を意味する．開繊により繊維束断面の偏平率が増加するに伴って，引張負荷方向に対する縦繊維束傾斜部の繊維配向角が小さくなり初期引張弾性率が増大する．一方，引張強度は，ある開繊状態（Type B，$t=0.18$ mm）において最大値を示した．

引張負荷時の内部の損傷進展を Type B と Type E で比較する。図 3.8 の Type B では，面外変形が最も大きい繊維束交差部で表面側に位置する横繊維束内においてトランスバースき裂が初期に発生する。初期損傷後は横繊維束内でのトランスバースき裂進展とその伝ぱによるマトリックスの損傷も併発し，マトリックスのき裂が進展する。

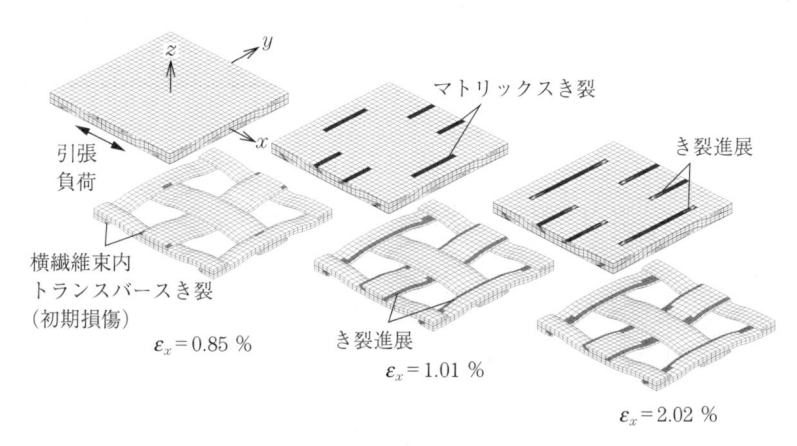

図 3.8 引張負荷時の内部の損傷進展（Type B）

図 3.9 に示すうねりが大きい Type E では，繊維束交差部における横繊維束内トランスバースき裂と同時に，縦繊維束の傾斜部でせん断損傷も初期に発生する[9]点が特徴である。このように発生する損傷モードの違いは，損傷後の

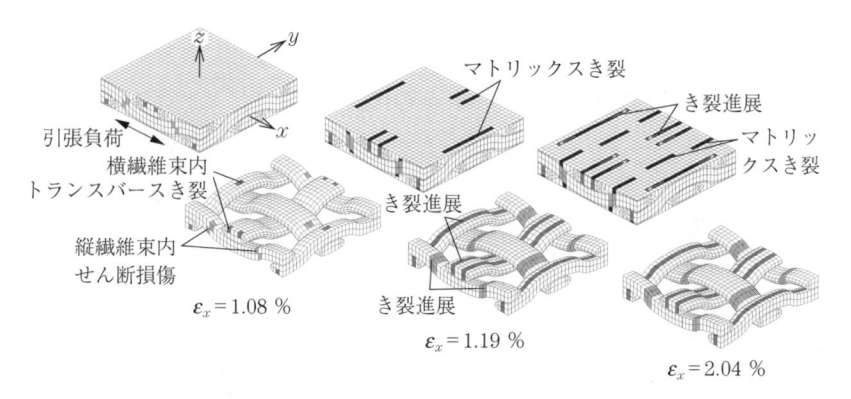

図 3.9 引張負荷時の内部の損傷進展（Type E）

挙動と複合材料のマクロ特性に大きな影響を与える。

シミュレーションのメリットは，マクロの極限強さに至る過程でのミクロな損傷進展の素過程を解析することができる点にある。これらの解析は決定論的なものであるが，実験でのミクロな観察では損傷進展の再現性は乏しく，観察は困難である。図2.12の説明でも述べたが，"万能試験機"たるマルチスケール損傷シミュレーションの実現にはハードルがあるが，今後は本節のモデリングと5章で紹介する重合メッシュ法の併用による非線形マルチスケールシミュレーションの発展に期待したい。

3.2 RTM成形シミュレーション

本節では，固液連成問題への均質化法の適用例として，熱硬化性樹脂を母材とする繊維強化複合材料の **RTM**（resin transfer molding）**成形シミュレーション**について述べる。

まず，固液連成問題のマルチスケール法の設定を**図3.10**に示す[10)~12)]。マクロスケールでは固相と液相の区別はせず，ミクロスケールにおいて固相と液相を考える。すなわち多孔体中の微視流れを考える。ただし簡単のため，ニュートン流体とし，ストークス流れを考えることにする。ここで，固相の変形を考慮することもできるが，本書ではRTM成形で最も重要な係数である浸透係数（permeability）の解析を主目的とし，固相（繊維布）は変形しないとする。図3.10のようにマクロスケール x の代表寸法を L，ミクロスケール y の代表寸法を l とし，スケール比 $\lambda = l/L$ を定義し，$y = x/\lambda$ と関連づける。

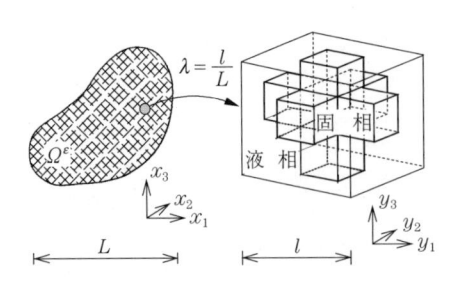

図3.10 固液連成問題のマルチスケール法の設定

液相領域を B^λ, 固液界面を Γ^λ とすると, 支配方程式は式 (3.4)〜(3.7) と表される.

$$\frac{\partial \sigma_{ij}^\lambda}{\partial x_j} + \rho^\lambda f_i = 0 \quad \text{in } B^\lambda \tag{3.4}$$

$$\sigma_{ij}^\lambda = -p^\lambda \delta_{ij} + \mu^\lambda \frac{\partial v_i^\lambda}{\partial x_j} \quad \text{in } B^\lambda \tag{3.5}$$

$$\frac{\partial v_i^\lambda}{\partial x_i} = 0 \quad \text{in } B^\lambda \tag{3.6}$$

$$v_i^\lambda = 0 \quad \text{on } \Gamma^\lambda \tag{3.7}$$

式 (3.4) は平衡方程式, 式 (3.5) は構成式, 式 (3.6) は連続の式であり, 式 (3.7) の境界条件は壁面 (固液界面) でのノンスリップ条件を表す. p^λ は圧力, v_i^λ は流速, ρf_i は物体力, δ_{ij} はクロネッカーのデルタ, ρ^λ は密度, μ^λ は粘性を表し, $\mu^\lambda = \lambda^2 \mu$ と考える. 各変数の上添字はミクロスケールの影響を受けることを意味する.

圧力と速度をつぎのように漸近展開する.

$$v_i^\lambda(\boldsymbol{x}, \boldsymbol{y}) = v_i^0(\boldsymbol{x}, \boldsymbol{y}) + \lambda v_i^1(\boldsymbol{x}, \boldsymbol{y}) + \lambda^2 v_i^2(\boldsymbol{x}, \boldsymbol{y}) \tag{3.8}$$

$$p^\lambda(\boldsymbol{x}, \boldsymbol{y}) = p^0(\boldsymbol{x}, \boldsymbol{y}) + \lambda p^1(\boldsymbol{x}, \boldsymbol{y}) + \lambda^2 p^2(\boldsymbol{x}, \boldsymbol{y}) \tag{3.9}$$

これらのマルチスケール法の設定から, ミクロとマクロを分離することにより得られるミクロ方程式は

$$\frac{\partial p^0}{\partial x_i} - \mu \frac{\partial^2 v_i^0}{\partial y_k \partial y_k} = \rho f_i \tag{3.10}$$

$$\frac{\partial v_i^0}{\partial y_i} = 0 \tag{3.11}$$

となる. ここで, 流速に関する特性関数 $\kappa_i^j(\boldsymbol{y})$ を考え

$$v_i^0(\boldsymbol{x}, \boldsymbol{y}) = -\left(\rho f_i - \frac{\partial p^0(\boldsymbol{x})}{\partial x_j}\right) \kappa_i^j(\boldsymbol{y}) \tag{3.12}$$

によりミクロとマクロを結び付ける. 特性関数を求めるためのミクロ方程式は

$$\mu \frac{\partial^2 \kappa_i^j}{\partial y_k \partial y_k} = \delta_{ij} \tag{3.13}$$

である. これを固液界面において $\kappa_i^j = 0$ とし, 周期境界条件の下に解く.

式 (3.12) の右辺の ( ) 内を

$$\frac{\partial P(\boldsymbol{x})}{\partial x_j} = \rho f_i - \frac{\partial p^0(\boldsymbol{x})}{\partial x_j} \tag{3.14}$$

と書くことにすると，マクロな流速は

$$V_i(\boldsymbol{x}) = \langle v_i^0(\boldsymbol{x}, \boldsymbol{y}) \rangle = -\langle \kappa_i^j(\boldsymbol{y}) \rangle \frac{\partial P(\boldsymbol{x})}{\partial x_j} \tag{3.15}$$

となる．

$$K_{ij} = \langle \kappa_i^j(\boldsymbol{y}) \rangle \tag{3.16}$$

とおくことにすると

$$V_i = -K_{ij}\frac{\partial P}{\partial x_j} \tag{3.17}$$

と簡略に記すことができる．K_{ij} には粘性の影響も入っているが

$$K_{ij} = \frac{S_{ij}}{\mu} \tag{3.18}$$

と考えれば

$$V_i = -\frac{S_{ij}}{\mu}\frac{\partial P}{\partial x_j} \tag{3.19}$$

となり，形式的にはよく知られた**ダルシー則**（Darcy's law）と一致する．

このことから，式 (3.19) の係数である 2 階のテンソル S_{ij} は，液相の形態だけで決定されることがわかる．したがって，マクロな流速は，液相の形態（強化布の形態），粘性，マクロな圧力勾配によって決定されることがわかる．

さて，RTM 成形プロセスの概念図を**図 3.11**に示す．最初に型に布を沿わせるドレーププロセスがある．布の柔軟性，変形性を利用したものである．しかし，変形した布では，形態が変化しているため，樹脂射出時の流れ場は変形後の布の形態に支配されることがわかる．RTM 成形はマクロにはダルシー則で予測することができるとしても，その係数（樹脂浸透係数）は成形品の部位

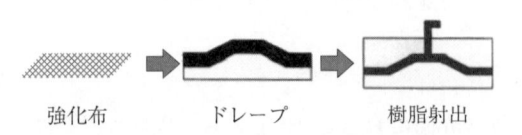

強化布　　ドレープ　　樹脂射出

図 3.11 RTM 成形プロセスの概念図

ごとに異なる変形様式に依存する。樹脂浸透係数を変形様式の関数として実験的に求めるのは容易ではない。そこで，ドレーピングシミュレーションとRTMシミュレーションを一体化した図3.12のフローが考えられる。本書では，均質化法による樹脂浸透係数の解析に焦点を当てて述べる。

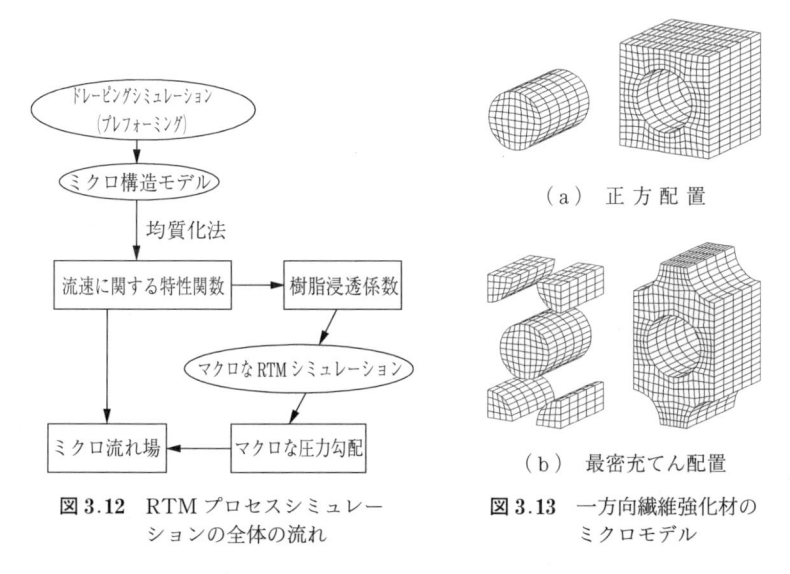

図3.12　RTMプロセスシミュレーションの全体の流れ

図3.13　一方向繊維強化材のミクロモデル
（a）正方配置
（b）最密充てん配置

まず，簡単な繊維強化形態である一方向繊維強化材の場合に，理論式と比較してみる。繊維配置として図3.13（a）の正方配置と同図（b）の最密充てん配置の2通りを考える。理論式として，繊維配置の差異を区別できるGebartの式と，より古典的なKozeny-Carmanの式と比較する。理論式より，繊維含有率に対する，粘性と繊維径の2乗で正規化した繊維直交方向の樹脂浸透係数を図3.14に示す。繊維配置の影響が現れるのは繊維含有率が60％を超えたところであり，Kozeny-Carman式はより現実に近い最密充てんモデルに近いことがわかる。均質化法による予測値は，繊維含有率の全域にわたって理論式とよく一致している。

そこで，理論式では予測不可能な複雑な形態をした織布に適用してみる。図3.15に示す織布のモデルは，糸断面を矩形とした簡易なものであるが，糸間の

図 3.14 一方向繊維強化材の樹脂浸透係数

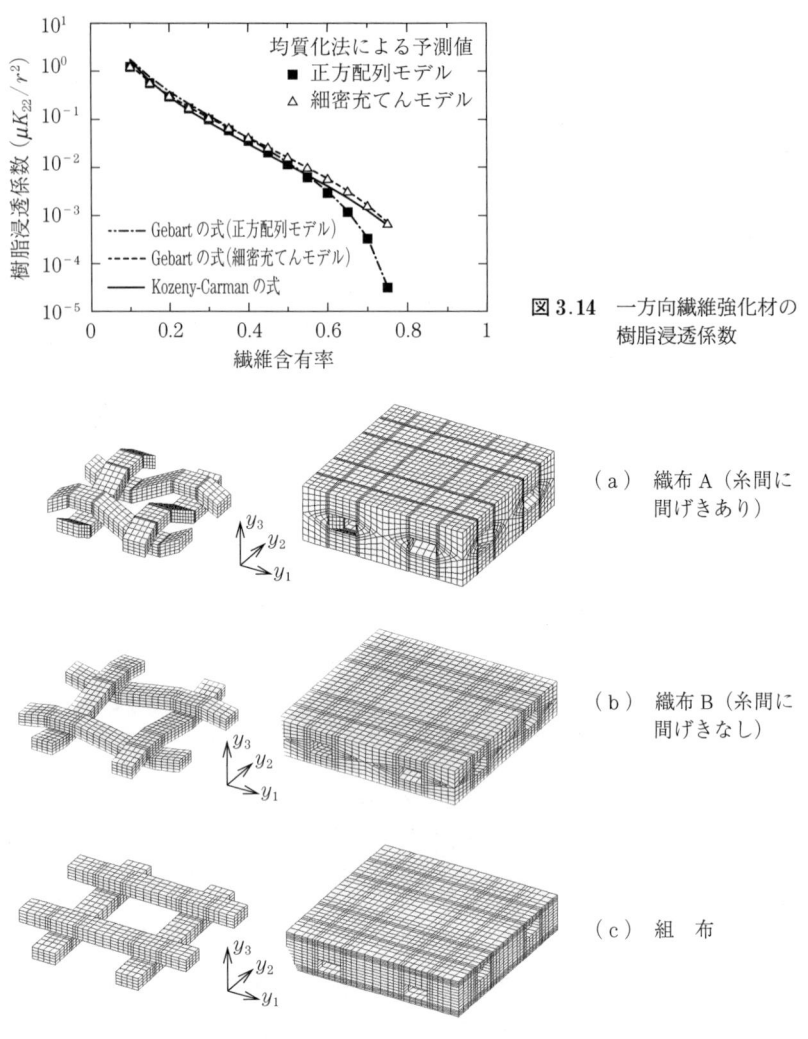

図 3.15 織布のミクロモデル

(a) 織布 A（糸間に間げきあり）

(b) 織布 B（糸間に間げきなし）

(c) 組　布

液相の違いを大局的につかむには十分と考える。読者には，3.4 節のような最新ツールを使えばメッシングの問題はないと理解して寛大に読み進めてほしい。

　織布 A は糸交叉部で糸間に間げきがある場合で，織布 B は間げきがない場合である。また，糸のうねりがない組布のモデルも併せて解析し，液相の形態の影響を調査する。三つのモデルの繊維含有率は等しくしてある。要素分割は

六面体要素だけを使っている。表 3.3 は三つのモデルにより解析した樹脂浸透係数の面内成分（y_1方向＝y_2方向）と面外成分（y_3方向）を示す。面内成分は三つのモデルとも似通った値であるが，面外成分は倍半異なっている。この原因は，図 3.16 に示す特性関数の y_3 方向成分 κ_i^3 より理解できる。すなわち，流線が最もストレートに近い織布 B の y_3 方向樹脂浸透係数が最も高く，流線

表 3.3 樹脂浸透係数 〔$m^2/Pa \cdot s$〕

	織布 A （糸間に間げきあり）	織布 B （糸間に間げきなし）	組　布
y_1 方向	2.91×10^{-1}	2.78×10^{-1}	2.84×10^{-1}
y_3 方向	3.64×10^{-1}	7.85×10^{-1}	6.33×10^{-1}

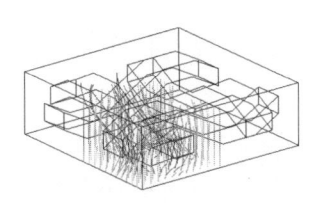

（a）織布 A（糸間に間げきあり）

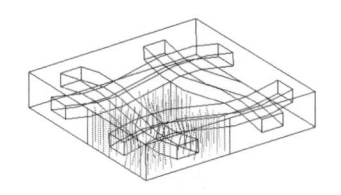

（b）織布 B（糸間に間げきあり）

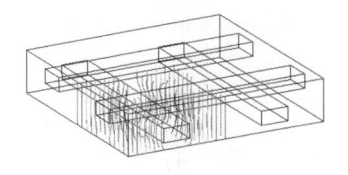

（c）組　布

図 3.16　特性関数のベクトル図表示

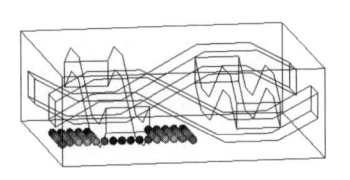

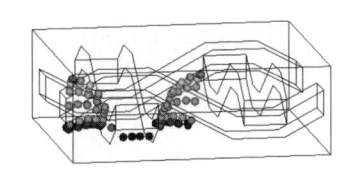

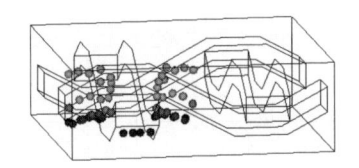

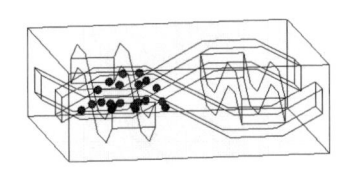

図 3.17　織布 A の特性関数のパーティクルトレースのアニメーション表示

が煩雑になっている織布 A が最も低い値を示している。織布 A の κ_i^3 をより深く理解するために，織布 A の特性関数をパーティクルトレースによりアニメーション表示したのが図 3.17 である。糸の公差部での間げきの存在により，間げきに樹脂が流れ込むことにより y_3 方向樹脂浸透係数が低くなっているとわかる。

つぎに，ドレープによりせん断変形した場合を考える。図 3.18 に示すように，変形のない織布（これは図 3.15 の織布 B に等しい）と 10°〜30° せん断変形した織布のミクロモデルを考える。このとき，2 階のテンソルである樹脂浸透係数テンソルはつぎのようになる。

$$K_{\mathrm{undeformed}} = \begin{bmatrix} 2.77 \times 10^{-3} & 0 & 0 \\ 0 & 2.77 \times 10^{-3} & 0 \\ 0 & 0 & 7.82 \times 10^{-3} \end{bmatrix} \ [\mathrm{m^2/Pa \cdot s}]$$

(3.20)

$$K_{\mathrm{sheared\_10°}} = \begin{bmatrix} 2.73 \times 10^{-3} & 3.29 \times 10^{-4} & 0 \\ 3.29 \times 10^{-4} & 2.85 \times 10^{-3} & 0 \\ 0 & 0 & 7.74 \times 10^{-3} \end{bmatrix} \ [\mathrm{m^2/Pa \cdot s}]$$

(3.21)

$$K_{\mathrm{sheared\_20°}} = \begin{bmatrix} 2.61 \times 10^{-3} & 6.26 \times 10^{-4} & 0 \\ 6.26 \times 10^{-4} & 3.06 \times 10^{-3} & 0 \\ 0 & 0 & 7.46 \times 10^{-3} \end{bmatrix} \ [\mathrm{m^2/Pa \cdot s}]$$

(3.22)

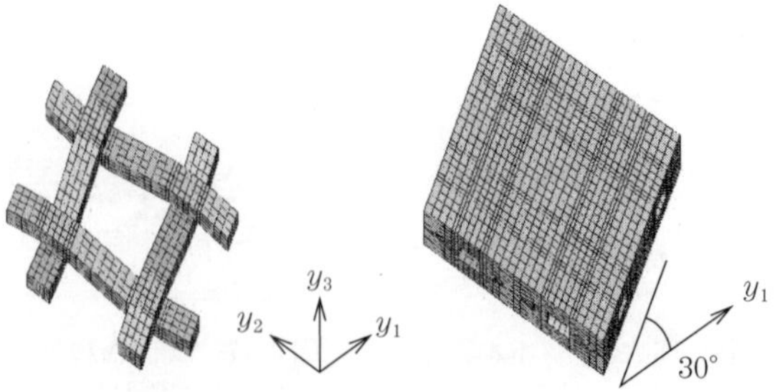

図 3.18 30° せん断変形した織布のミクロモデル

$$K_{\text{sheared-30}^\circ} = \begin{bmatrix} 2.41 \times 10^{-3} & 8.51 \times 10^{-4} & 0 \\ 8.51 \times 10^{-4} & 3.39 \times 10^{-3} & 0 \\ 0 & 0 & 6.96 \times 10^{-3} \end{bmatrix} \text{[m}^2/\text{Pa·s]}$$

(3.23)

これを用いて，布の1点から樹脂を射出したときのフローフロントの様子を描いたのが図3.19である．warp，weftは糸の方向を表す．変形のない織布では直交性があるためフローフロントは真円となるが，せん断変形した場合にはゆがんだ形となる．これは詳細に調べればだ円であることがわかる．しかしながら，だ円の長軸，短軸はせん断角とは一致しない．

式(3.20)～(3.23)はユニットセルに対する直交座標系 y において求めた値であるので，斜交座標系に変換してみると例えば

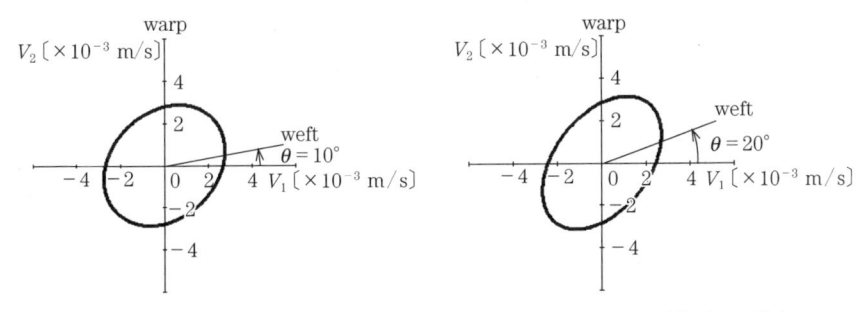

（a） 10°せん断変形した織布

（b） 20°せん断変形した織布

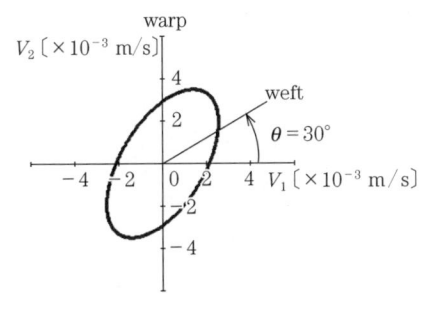

（c） 30°せん断変形した織布

図3.19 織布の1点から樹脂を射出したときのフローフロントの様子

$$K_{\text{transformed\_30°}} = \begin{bmatrix} 2.90\times10^{-3} & 9.83\times10^{-4} & 0 \\ 9.83\times10^{-4} & 2.90\times10^{-3} & 0 \\ 0 & 0 & 6.96\times10^{-3} \end{bmatrix} \ (\text{m}^2/\text{Pa}\cdot\text{s})$$

(3.24)

のように面内対角成分は一致するが，非対角成分は非零である．すなわち，上記のようにだ円の長軸，短軸はせん断角とは一致しない．

そこで，せん断角 30° の場合の式 (3.23) について，固有値を用いて対角化してみる．固有ベクトルは

$$\left\{\frac{1}{2} \quad \frac{\sqrt{3}}{2} \quad 0\right\}^T, \quad \left\{-\frac{\sqrt{3}}{2} \quad \frac{1}{2} \quad 0\right\}^T, \quad \{0 \quad 0 \quad 1\}^T \quad (3.25)$$

であり，固有ベクトルの方向は図 3.19 のだ円の長軸方向，短軸方向と一致する．三つの固有ベクトルからつくられる変換マトリックス

$$\boldsymbol{P} = \begin{bmatrix} \dfrac{1}{2} & -\dfrac{\sqrt{3}}{2} & 0 \\ \dfrac{\sqrt{3}}{2} & \dfrac{1}{2} & 0 \\ 0 & 0 & 1 \end{bmatrix} \quad (3.26)$$

により対角化した樹脂浸透係数テンソルは

$$\boldsymbol{P}^{-1}\boldsymbol{K}_{\text{transformed\_30°}}\boldsymbol{P} = \begin{bmatrix} 3.88\times10^{-3} & 0 & 0 \\ 0 & 1.92\times10^{-3} & 0 \\ 0 & 0 & 6.96\times10^{-3} \end{bmatrix} \ (\text{m}^2/\text{Pa}\cdot\text{s})$$

(3.27)

のように対角テンソルとなる．式 (3.27) の対角項は固有値（主値）と一致する．このことから，せん断変形した場合，長軸と短軸の方向と長さを計測すれば，ワールド座標系 y での樹脂浸透係数テンソルは逆算できることがわかる．

均質化法による数値解析によれば，種々の変形後の繊維形態に対する値も容易に解析できるうえ，ミクロな流れ場の解析も可能となる．ミクロな流れ場は，マクロな圧力勾配にも依存する．そこで，4 通りのマクロな圧力勾配を考

える．ここでマクロ座標系 x とミクロ座標系 y の方向は一致している．また圧力勾配ベクトルは長さをすべて 1 としている．

$$\text{ケース 1}: \frac{\partial P}{\partial x_1}=1, \quad \frac{\partial P}{\partial x_2}=\frac{\partial P}{\partial x_3}=0 \tag{3.28}$$

$$\text{ケース 2}: \frac{\partial P}{\partial x_1}=\frac{\partial P}{\partial x_2}=\frac{1}{\sqrt{2}}, \quad \frac{\partial P}{\partial x_3}=0 \tag{3.29}$$

$$\text{ケース 3}: \frac{\partial P}{\partial x_1}=\frac{1}{2}, \quad \frac{\partial P}{\partial x_2}=\frac{\sqrt{3}}{2}, \quad \frac{\partial P}{\partial x_3}=0 \tag{3.30}$$

$$\text{ケース 4}: \frac{\partial P}{\partial x_1}=0, \quad \frac{\partial P}{\partial x_2}=1, \quad \frac{\partial P}{\partial x_3}=0 \tag{3.31}$$

ミクロな流速分布を図 3.20（変形していない織布）と図 3.21（せん断角 30°で変形した織布）に示す．概して，糸間の広い間げきの領域と流路断面積が狭くなる糸の上下で流速が速いことがわかる．

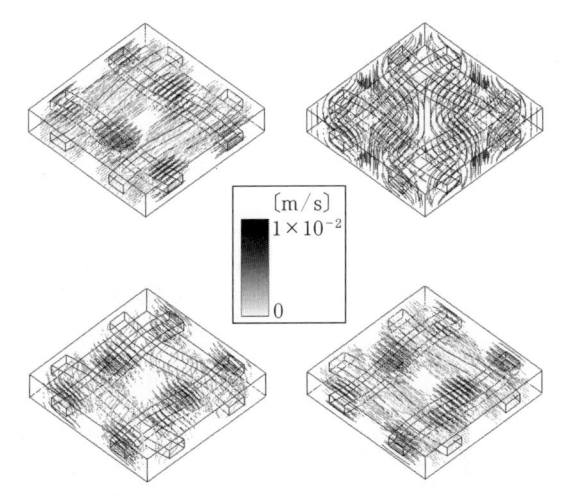

図 3.20 種々のマクロ圧力勾配下でのミクロな流速分布（変形していない織布）(左上：ケース 1, 右上：ケース 2, 左下：ケース 3, 右下：ケース 4)

流速分布の差異を定量的に比較するため，図 3.22 と図 3.23 に流速ヒストグラムを示す．変形していない織布については，ケース 1 とケース 4 は面内直交性から等しく，流速が非常に速い領域はわずかであり，流速が遅い領域も相当

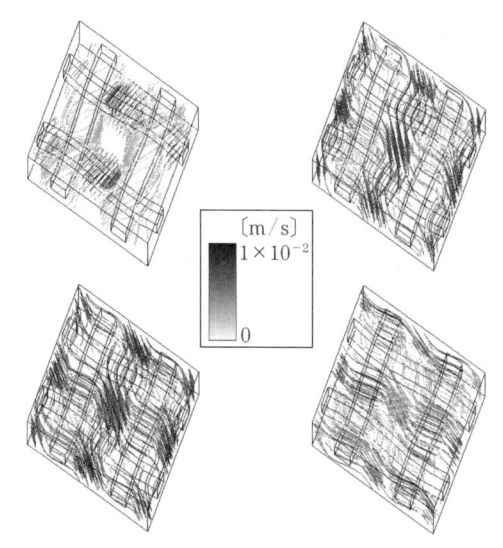

図 3.21 種々のマクロ圧力勾配下でのミクロな流速分布（せん断角 30°で変形した織布）（左上：ケース 1，右上：ケース 2，左下：ケース 3，右下：ケース 4）

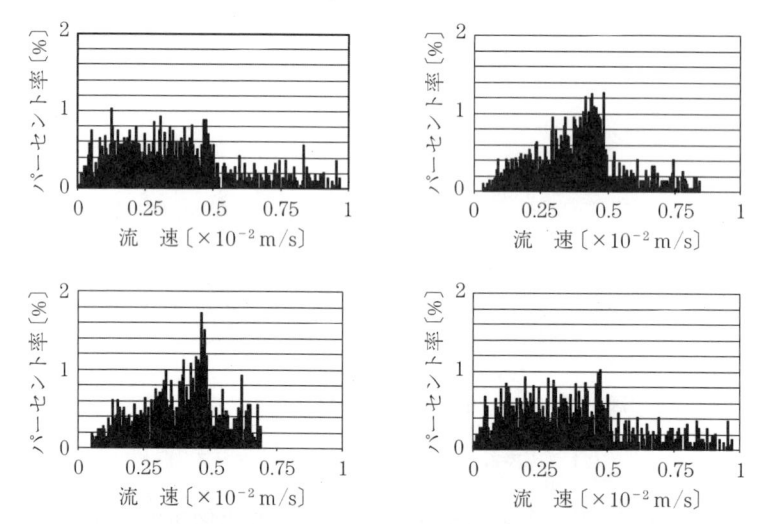

図 3.22 種々のマクロ圧力勾配下でのミクロな流速ヒストグラム（変形していない織布）（左上：ケース 1，右上：ケース 2，左下：ケース 3，右下：ケース 4）

3.2 RTM成形シミュレーション

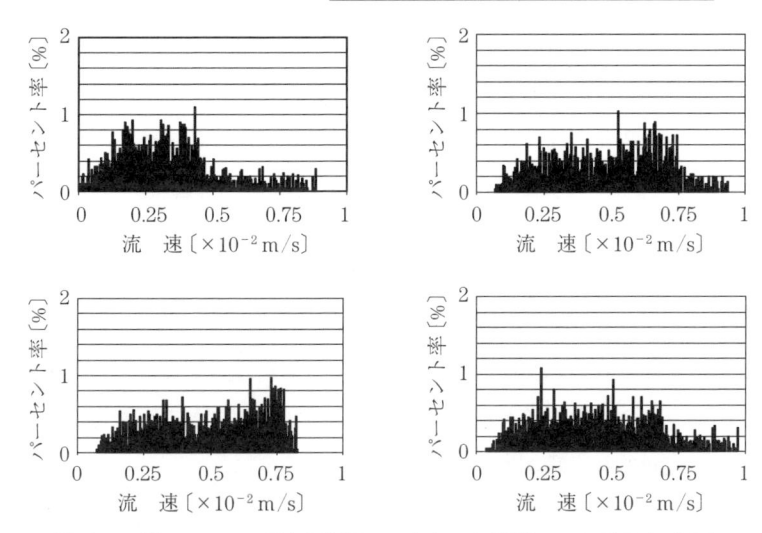

図 3.23 種々のマクロ圧力勾配下でのミクロな流速ヒストグラム（せん断角 30°で変形した織布）(左上：ケース 1, 右上：ケース 2, 左下：ケース 3, 右下：ケース 4)

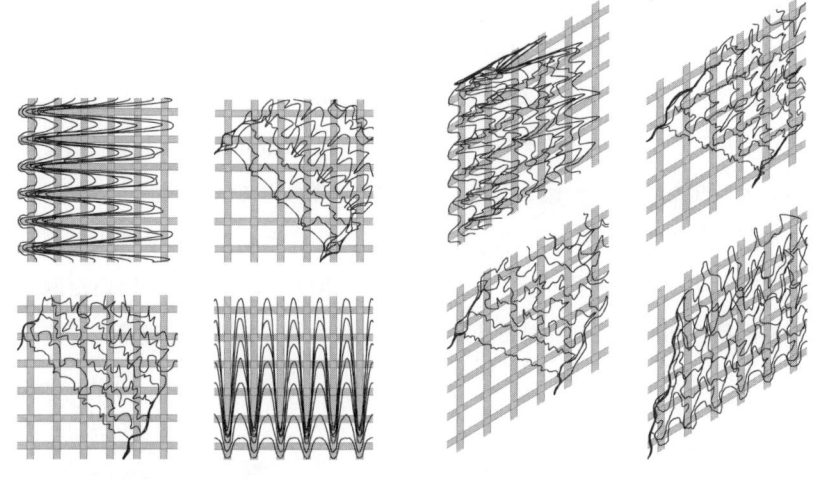

図 3.24 種々のマクロ圧力勾配下でのミクロな流れ場（変形していない織布）(左上：ケース 1, 右上：ケース 2, 左下：ケース 3, 右下：ケース 4)

図 3.25 種々のマクロ圧力勾配下でのミクロな流れ場（せん断角 30°で変形した織布）(左上：ケース 1, 右上：ケース 2, 左下：ケース 3, 右下：ケース 4)

存在することがわかる。圧力勾配が経糸，緯糸方向でないケース2，ケース3では，ケース1，ケース4ほど流速が速い領域はないが，平均流速は速く，分散も小さいことがわかる。これは，樹脂の流れ方向と直交する糸がないため，流れを遮っていないためと考えられる。

ミクロな流れ場の可視化法として，前記のパーティクルトレースから図3.24，図3.25を描いた。雄型と雌型によるクローズドモールドとなるRTM成形において，型内の流れ場の観察は困難であり，数値シミュレーションの威力が発揮される。実際の成形において，樹脂浸透不良によるボイド発生は，このようなミクロな流れ場に関する考察から理解できる可能性があり，実験と併せて定量的な議論が期待される。

3.3 深絞り成形シミュレーション

本節では，大変形問題への均質化法の適用例として，熱可塑性樹脂を母材とする繊維強化複合材料の深絞り成形シミュレーション[13]について述べる。

まず，深絞り成形プロセスの概念図を図3.26に示す。深絞り成形は雌型を使わない加工であるが，雄雌型を使うプレス成形でも同様に，大変形による繊維形態の変化を伴う。一例として，図3.27に概念的に示す平編布による深絞り成形品の例を図3.28に示す。繊維として，防弾チョッキにも使用される柔軟性に富むアラミド繊維を用い，樹脂としてポリプロピレンを用いた例である。成形品の部位により異なる変形様式が見られる。成形品の剛性や強度とい

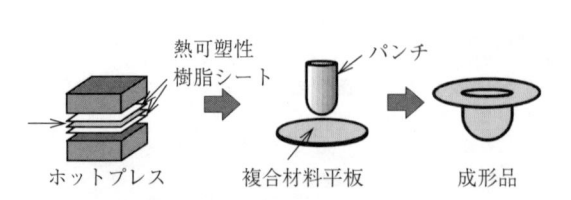

図3.26 深絞り成形プロセスの概念図

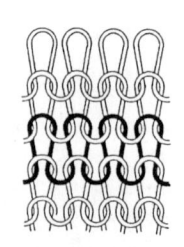

図3.27 平織布

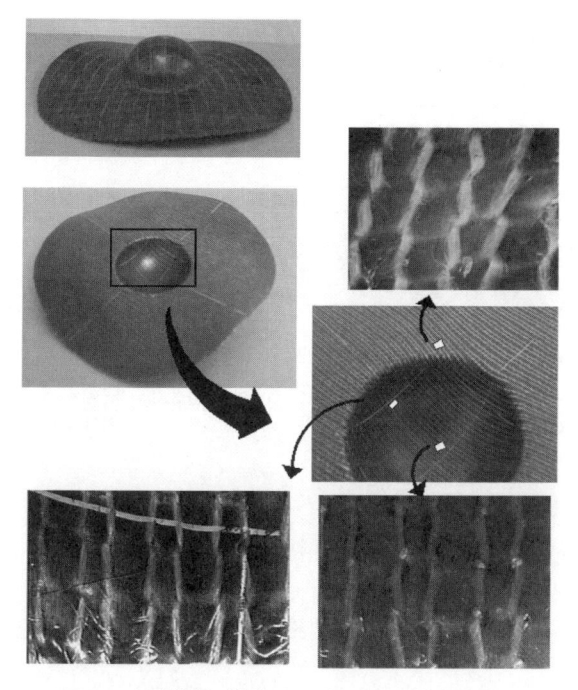

図3.28　平織布（強化ポリプロピレン複合材料）の深絞り成形品の例

った特性は，大変形した繊維形態により決定されるため，成形加工によりどのように繊維形態が変化するかを知ることは重要である．特に，実際の成形前に知ることにより初めて，繊維形態を反映した事前評価と構造設計が可能となる．したがって，マルチスケールプロセスシミュレーションが有効である．

図3.29はあらかじめ複合材料平板に直交格子を描き，半球状パンチによる深絞り成形後にどのように変化したか，すなわち成形品中のひずみ分布を計測した事例である．同様に図3.30は円筒パンチを用いた例である．この実験では，アラミド繊維のゴム編布とポリプロピレンを用いている．ゴム編布は，前記の平編布（図3.31）と類似しているが，図3.32のように（ⅰ）の編みパターンと（ⅱ）の編みパターンが交互に繰り返した構造をしており，靴下やセーターの縁に使用されるように，きわめて伸縮性に富む．ところが，織布と異なり，ループを引っ掛けて構造体を形成する編布は，編む際の糸の張力などの影

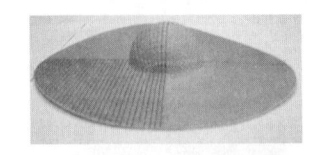

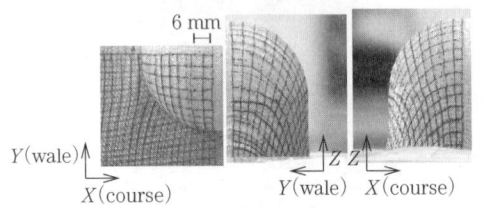

図 3.29 半球状パンチによる成形品中のひずみ分布計測の例

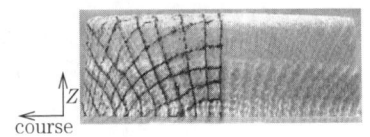

図 3.30 円筒パンチによる成形品中のひずみ分布計測の例

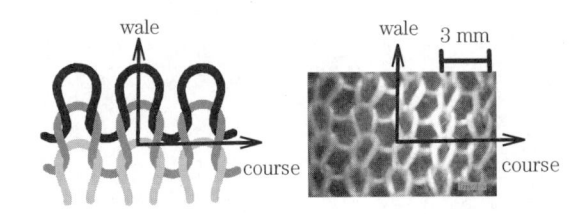

図 3.31 平織布（左：模式図，右：実際の布）

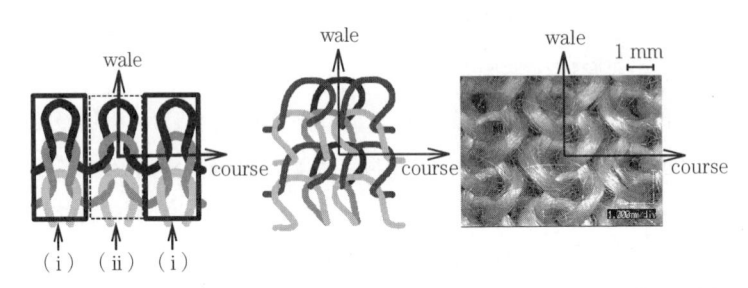

図 3.32 ゴム織布（左：模式図，中：実際の形態の模式図，右：実際の布）

響を強く受け，実際のゴム編布の形態は図 3.32 左図の模式図のような形態より複雑である。ただし，平編布，ゴム編布ともに変形前には直交性があり，これを course 方向，wale 方向と呼ぶ。特に course 方向の伸縮性に富み，面内でも異方性がある。

さて，図 3.29 により計測したひずみ分布を図 3.33～図 3.35 に示す。ここ

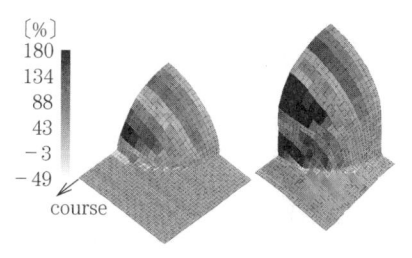

3.3 深絞り成形シミュレーション

(a) パンチストローク 29.2 mm　(b) パンチストローク 51.6 mm

図 3.33 半球状パンチによる成形品中のグリーン・ラグランジュひずみ E_{11} の分布

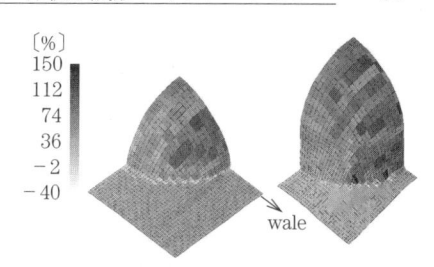

(a) パンチストローク 29.2 mm　(b) パンチストローク 51.6 mm

図 3.34 半球状パンチによる成形品中のグリーン・ラグランジュひずみ E_{22} の分布

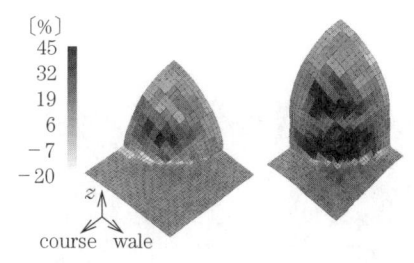

(a) パンチストローク 29.2 mm　(b) パンチストローク 51.6 mm

図 3.35 半球状パンチによる成形品中のグリーン・ラグランジュひずみ E_{12} の分布

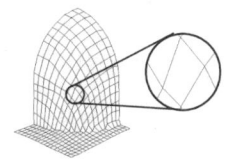

図 3.36 多軸負荷を受けて変形した格子

では大変形領域なのでグリーン・ラグランジュひずみで示している。すなわち，連続体力学の定義に基づき，格子から変形勾配テンソルを求め，グリーン・ラグランジュひずみを計測している[14]。course 方向を 1 軸，wale 方向を 2 軸としている。伸縮性に富む course 方向のひずみ E_{11} は course 軸に沿って高い値となる部位があることがわかる。また，course 軸，wale 軸の 45°方向ではせん断ひずみが見られる。ひずみ分布を注視すれば，**図 3.36** に示すように多軸応力下での変形様式が観察される。もともとが複雑な形態となる編布において，多軸応力下での大変形を考えることはきわめて困難であるが，シミュレーションであればユニットセルモデルを作成しさえすれば，形態の複雑さの制約はない。

図 3.37 は，ゴム編物複合材料（強化ポリプロピレン）の成形温度に近い 180°C（453 K）における course 方向 1 軸引張試験を示す。この場合も，試験片にあらかじめ直交格子を描き，格子の変形からひずみを定義した。図 3.37 には，グリーン・ラグランジュひずみの分布を示している。概して，チェッカフラグの模様が見られる。これは，大ひずみ領域において，ひずみの局所化が起きているせいである。すなわち，元々の微視形態のわずかな乱れ（非周期性）により，1 箇所にひずみが集中した場合に，それがより強調され変形が局所的に進行するということである。したがって，マクロひずみを定義するには，ある程度の範囲での平均をとる必要がある。このようにしてマクロな応力-ひずみ線図が描かれる。

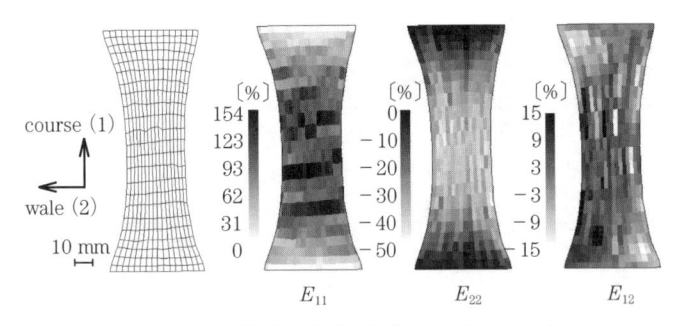

図 3.37 ゴム編物複合材料（強化ポリプロピレン）の course 方向 1 軸引張試験

図 3.38 では，変形勾配テンソルを極分解（$F=RU$）して得られるストレッチテンソルから直接 $B=U-I$ により計算される Biot のひずみ B をプロットしている。高温炉内での実験となるため，途中で取り出した試験片から幅を計測して真応力を算出してある。また，185％のひずみ（ストレッチ）における微視形態の観察結果を図 3.39 に示す。ループがからむ領域での伸びは小さく，微視レベルでもひずみ分布があるといえる。また，wale 方向の引張試験結果から，微視形態の変化を図 3.40 に示す。元々の無負荷の状態ではループは傾いていたのが，ひずみを加えるにつれて均一化している様子が観察される。

3.3 深絞り成形シミュレーション　93

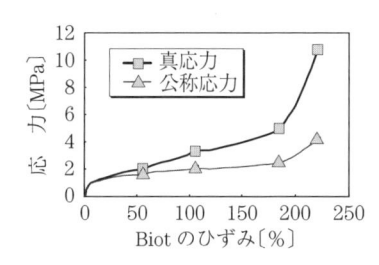

図 3.38　ゴム織物複合材料（強化ポリプロピレン）の course 方向 1 軸引張試験による応力-ひずみ曲線

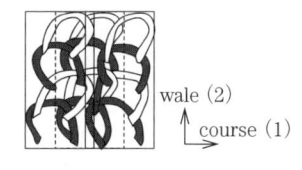

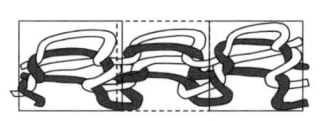

図 3.39　ゴム編物複合材料（強化ポリプロピレン）の course 方向 1 軸引張試験によるひずみ 185 ％時の変形様式

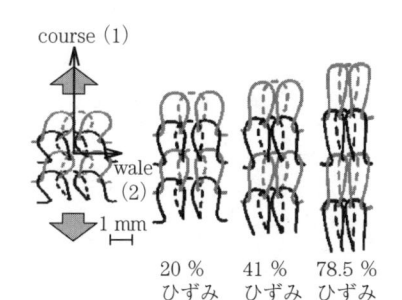

図 3.40　ゴム編物複合材料（強化ポリプロピレン）の wale 方向 1 軸引張試験による変形様式

このように，深絞り成形，1軸引張試験における観察結果から，大変形した後でも，ある程度の領域内においては周期性を仮定することは可能であるとわかる。そこで，図 3.41 のように大変形下でのマルチスケール問題を設定することにする。

大変形問題の支配方程式は，第1ピオーラ・キルヒホッフ応力 Π を用いて

$$\frac{\partial \Pi_{ji}}{\partial X_j} + b_i = 0 \tag{3.32}$$

により考える。ここに，変形前の配置（configuration）を大文字で表すことにする。b_i は物体力である。速度形で表した仮想仕事の原理は

$$\int_\Omega \dot{\Pi}_{ji}\frac{\partial \delta u_i}{\partial X_j}d\Omega = \int_\Omega \delta u_i \dot{b}_i d\Omega + \int_\Gamma \delta u_i \dot{t}_i d\Gamma \quad \forall \ \delta u_i \tag{3.33}$$

である。ここに t_i は表面力である。構成式はミクロスケールでの第2ピオー

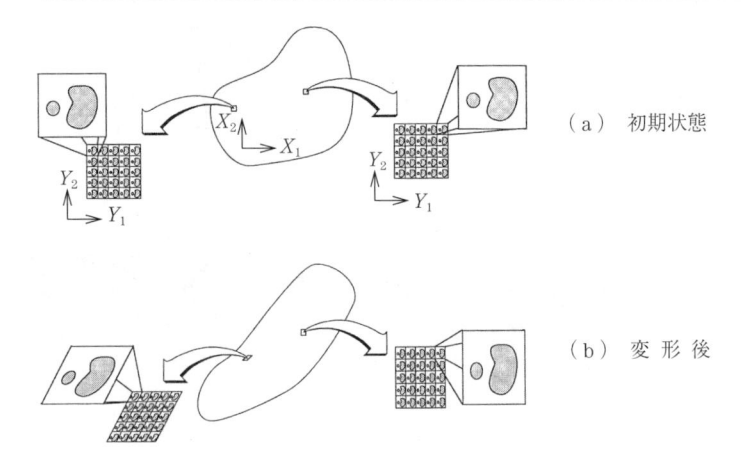

図 3.41 大変形下のマルチスケール問題の設定

ラ・キルヒホッフ応力とグリーン・ラグランジュひずみを用い

$$\dot{S}_{ij} = D_{ijkl}\dot{E}_{kl} \tag{3.34}$$

とする。更新ラグランジュ形式において，次式を得る。

$$\int_{\Omega} \frac{\partial \delta u_i}{\partial X_j}(D_{ijkl}+\delta_{ik}S_{jl})\frac{\partial \dot{u}_k}{\partial X_l}d\Omega = \int_{\Omega}\delta u_i \dot{b}_i d\Omega + \int_{\Gamma}\delta u_i \dot{t}_i d\Gamma \quad \forall \ \delta u_i \tag{3.35}$$

これまでと同様にマクロスケール，ミクロスケールとスケール比を定義し，変位を

$$\dot{u}_i^\lambda = \dot{u}_i^H(\boldsymbol{x}) + \dot{u}_i^1(\boldsymbol{x}) = \dot{u}_i^H(\boldsymbol{x}) + \lambda \dot{u}_i^1(\boldsymbol{y}) \tag{3.36}$$

と漸近展開する。ここで $\dot{u}_i^1(\boldsymbol{y})$ はミクロ変位ではなく，マクロな平均からのずれ（擾乱項）である。実際のミクロ変位は

$$\dot{U}_i^{\mathrm{micro}}(\boldsymbol{y}) = \frac{1}{\lambda}\dot{u}_i^\lambda(\boldsymbol{x}) = \frac{1}{\lambda}\dot{u}_i^H(\boldsymbol{x}) + \dot{u}_i^1(\boldsymbol{y}) = \frac{\partial \dot{u}_i^H(\boldsymbol{x})}{\partial X_j}y_j + \dot{u}_i^1(\boldsymbol{y}) \tag{3.37}$$

と書けることに留意を要する。式 (2.40) を再読されたい。したがって，ミクロなひずみ（グリーン・ラグランジュひずみ）は

$$\begin{aligned}\dot{E}_i^{\mathrm{micro}}(\boldsymbol{y}) &= \frac{1}{2}\left(\frac{\partial \dot{U}_i^{\mathrm{micro}}(\boldsymbol{y})}{\partial Y_j}+\frac{\partial \dot{U}_j^{\mathrm{micro}}(\boldsymbol{y})}{\partial Y_i}\right)\\ &= \frac{1}{2}\left(\frac{\partial \dot{u}_i^H(\boldsymbol{x})}{\partial X_j}+\frac{\partial \dot{u}_j^H(\boldsymbol{x})}{\partial X_i}+\frac{\partial \dot{u}_i^1(\boldsymbol{y})}{\partial Y_j}+\frac{\partial \dot{u}_j^1(\boldsymbol{y})}{\partial Y_i}\right)\end{aligned} \tag{3.38}$$

となる.

後の変形は微小変形の場合と同様になる.ミクロとマクロの橋渡しの特性変位を

$$\dot{u}_i^1(\boldsymbol{y}) = -\chi_i^{kl}(\boldsymbol{y})\frac{\partial \dot{u}_k^H(\boldsymbol{x})}{\partial X_l} \tag{3.39}$$

とすれば,ミクロ方程式

$$\int_Y \frac{\partial \delta u_i^1(\boldsymbol{y})}{\partial Y_j}(D_{ijmn}+\delta_{im}S_{jn})\frac{\partial \chi_m^{kl}(\boldsymbol{y})}{\partial X_n}dY$$

$$= \int_Y \frac{\partial \delta u_i^1(\boldsymbol{y})}{\partial Y_j}(D_{ijkl}+\delta_{ik}S_{jl})\,dY \quad \forall \ \delta u_i^1 \tag{3.40}$$

とマクロ方程式

$$\int_\Omega \frac{\partial \delta u_i^H(\boldsymbol{x})}{\partial X_j}(D_{ijkl}^H+S_{ijkl}^H)\frac{\partial \dot{u}_k^H(\boldsymbol{x})}{\partial X_l}d\Omega$$

$$= \int_\Omega \delta u_i^H(\boldsymbol{x})\,\dot{b}_i d\Omega + \int_\Gamma \delta u_i^H(\boldsymbol{x})\,\dot{t}_i d\Gamma \quad \forall \ \delta u_k^H(\boldsymbol{x}) \tag{3.41}$$

を得る.ここに

$$D_{ijkl}^H = \frac{1}{|Y|}\int_Y \left(D_{ijkl}-\frac{\partial \chi_m^{kl}(\boldsymbol{y})}{\partial Y_n}D_{ijmn}\right)dY \tag{3.42}$$

$$S_{ijkl}^H = \frac{1}{|Y|}\int_Y \left(\delta_{ik}S_{jl}-\frac{\partial \chi_m^{kl}(\boldsymbol{y})}{\partial Y_n}\delta_{im}S_{jn}\right)dY \tag{3.43}$$

である.このとき,均質化されたマクロな構成式は

$$\dot{S}_{ij}^{\text{macro}}(\boldsymbol{x}) = \langle \dot{S}_{ij}(\boldsymbol{y}) \rangle = D_{ijkl}^H \frac{\partial \dot{u}_k^H(\boldsymbol{x})}{\partial X_l} \tag{3.44}$$

となる.

以上の定式化[15]により,各ステップにおいて,マクロ方程式と,構造中の各部位においてそれぞれミクロ方程式を解けばよいことになる.しかし,これには膨大な計算コストを要する.ミクロ方程式を各部位で解く場合,たがいに独立な式を解くために並列処理をすることは一つの解決案であるが,ここでは簡便にミクロ-マクロを非連成化して解くことにする.すなわち,あらかじめ2軸の材料試験を数値的に行い,均質化定数を求め,データベース化しておき,マクロ解析ではデータベースを参照するだけで独立して進めることにす

る。この欠点は，荷重履歴の影響が考慮できない点である。

解析対象として，図 3.28 の平編物強化複合材料の半球状パンチ（半径 27 mm）による深絞り成形を考える。仮定として，素材は等方弾性体とし，170°C（443 K）での等温プロセスとし，樹脂（ポリプロピレン）の 170°C での引張試験結果から縦弾性係数 6.9 MPa，ポアソン比 0.3 を用いる。アラミド繊維の物性値はカタログ値を引用し，縦弾性係数 71 540 MPa，ポアソン比 0.3 とする。繊維含有率 60 % の繊維束よりなる平編物複合材料のミクロ構造モデルを図 3.42 のように作成した。要素はすべて 8 節点六面体要素である。編物の形態は実験で使用した複合材料板から取得した。

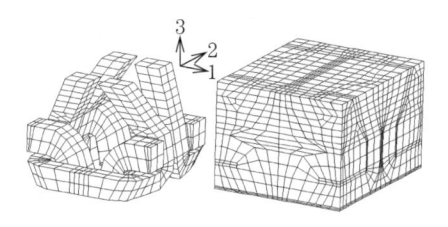

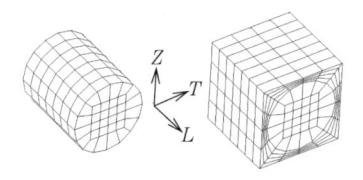

（a）平編物複合材料のミクロ構造モデル　　（b）繊維束のミクロ構造モデル

図 3.42　平編物複合材料のミクロモデル

まず，2 軸試験を行った結果をデータベースにまとめる。その一部，材料定数のひずみ依存性を図 3.43 に示す。図（a）は 4 階の弾性テンソルの成分 D_{xxxx} について，垂直ひずみ ε_y とせん断ひずみ γ_{xy} に対する変化を示している。実際は二つの垂直ひずみと面内せん断ひずみの三つのパラメータについて

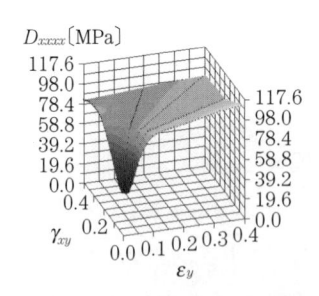

（a）D_{xxxx} の大変形下での変化　　（b）D_{xxxy} の大変形下での変化

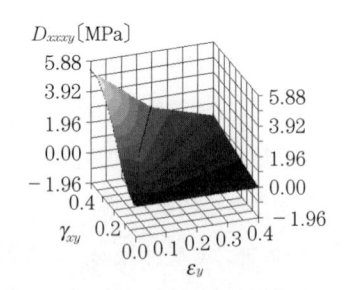

図 3.43　大変形下での材料定数のひずみ依存性

データベース化されており，図 3.43 は $\varepsilon_x=0$ として二つのパラメータのみ示している．同図（b）は，直交異方性であれば零であるはずの成分 D_{xxxy} である．y 方向の 1 軸引張りに対してはこの値は零のままであるが，せん断ひずみの増加に伴い大きな値をとることがわかる．言い換えれば直交性が失われている．実験による計測では不可能であるが，均質化法によれば 21 成分すべてが計算できるため，このような問題でも対処することができる．なお，均質化法はミクロ構造モデルに周期境界条件を与えて解くわけであるが，微小変形の問題では隅点を完全拘束しておいても大きな影響は見られないが，大変形問題の場合に完全拘束する点をつくってしまうと正しい変形モードが得られない．このような場合には，全節点に弱いばね拘束を与えて数学的な特異性を回避するレギュラリゼーション法が必要となるので留意されたい．

以上のデータベースを参照し，マクロな深絞り成形シミュレーションを行った．その後，マクロひずみを参照して，ミクロ変位を推定した結果を図 3.44 に示す．代表的な部位として，パンチ頂部近傍であまりひずみが生じない A 部，wale 方向ひずみが最大となる B 部，およびせん断ひずみが卓越する C 部を取り上げる．なお，異方性のために成形後の円板形状は円形を保たずゆがんでいた．均質化法の最大の特徴は，図のように大変形した微視形態が予測できる点にある．

成形後の微視形態をシミュレーション結果と実験結果とで比較する．A 部

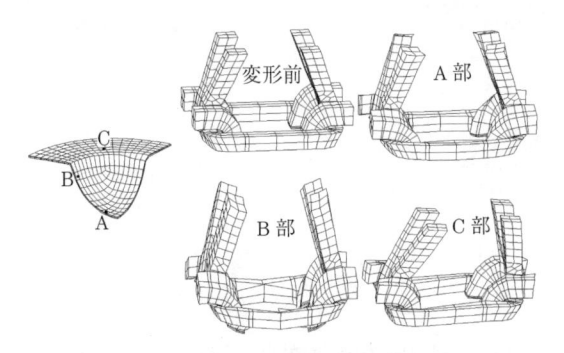

図 3.44　平編物複合材料の深絞り成形プロセスシミュレーション結果

(半球状パンチ頭部) について図 3.45 に，B 部 (wale 方向ひずみの最大位置) について図 3.46 に示す．編み構造の代表寸法を取り出し，比較した数値を併記しているが，いずれも両者の結果は非常によく一致している．また，せん断変形が卓越する C 部において，せん断変形の角度を比較した結果を図 3.47 に示す．これについてもよい一致が得られた．

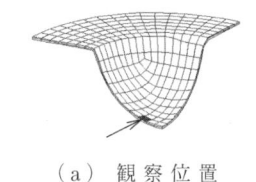

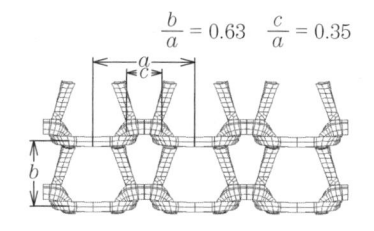

（a）観察位置　　　　　　　　（a）観察位置

$\dfrac{b}{a} = 0.63$　$\dfrac{c}{a} = 0.35$　　　　$\dfrac{b}{a} = 0.78$　$\dfrac{c}{a} = 0.36$

（b）シミュレーション結果　　（b）シミュレーション結果

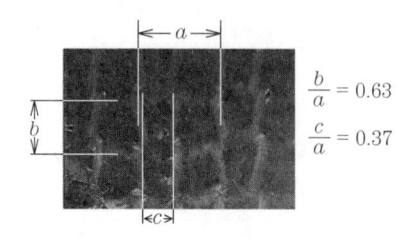

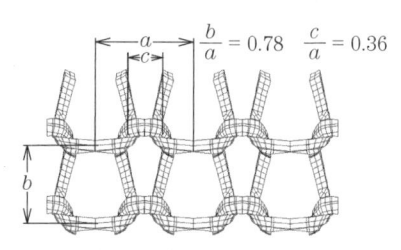

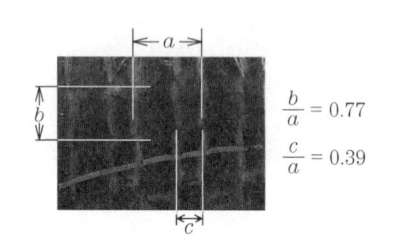

$\dfrac{b}{a} = 0.63$　$\dfrac{c}{a} = 0.37$　　　　$\dfrac{b}{a} = 0.77$　$\dfrac{c}{a} = 0.39$

（c）実験結果　　　　　　　　（c）実験結果

図 3.45　深絞り成形プロセスシミュレーションの検証（半球状パンチ頂部）

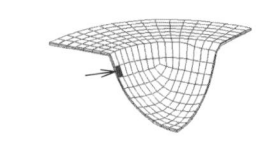

図 3.46　深絞り成形プロセスシミュレーションの検証（wale 方向ひずみの最大位置）

マルチスケールシミュレーションの検証として，次章で示すようなマクロ特性の比較は容易であるが，ミクロ挙動を直接的に比較した例は筆者の知るかぎりほかにはない．大変形する熱可塑性樹脂の特徴からくる貴重なシミュレーション事例である．

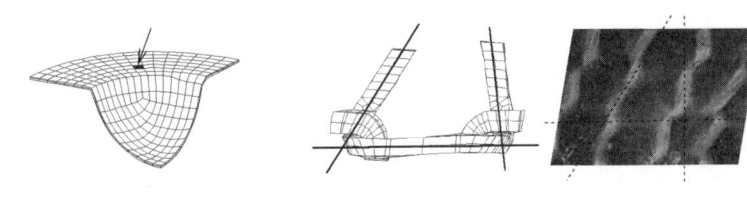

(a) 観察位置　　　　(b) シミュレーション結果と実験結果

図 3.47　深絞り成形プロセスシミュレーションの検証（せん断変形の様子）

3.4　四面体要素によるミクロ構造モデルのオートメッシュ

マルチスケールシミュレーションにおいて，ミクロ構造モデリングはさまざまな点で困難である．物性値の確からしさという点もあるが，本節では複雑な形態のミクロ構造の有限要素メッシングに焦点を当てて述べる．

3.2 節の織物複合材料，3.3 節の編物複合材料はいずれも手作業で要素分割を行い，テキストエディタで手作業で座標値を入力したものである．マルチスケールシミュレーションの実用化を図るうえでは，なんらかのオートメッシュが必須となる．

オートメッシュには，四面体要素を用いるオートメッシュと，形状表現はなめらかにできないけれども簡便さと失敗のなさを優先させたボクセル要素メッシングの 2 通りがある．後者は，X 線 CT，マイクロ CT 技術の進展と相まって次章でイメージベースモデリング手法として詳しく述べる．本節では，四面体要素による織物・編物複合材料といういわゆるテキスタイル複合材料のミクロ構造モデルのオートメッシュについて述べる．

ソフトウェアとしては，最近市販化されたマルチスケール CAE ツール Multiscale.Sim を用いる．このソフトウェアは ANSYS とドッキングして動作する ANSYS のオプションモジュールであり，図 1.18 で紹介したとおりである．解析機能として，既述のマクロ弾性特性予測・マクロ樹脂浸透係数予測と，マクロな境界条件下でのミクロ挙動解析が行える．使用する要素は四面体 2 次要素である．

特に，平織物複合材料については，ミクロ構造の幾何形状があらかじめ用意されており，寸法を指定するだけで確実にオートメッシュが行える。一例を図 3.48 に示す。このモデル A は，繊維束断面の短軸長 50 μm，長軸長 730 μm で，交叉部の間げきが 25 μm，繊維束間のピッチ間隔が 200 μm である。図が見やすくなるようにわざと粗い要素分割を行っている。四面体要素を用い，要素数は 7 663 であった。四面体 2 次要素を用いればこれでも十分に高精度な均質化計算が可能と思われる。

図 3.49 のモデル B は，繊維束間のピッチ間隔を 20 μm にした体積含有率が高い現実的なモデルである。やはり図が見やすくなるようにわざと粗い要素

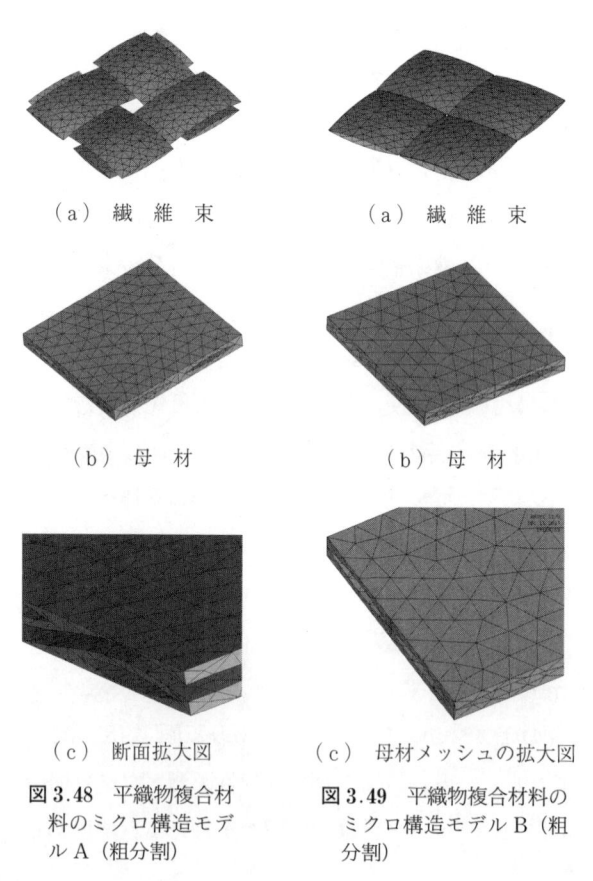

（a）繊維束　　　　　　（a）繊維束

（b）母材　　　　　　　（b）母材

（c）断面拡大図　　　（c）母材メッシュの拡大図

図 3.48　平織物複合材料のミクロ構造モデル A（粗分割）

図 3.49　平織物複合材料のミクロ構造モデル B（粗分割）

分割を行っている。ピッチ間隔が狭いにもかかわらず，粗い要素でなんとかオートメッシュができているのは驚きである。要素数は 7 557 であった。図 3.49（b）と図 3.48（b）を見比べても，中央部の狭い繊維束ピッチ間のメッシュに大きな違いなく分割できている。とはいえ，図を見やすくするために粗い要素分割にしたため，図 3.49（c）の手前角部の要素形状に見られるように，やや無理な分割になっている。もちろんこの問題は要素を細かくすれば解消される。

もはや紙面では要素分割が視認できないであろうが，モデル B を細分割した例を**図 3.50** に示す。要素数，節点数はそれぞれ 342 639，486 352 である。同図（c）を見れば，手前角部の狭い繊維束ピッチ間の樹脂も見事に分割されていることがわかる。さらに，モデル A と比べれば，繊維交叉部の間げきも 5 μm と狭くなっている。この繊維束間の樹脂も図 3.50（d）のようにオートメッシュされている。

さらに複雑な形態として，3.3 節で取り上げた平編物複合材料の例を**図 3.51** に示す。この場合は，3 次元 CAD によりソリッドモデルを作成した後，オートメッシュを施す。結果を**図 3.52** に示す。繊維束の異方性材料主軸は，CAD

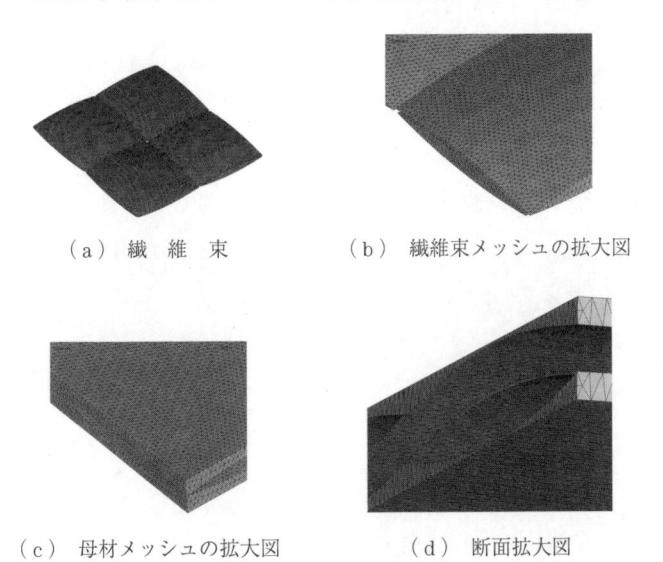

（a）繊 維 束　　　　　（b）繊維束メッシュの拡大図

（c）母材メッシュの拡大図　　　　（d）断面拡大図

図 3.50 平織物複合材料のミクロ構造モデル B（細分割）

(a) 繊維束のソリッドモデル　　（b） 繊維束の材料主軸を定義する
　　　　　　　　　　　　　　　　　ためのエッジ

図 3.51　平編物複合材料の 3 次元 CAD によるソリッドモデル

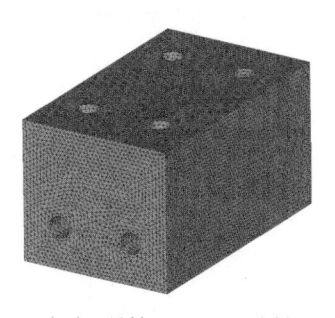

(a) 繊維束のメッシュ分割　　（b） 母材のメッシュ分割

図 3.52　平編物複合材料のミクロ構造モデルのオートメッシュ

でのソリッドモデル作成時のエッジを利用して簡単に定義できる。3.3 節の手作業の六面体要素のみを用いた要素分割は，じつに数箇月もの長期間を要した。研究仲間にも真似できない（というより真似したくない）とコメントをいただいたし，自分でも再度やってみようとは思えない。それが，ここまで簡単かつ実用的になり，もはやミクロ構造モデルのメッシングはマルチスケールシミュレーションの障壁ではなくなったといえよう。

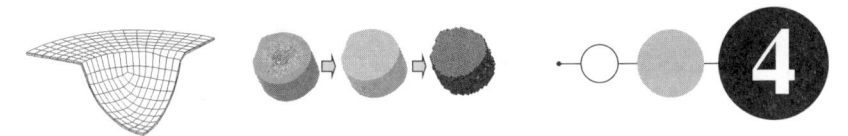

高分解能イメージベース マルチスケールシミュレーション

4.1 多孔質セラミックスへの適用

　3章での織物や編物の強化形態と異なり，本章ではランダムな微視構造をもつ事例について述べる。3.3節の編物複合材料の微視構造は確かに複雑で，ミクロ構造モデルの要素分割は容易ではなかったが，3次元 CAD と四面体要素による自動要素分割を用いる手段もある。一方，微視構造がランダムな場合には，なんらかの手段で CAD でソリッドモデルを構築しても，四面体要素によるオートメッシュすらできない場合がある。そこで，X 線 CT を用い，立方体要素であるボクセル要素によるオートメッシュを行うイメージベースモデリング手法を用いる。

　本節では，公害対策のフィルタや燃料電池への応用が期待される多孔質セラミックス[1]を取り上げる。**図 4.1** には実際の多孔質セラミックスのミクロ構造を示す。これは，分解能 2〜3 μm の高分解能 X 線マイクロ CT により取得した画像から立体再構築したボクセル要素分割図である。アクリルビーズを混入した素材を焼結して造孔する球状気孔の事例では孔だけを示している。針状気孔はカーボン繊維を混入した素材を焼結して造孔している。開気孔の事例では逆にセラミックス部を表示している。このように微視構造の特徴は，気孔率，孔形状，孔寸法とともに分散の様子というパラメータで記述される。特に，気孔率だけではマクロ特性，特に強度は表現できず，孔形状や分散度合いといった形態（モルフォロジー）の影響を強く受ける。なお，セラミックスは多結晶

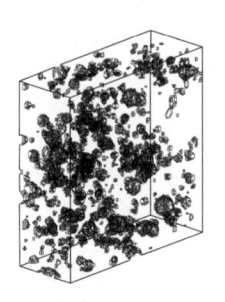

(a) 球状気孔（気孔のみ表示）

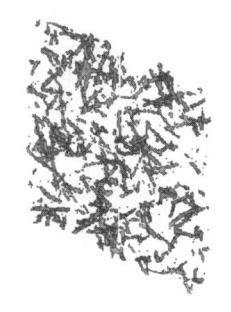

(a) 観 察 領 域

(b) 針状気孔（気孔のみ表示）

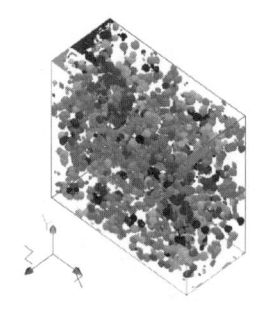

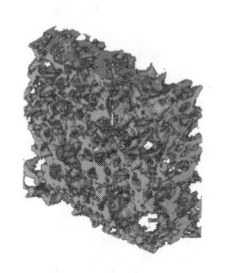

(b) 気　　孔

(c) 開　気　孔

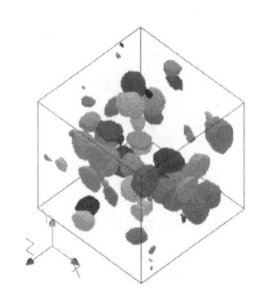

(c) 中心部の気孔の拡大図

図 4.1　さまざまな多孔質セラミックスのミクロ構造

図 4.2　球状気孔を有するアルミナ多孔体

体であるが，ここでは結晶（材質的要因）は考慮に入れず，孔のモルフォロジー（構造的要因）のみに注目する。

まず，球状気孔を有するアルミナ多孔体のモルフォロジー[2),3)]について述べる。図 4.2 (a)，(b) は分解能 3 μm で撮像した 1.482 mm × 1.47 mm ×

0.645 mm の微小領域の外観図と気孔である．孔について画像処理の一つであるラベリング処理を施した結果，連結した孔を識別し，色分けした．微小領域内に独立した気孔は約1900個存在することがわかった．図（b）からは，孔の分散はほぼ均質といえるかもしれない．しかし，その中心部のごく一部を拡大した図（c）からは，分散状態はやはり不均質といえる．すなわち，均質度（あるいは不均質度）といった指標が存在するならば，それは寸法の関数にならねばならないことを意味する．遠くから（マクロに）見れば均質に見え，倍率を上げて近づいて見れば見るほど不均質さが増す（目立つ）．このことから，モルフォロジー分析は，高分解能画像がもつ情報を使って行うべきであり，平均化（均質化）をいったんしてしまうと大事なミクロ情報が失われることに注意すべきであるとわかる．たとえ話として，4.9と5.1の平均も，1.0と9.0の平均もともに5.0であるが，平均をとるもととなる情報には大きな違いがあり，マクロな平均値には意味があるが，ミクロ情報をまったく無視するわけにはいかない．均質化法はミクロ挙動もマクロ挙動も得られるため有用であるが，モルフォロジー分析はミクロ情報に基づき行うべきである．特に実験観察をする際には，このことを肝に銘じるべきである．

　この材料について，ラベリングにより認識した独立した孔の体積の分布を調べた結果を**図4.3**に示す．これは孔の体積の頻度分布を累積値として表したも

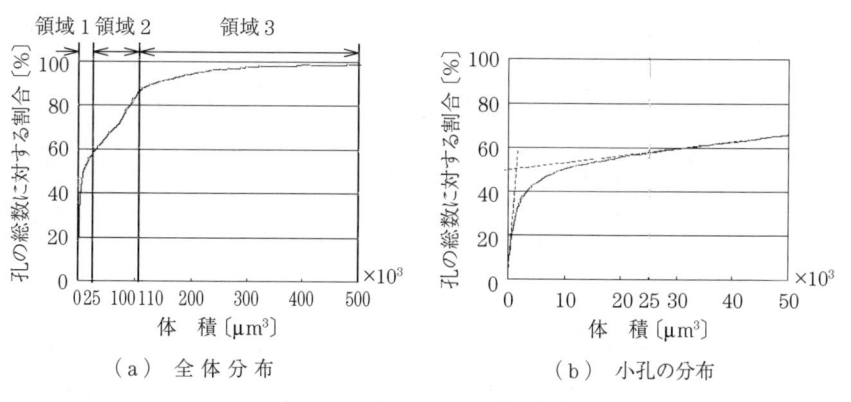

（a）全体分布　　　　　　　　（b）小孔の分布

図4.3　独立した孔の体積の分布

のである。全体の60％を小孔が占め（図中の領域1），一方，巨大な孔（領域3）も全体の10％強存在することがわかる。領域2がじつは代表的な球状孔であり，巨大な孔は連結してできたもの，体積の大半を占める小孔は代表的な孔とはいえず，恐らくノイズも含まれると予想される。孔の平均体積を算出したらどうなるか。**表4.1**にさまざまな平均体積の算出法を示している。ミクロ情報を正確に把握したいなら，こうした個々の孔の識別をすることが大事であり，単純な電子顕微鏡観察などにより平均粒径を算出することは，ときに過ちを生むことになることを認識されたい。

表4.1　各領域の平均体積

	全領域	領域2	領域2+3	領域1+2	焼結前の造孔材
孔の平均体積 $[\times 10^3 \mu m^3]$	55.4	69.5	125.0	26.2	113.1

さらには，粒径といった寸法を定義するには，形状が同定されている必要があることを思い出していただきたい。本材料はアクリルビーズを造孔材としているため球状孔とわかっているが，図4.1の開気孔の場合には，孔形状の定義そのものが不可能といえる。ましてや平面的な電子顕微鏡観察でモルフォロジーを正しく計測するなど，論理的に考えればできるはずがない。

また，図4.2（c）からもわかるとおり，あまりに狭い微小領域を抽出して解析しても，全体像は得られない。つまり，正しい平均化，均質化はできない。ランダムな微視構造の場合，微小領域内のモルフォロジーもランダムで複雑であるから，一見よさそうな錯覚をするかもしれないが，**図4.4**のように抽出した微小領域を周期的に配列してみたら，もともとの対象材料とはまったく異なることがわかる。実材の観察経験が少なく，仮想的な微視構造モデルを使って計算されているほうに多いが，均質化法の解析を行うミクロ構造モデルは，必ず周期的に配列してみて全体像をつかむことが大事である。

また，図4.4からは，ミクロ構造モデルの境界表面というものは，実材の断面であり，決して表面ではないこと，したがってミクロ構造モデル表面にシミュレーションのための境界条件を設定することの難しさも理解できる。ミクロ

(a) 解析対象

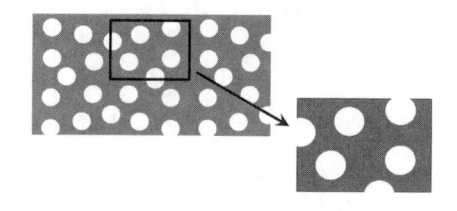

(b) ミクロ構造モデル抽出

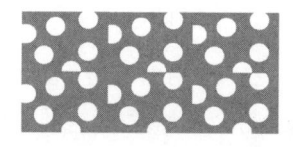

(c) ミクロ構造モデルの周期的配置

図 4.4 ランダムなミクロ構造に対するモデリングと周期境界条件

構造モデルを周期配列してみると，ランダムな微視構造の場合には，不合理な接続をすることになる。したがって，ミクロ構造モデル境界近傍では数値誤差が生まれることは避け難い。

そこで，適切な寸法のミクロ構造モデルを抽出すれば，正しく平均がとれる（均質化できる）こと，しかしミクロ応力を求める際にはミクロ構造モデル境界近傍では数値誤差があることを示す。

図 4.5 は針状気孔を有するアルミナ多孔体[4),5]である。画像分解能は 2.0 μm，焼結後に測定した気孔率は 3.1％である。針状気孔の平均直径は 10 μm，平均長さは 150 μm である。撮像領域の寸法は 800 μm×800 μm×100 μm である。多孔体のヤング率とポアソン比を超音波パルス法により計測した結果は，ヤング率 366 GPa，ポアソン比 0.232 であった。ただし，試験片の寸法の制約から，測定した値は図 4.5 の 3 方向の値である。

均質化法によるマクロ特性の予測を行うため，ミクロ構造モデルを試験片中央部から図 4.6 のように抽出した。モデルの要素数は 200 万，寸法は 400 μm×400 μm×100 μm である。素材のアルミナの物性値は，一般的な値である

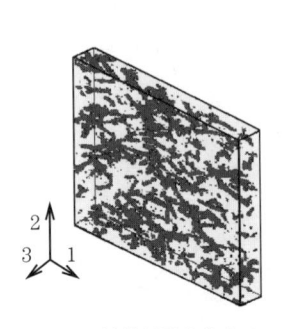

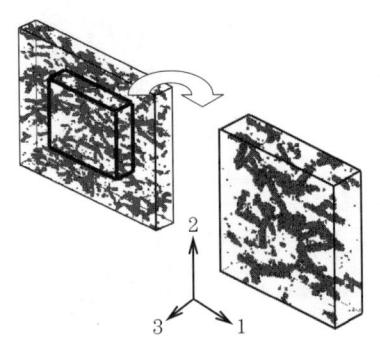

図 4.5 針状気孔を有する　　図 4.6 200 万要素のミクロ構造
　　　アルミナ多孔体　　　　　　　モデル抽出

ヤング率 404 GPa，ポアソン比 0.239 を用いた．ボクセル要素寸法は画像分解能と同じ 2.0 μm であり，この計算では孔にもボクセル要素を配置している．得られたマクロ特性は直交異方性を呈し，算出した材料定数を**表 4.2** に示す．計測されたヤング率 E_{33} と比較し，誤差わずかに 1％ である．ポアソン比もよく一致している．

表 4.2 200 万要素のミクロ構造モデル
により求めたマクロ特性

E_{11}, E_{22}, E_{33} 〔GPa〕	381.3, 377.1, 362.0
G_{23}, G_{31}, G_{12} 〔GPa〕	148.2, 149.2, 153.2
$\nu_{21}, \nu_{31}, \nu_{32}$	0.235, 0.228, 0.231

つぎに，より狭い領域をミクロ構造モデルとした．**図 4.7** のように，100 万要素で表現される 280 μm×280 μm×100 μm の領域を任意に 2 箇所抽出した．モデル A の気孔率は 3.09％，モデル B は 3.12％ であり，実測値をよく再現している．得られた弾性定数を**表 4.3** に示す．やはりヤング率 E_{33} の誤差は 1％ であった．また，モデル A,B の結果はよく一致している．すなわち，この材料に対しては，図 4.7 の寸法のミクロ構造モデルが全体像を代表しているといえる．

さらに狭い領域をミクロ構造モデルとしたらどうなるか調べてみる．目安として 50 万要素で表現される 200 μm×200 μm×100 μm の領域を**図 4.8** のよ

4.1 多孔質セラミックスへの適用

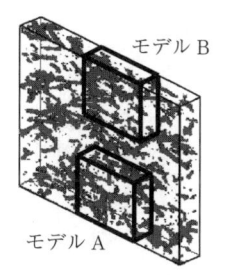

(a) 抽出位置

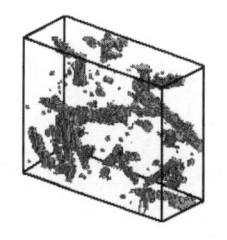

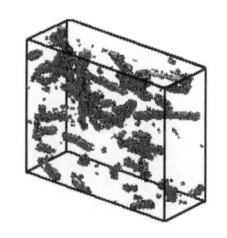

(b) モデルA (c) モデルB

図 4.7 100万要素のミクロ構造モデル

表 4.3 100万要素のミクロ構造モデルにより求めたマクロ特性

(a) モデルA

E_1, E_2, E_3 〔GPa〕	379.3, 378.6, 365.3
G_{23}, G_{31}, G_{12} 〔GPa〕	149.3, 149.5, 153.0
$\nu_{21}, \nu_{31}, \nu_{32}$	0.236, 0.231, 0.231

(b) モデルB

E_1, E_2, E_3 〔GPa〕	381.4, 378.8, 364.0
G_{23}, G_{31}, G_{12} 〔GPa〕	149.2, 149.9, 153.3
$\nu_{21}, \nu_{31}, \nu_{32}$	0.236, 0.229, 0.231

うに抽出した．典型的なモデルを図に示している．これだけの微小モデルになると，もはや気孔率すら再現できていない．特異な局所的な不均質性を拾っている．それでも，気孔率の再現性がよかったNo.3のモデルを用いて予測した弾性定数は，計測結果とよく合っている．これは偶然と考えるべきで，信頼性のある計算とはいえない．気孔率を再現することは最低条件である．そのうえで，モルフォロジーを代表的に表した適切なミクロ構造モデルを抽出することが肝要である．このことは，次節でさらに深く述べる．

セラミックスは，焼結助剤などを微妙に配合した材料であり，焼結温度履歴を変えただけでも結晶構造が変化する．にもかかわらず，数学的理論である均

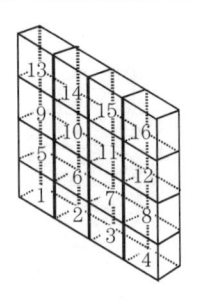

(a) 抽出位置

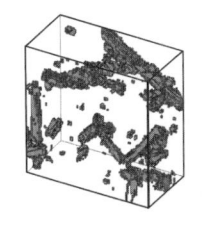

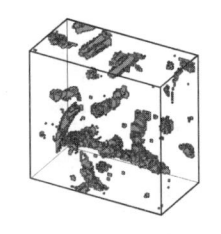

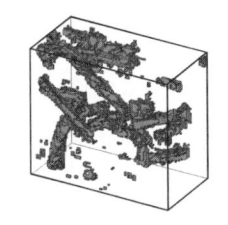

(b) No.3（気孔率 3.3 %）　　（c) No.6（気孔率 2.1 %）　　（d) No.7（気孔率 4.1 %）

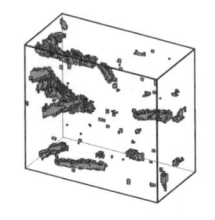

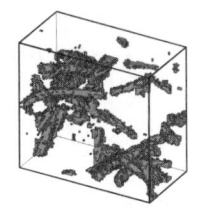

(e) No.8（気孔率 1.5 %）　　（f) No.9（気孔率 4.9 %）　　（g) No.12（気孔率 3.1 %）

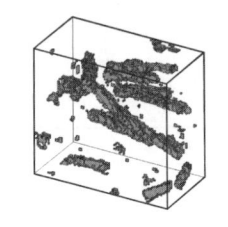

図 4.8　50 万要素のミクロ構造モデル

質化法はマクロ特性をよくとらえている。つまり，気孔という微視的な構造が支配的な材料だといえる。逆に，気孔の設計によりマクロ特性が制御できること，マルチスケールシミュレーションはその有力なツールとなることを示している。

　以上のシミュレーションは，通常の PC でメモリ 1 GB で計算できる。これは 1.2 節に述べた EBE-SCG 法のおかげである。図 4.9 には EBE-SCG 法による収束状況を示す。きわめて順調に収束が得られていることがわかる。

　ひとたびマクロ特性が得られれば，任意の構造物に対する任意負荷時のマク

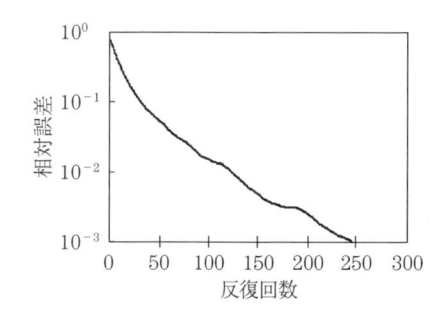

図 4.9 EBE-SCG 法による収束状況

ロ挙動，ミクロ挙動がともにシミュレーションできる．図 4.10 は，多孔質アルミナの 4 点曲げ試験のシミュレーションである．対称性を仮定し，全体の 1/4 領域をモデル化している．ミクロモデルは図 4.7（b）の 100 万要素のモデル A を用いた．マクロな軸方向応力の分布を図 4.11 に示す．引張応力が最大となる表面のマクロひずみ値を用いて，ミクロ応力を解析した結果を図 4.12 に示す．応力値のスケールを見たらわかるとおり，ミクロスケールでは高い応力集中が生じている．しかし，ミクロ構造モデルの表面の応力分布だけを見て

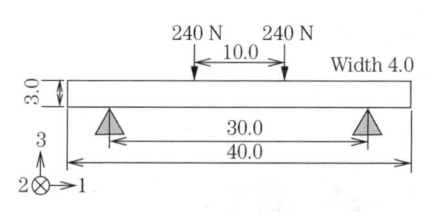

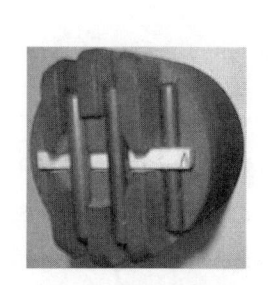

（a）対象

（b）実験治具と試験片　　　（c）1/4 モデル

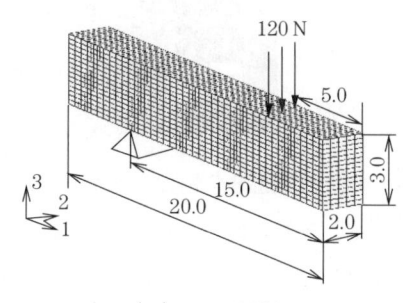

図 4.10　多孔質アルミナの 4 点曲げ試験のシミュレーション

図 4.11 マクロ応力分布

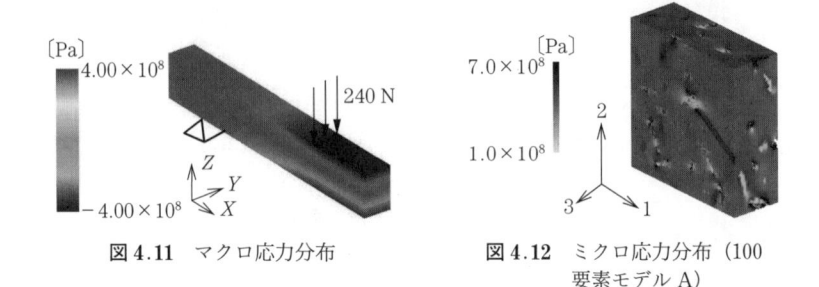

図 4.12 ミクロ応力分布（100万要素モデル A）

いては，ミクロ応力評価が行えない．

そこで，ミクロ構造モデル内のミクロ応力分布をヒストグラムとして表す．ヒストグラムは 3.2 節の RTM 成形シミュレーションにおいてミクロ流れ場の評価にも用いたとおり，有効な手段である．ただし，ヒストグラムは定量的な値の範囲などはわかるが，どの部位で高い値が生じているかといった場所に関する情報が失われる．そこで，図 4.13 のように気孔からの距離をボクセル単位で計測し，ヒストグラムに併記することにする．100 万もの要素数となる解析において孔からの距離を計測するのは一般にはたいへんであるが，ボクセルなら短時間に容易に行える．孔からの距離を付してミクロ応力ヒストグラムを描いたのが図 4.14 である．

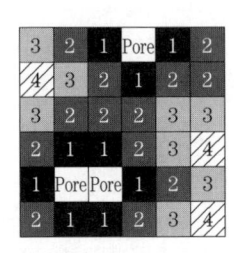

図 4.13 気孔からの距離の定義

図 (a) の縦軸は通常の軸であるが，(b) は対数軸として分布の裾野を強調している．図 (a) のピークの応力値は，図 4.11 のマクロ応力値と一致していることがわかる．このことから，ミクロ応力の平均がマクロ応力に等しいという式 (2.43) が再度理解されよう．

$$\sigma^{macro} = \langle \sigma^{micro} \rangle \tag{4.1}$$

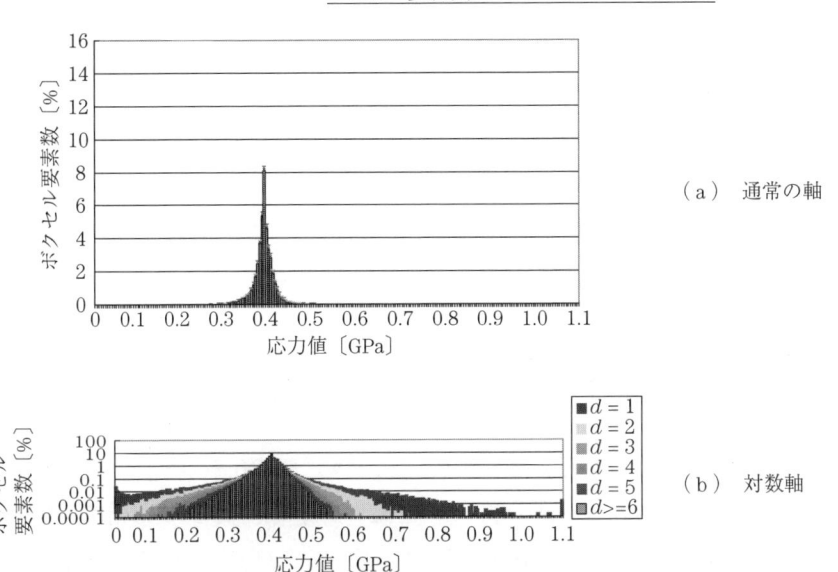

4.1 多孔質セラミックスへの適用   113

(a) 通常の軸

(b) 対数軸

図 4.14　ミクロ応力ヒストグラム

また，高い応力値はすべて孔からの距離 $d=1$ の部位，すなわち孔周辺で生じていることもわかる。孔から遠ざかるにつれ，応力値も低くなっている。そこで，応力分布ヒストグラムを見ながら，高応力部位のみを表示すれば図 4.15 が得られる。これはミクロ構造モデル内部の状態を可視化するための有効な手段の一つである。

ただし，ミクロ構造モデル抽出の際の留意点として，モデルの境界でのミク

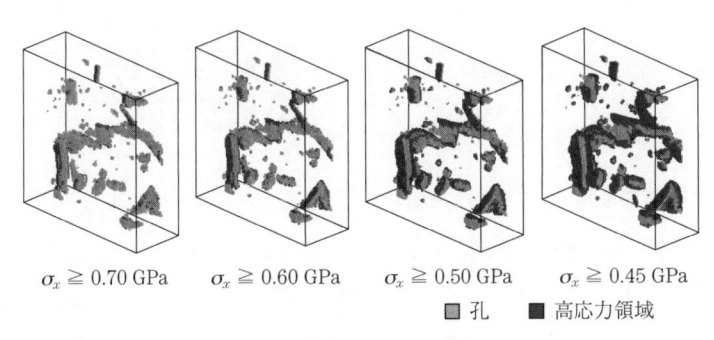

$\sigma_x \geqq 0.70$ GPa　　$\sigma_x \geqq 0.60$ GPa　　$\sigma_x \geqq 0.50$ GPa　　$\sigma_x \geqq 0.45$ GPa
■ 孔　　■ 高応力領域

図 4.15　高 応 力 部 位

ロ応力値は信用すべきでないことを述べた．したがって，上記のヒストグラムはユニットセル境界を除いて処理している．具体的に，ユニットセル寸法の長さにして10％の周辺領域をすべて除外している．したがって，80％×80％×80％＝51.2％の体積領域のみ評価している．

このことの妥当性を以下に示す．**図4.16**は気孔率23％の針状気孔アルミナの4点曲げ解析結果である．同じ4点曲げの問題を解いたときのミクロ応力ヒストグラムを**図4.17**に示す．気孔率の増加とともに，複雑なモルフォロジーとなり，気孔間の距離が狭まり，ミクロ応力も高く，分布も複雑となっていることがわかる．この場合のミクロ応力ヒストグラムを，ユニットセル寸法の周辺領域を除外して描いた結果を図4.17に示す．低気孔率の場合と異なり，明確なピークが見られなくなっている．これを対数軸で描き，周辺領域を除かない場合，除いた場合を**図4.18**に示す．

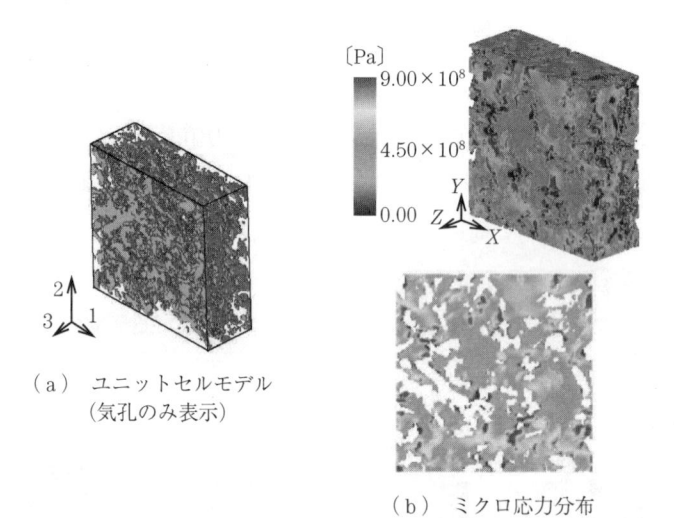

（a）ユニットセルモデル
（気孔のみ表示）

（b）ミクロ応力分布

図4.16 気孔率23％の針状気孔アルミナの4点曲げ解析結果

周辺領域を除かない場合，高い応力が孔からの距離 $d=6$ の領域においても生じている．じつはこれはモデル境界で生じている．つまり，ランダムな微視構造の一部を抽出し，ミクロ構造の表面をつくり出し，そこに周期境界条件を適用したために生じる誤差である．同図（b）のように，モデル周辺領域を除

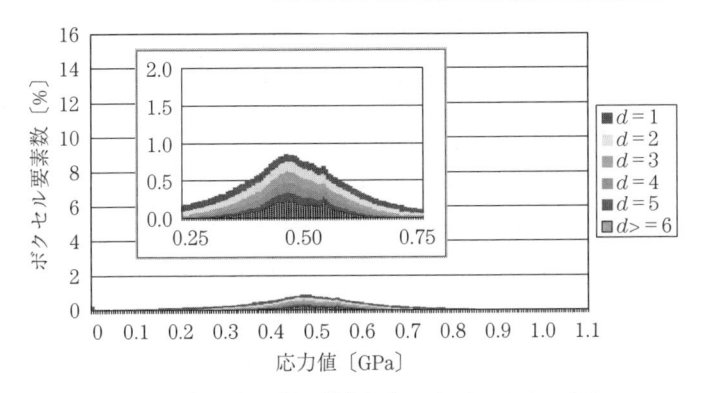

図 4.17 気孔率 23 %の針状気孔アルミナのミクロ応力ヒストグラム（通常の軸）

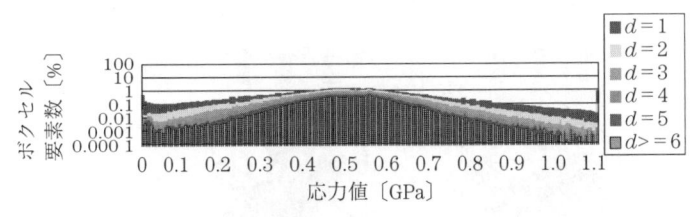

（a） 周辺領域を除かない場合

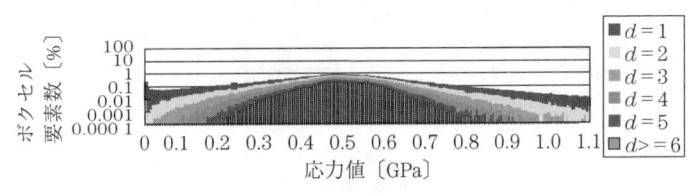

（b） 周辺領域を除いた場合

図 4.18 気孔率 23 %の針状気孔アルミナのミクロ応力ヒストグラム（対数軸）

いて描いたヒストグラムでは，やはり高応力は孔周辺にのみ生じていることからも，モデル周辺領域のミクロ応力は評価してはいけないといえる．損傷や破壊の予測をする際，ミクロ構造モデルの中心部以外は無意味であり，間違った解析ではさらに損傷や破壊の局所集中化も起こる．もちろんこれはランダムな微視構造の場合であるが，実材のほとんどはランダムであることから留意を要する．実験においても留意を要する．つまり，微視構造を抽出して試験した

ら，抽出領域の表面は自由表面となってしまい，これも現実とは異なる．それでもなお自由表面から破壊が進展したなら，それは抽出した微視構造に特有の現象と考えるべきであろう．

さて，ミクロ応力集中を考える場合，幾何的なモルフォロジーだけで考えては不十分である．**図 4.19** は，球状気孔を有するセラミックスの引張りの高応力部位である．均質化法によりマクロな一様引張応力を負荷した場合のミクロ応力である．この図ではミクロ構造モデルの周辺領域を除いていないので，境界に孔がないのに応力集中している様子がよくわかる．これは何度もいうが誤差であり真実ではない．さて，本当に高い応力は孔が接近した部位に生じることがわかる．この断面図を**図 4.20** に示す．

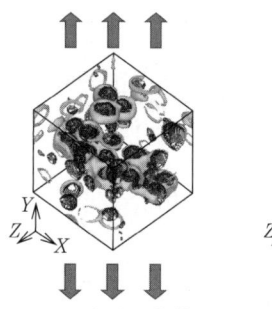

ミクロ応力　550 MPa 以上の部位　　650 MPa 以上の部位

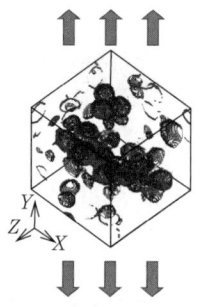

図 4.19 球状気孔セラミックスの引張時の高応力部位

ミクロ応力
650 MPa 以上の部位

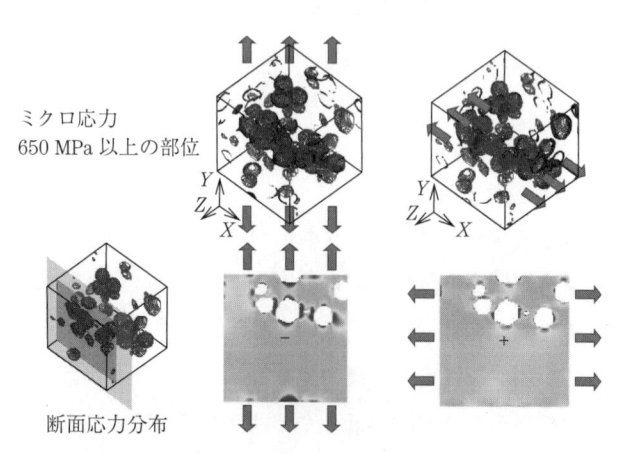

断面応力分布

図 4.20 荷重方向と高応力部位

4.1 多孔質セラミックスへの適用

基本的には材料力学で学ぶ応力集中の様式であるので，孔が規則的に配置していればミクロ応力集中を知るにはたいへんなシミュレーションをするまでもなかろう。しかし，ランダムであるゆえ，ミクロ応力分布は複雑であり，その値も簡単に理論的に予測できるものではない。さらに，同図に示すように，マクロ荷重によってもミクロ応力集中は異なる。単に幾何的な分析だけでは力学的な定量的解析は不可能であることがわかる。したがって，モルフォロジー分析では，幾何的分析に加え，マクロ荷重をも考慮すべきである。その一例を紹介する。定性的には，孔の近接領域に応力集中が起きることから，高応力となる部位の予測は，マクロ荷重形態をも加味して予測することは可能である。詳細のアルゴリズムは文献3)を参照いただくとして，結果を図 4.21 に示す。

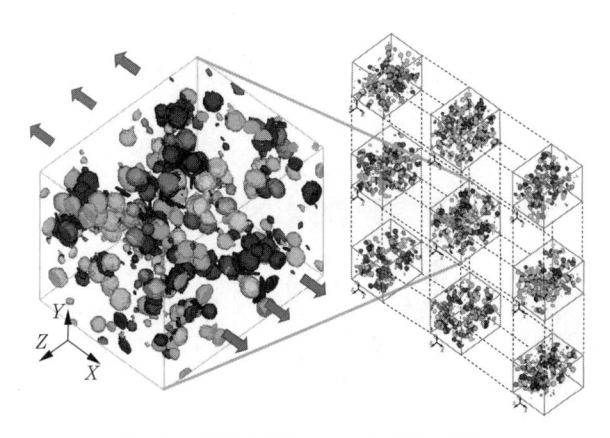

図 4.21 高応力部位のラフな予測の結果

通常の PC では解析不可能な大規模データも，定性的なモルフォロジー分析ならあっという間である。この事例では 58 057 776 ボクセルで表現された領域（511 μm×526 μm×216 μm，分解能 3 μm）の応力集中部位のラフな予測結果を示している。き裂進展経路の定性的評価などにはモルフォロジー分析だけでも有効であろう。荷重形態とミクロ応力，モルフォロジーの関連については，次節で示すようにミクロな主応力ベクトルによる評価も有効であるので，併せて活用されたい。

4.2 生体硬組織への適用とポストプロセシング

繊維強化プラスチックや多孔質セラミックスなどの人工材料のみならず，イメージベースマルチスケールシミュレーションは最近では生体組織のバイオメカニクス解析にも使用されるようになってきた。本節では，生体硬組織，すなわち骨の内部の海綿骨に均質化法を適用した事例[6]~[11]について述べる。

海綿骨は図4.22に示すように骨梁の3次元ネットワーク構造であり，一種の多孔体であるから，基本的には前節と同様である。しかしながら，例えば骨粗鬆症骨では骨密度が低下し，多孔質セラミックスであれば高気孔率の物質となる。このような場合には，ミクロ構造モデルを抽出して，その境界に周期境界条件を適用しようとしても，あまりに骨梁が少なく，うまく計算できないといった問題も新たに発生する。こうした解決法についても述べる。

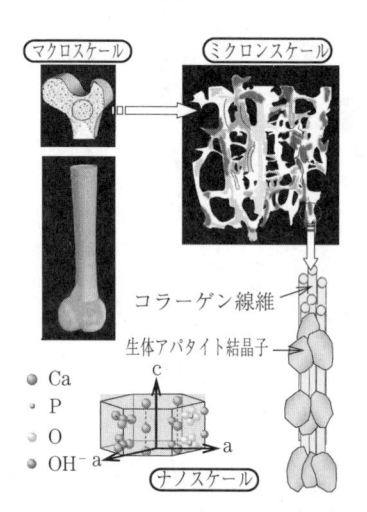

図4.22 海綿骨と生体アパタイト結晶

海綿骨という対象は，イメージベースモデリング手法の起源となったものである。生体に対する診療用X線CTでは残念ながら被爆量の問題から骨梁構造をとらえるには至らず，献体骨に対するX線マイクロCTが必要である。本節では，ブタ大腿骨とヒト腰椎骨に対する適用事例を紹介する。

4.2 生体硬組織への適用とポストプロセシング

われわれの骨は，図 4.22 に示すように，緻密な皮質骨とスポンジ状と表現される海綿骨からなる。骨梁の太さはおおよそ 100 μm のオーダーである。骨の素材は生体アパタイトである。この結晶は X 線回折実験から六方晶構造をしており，c 軸方向の剛性は a 軸方向と比して約 2 倍程度高いことがわかっている。この異方性の度合いは力学的評価において無視できるレベルでは当然ない。そこで，筆者の一人はナノスケールの生体アパタイト結晶配向を骨梁を表現する全ボクセル要素に設定し，ナノ〜ミクロン〜マクロをつなぐマルチスケール法を開発した。

生体アパタイト結晶配向は，力学的な荷重支持機能を発揮するのに適した向きになっていることがわかりつつある。そこで，大腿骨や腰椎骨など主として自重を支える骨では，図 4.23 に示すように，最初に等方性を仮定したシミュレーション結果から，得られた主応力ベクトル方向に c 軸方向を自動設定し，直交異方性材料モデルとして再解析する手順を開発し，ソフトウェア Doctor-BQ[6],[7] として市販化した。なお，直交異方性についての基礎知識は付録 A.3 と前書[12] を熟読されたい。

軸圧縮荷重（自重）

直交異方性材料モデル
$E_x = 2E,\ E_y = E_z = E$
$\nu_{xy} = \nu_{xz} = \nu_{yz} = \nu_{zy} = \nu$
$\nu_{yx} = \nu_{zx} = \dfrac{\nu}{2}$

等方性材料モデル
$E = 10$ GPa
$\nu = 0.4$

主応力ベクトル
→材料主軸

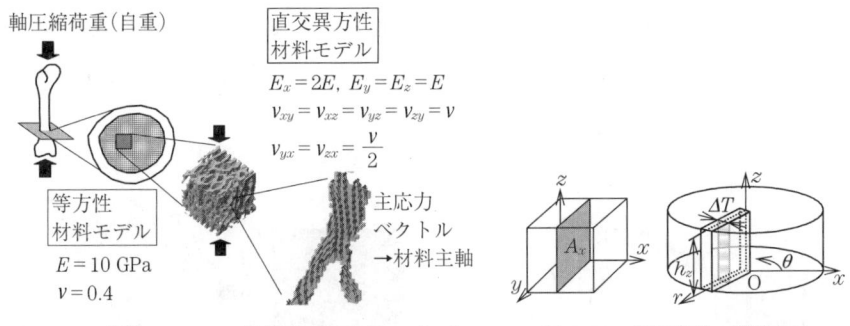

図 4.23 生体アパタイト結晶配向の自動モデル化

図 4.24 骨梁密度の計算方法

また，このソフトウェアには，高分解能イメージの情報を生かしたモルフォロジー分析手法を搭載した。すなわち，骨密度を体積平均により求めるのではなく，注目領域（ユニットセル，あるいは ROI＝Region of Interest）の断面において面積平均をとり，残る一方向に関する分布を調べる方法である。

$$P^x(x) = \frac{1}{A_x} \iint \rho(x,y,z)\,dydz \tag{4.2}$$

ここに $\rho(x,y,z)$ は骨梁であれば1，孔であれば0の値をとる。A_x は図 **4.24** に示すように，注目領域の断面積である。同様に，$P^y(x)$，$P^z(z)$ も定義される。これは直交座標系でのモルフォロジー分析である。一方，長管骨の特徴から円筒座標系での操作も有効である。すなわち

$$P^{r\theta}(r,\theta) = \frac{1}{h_z} \int \rho(r,\theta,z)\,dz \tag{4.3}$$

である。数値的にはこの計算は図 4.24 のように微小幅 ΔT をとり

$$P^{r\theta}(r,\theta) = \frac{1}{h_z \cdot \Delta T} \iint \rho(r,\theta,z)\,dTdz \tag{4.4}$$

により計算する。この微小幅のとり方は，経験的に注目領域の面内の寸法 h_x，h_y を用いて

$$\Delta T = \mathrm{int}\left\{ \frac{\max(h_x, h_y)}{20} \right\} \tag{4.5}$$

を目安にすればよい。ここで int は整数化する関数を意味する。

具体的な適用例として，図 **4.25** に示すブタ大腿骨[11]の海綿骨のモルフォロジー分析と均質化の結果を示す。断面は円形というより四角形に近いが，考え方としては半径方向，接線方向，長手方向をとる。分解能 35 μm のマイクロ

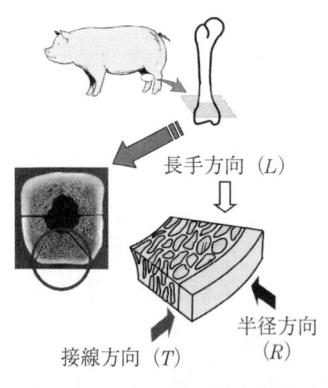

図 4.25 ブタ大腿骨の海綿骨

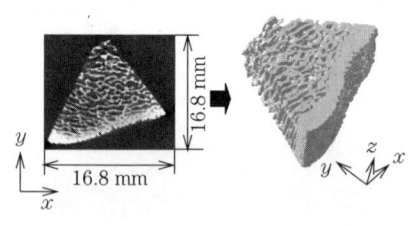

図 4.26 ブタ大腿骨海綿骨のボクセルモデル

（a）マイクロ CT による断層写真　（b）ボクセルモデル

CTによる断層写真の一例と，立体再構築したボクセルモデルを図 4.26 に示す。

上述の円筒座標系モルフォロジー分析を施し，$P^{r\theta}(r,\theta)$ の値を表示したのが図 4.27 である。$\theta=270°$ における骨密度分布は図 4.28 のようになる。皮質骨の部分では骨密度が 100％である。海綿骨領域内（半径がおよそ 2～9 mm の範囲）の分布には，非常に激しいオシレーションが見られる。これは，骨密度の z 方向積分値が高い領域と低い領域が，半径方向にある一定間隔で繰り返し存在していることを意味する。グラフの山の間隔（0.47±0.13 mm）は，図 4.29 に示す断面画像から骨梁間隔を計測した結果（平均 0.48±0.09 mm）

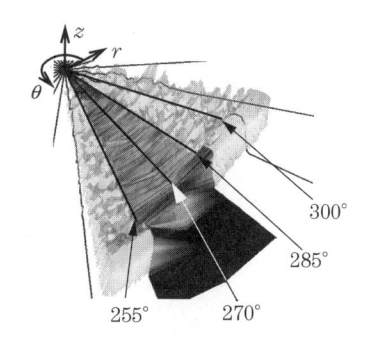

図 4.27 円筒座標系モルフォロジー分析の結果（鳥瞰図）

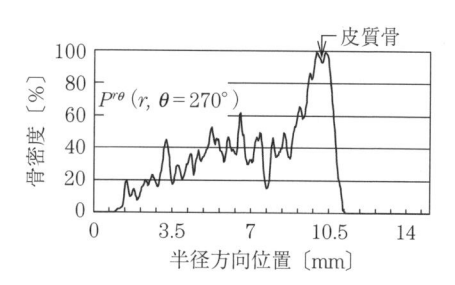

図 4.28 円筒座標系モルフォロジー分析による骨密度分布（$\theta=270°$）

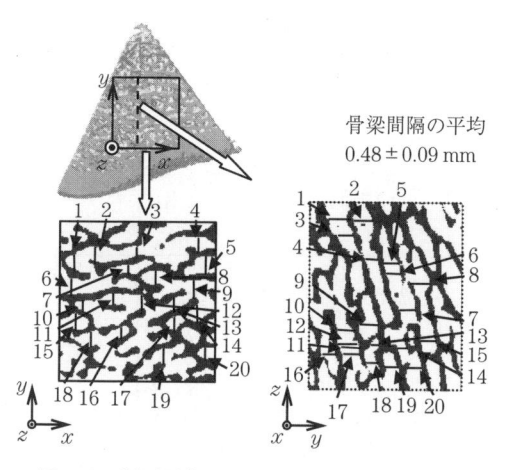

図 4.29 断面画像から骨梁間隔を計測した結果

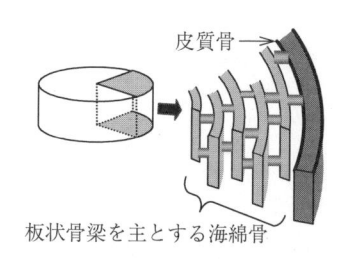

図 4.30 海綿骨の骨梁構造の概念図

とほぼ一致している。ほかの角度においても同様であった。このことから，この海綿骨は概念的には**図 4.30** のように，円周方向（θ）と長手方向（z）に伸びる板状の骨梁が，ある程度周期的に配置していると推測できる。

このことを，均質化法によるマクロ特性予測からも考察する。上記の寸法計測を参考に，およそ 5 周期分の寸法のユニットセル（**図 4.31**）を抽出する。すなわち，骨梁幅の平均値 0.25 mm と骨梁間隔の平均値 0.47 mm から，$(0.47+0.25)\times 5=3.6$ と算出した。ユニットセル寸法は正確には 4.165 mm × 4.165 mm × 4.025 mm である。要素数は 600 358，節点数は 797 771 である。ユニットセルの骨密度は 35.9 ％である。

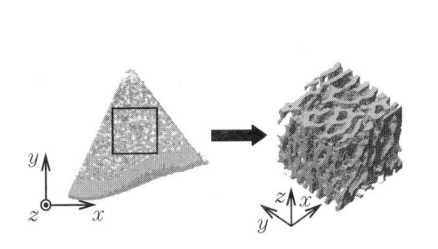

図 4.31 ユニットセルモデリング

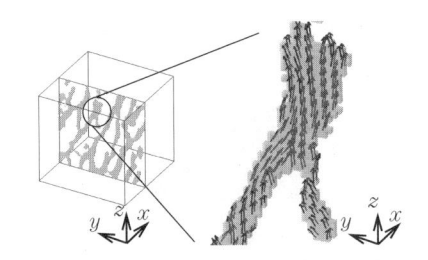

図 4.32 生体アパタイト結晶配向の自動設定

自重方向となる z 方向に単軸圧縮応力を遠方で与えたシミュレーションを基に，生体アパタイト結晶配向を自動設定した結果は**図 4.32** のようになる。最終的に得られたマクロ特性は

$$\boldsymbol{D}^H = \begin{bmatrix} 1445.0 & 263.9 & 634.9 & -32.9 & 109.2 & -6.7 \\ & 454.3 & 400.8 & -106.0 & -19.6 & 3.3 \\ & & 3681.0 & -387.7 & 132.0 & -3.5 \\ & & & 396.2 & 5.8 & -4.0 \\ & \text{sym.} & & & 691.3 & -65.1 \\ & & & & & 255.8 \end{bmatrix} \text{[MPa]}$$

(4.6)

であった。直交異方性を仮定して算出されるヤング率は**図 4.33** のようになっ

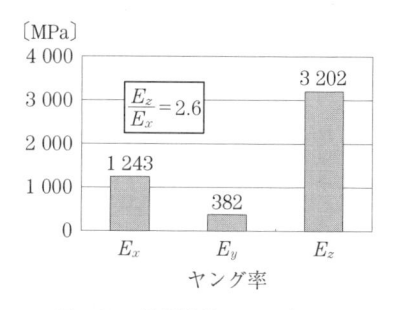

図 4.33 均質化法により求めた
ヤング率

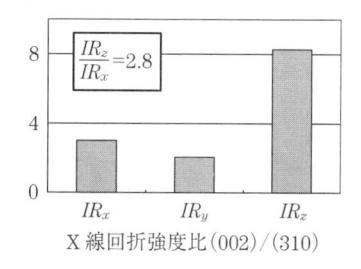

図 4.34 X 線回析による異方性
度合いの計測結果

た。y 方向(半径方向に相当)のヤング率が極端に低く,x 方向(接線方向)は中程度,生体アパタイト結晶の c 軸がほぼ向いている z 方向(長手方向)は特に高い値を示した。これは図 4.30 の概念図と一致する。また,ポアソン比も特徴的であり,$\nu_{yz}=0.08$,$\nu_{zx}=0.31$,$\nu_{xy}=0.47$ であった。すなわち,ν_{yz} が小さいため,半径方向に応力を付与した場合には z 方向ひずみへの影響が小さく,また,ν_{xy} が大きいことから,円周方向に応力を与えると半径方向に比較的大きなひずみが発生するということである。これも図 4.30 の概念図と一致する。せん断係数(横弾性係数)は,$G_{zx}>G_{yz}>G_{xy}$ であったので,z 軸に垂直な面の円周方向の剛性が高く,断面内のねじり剛性が低いことを意味し,やはり図 4.30 の概念図と一致する。一見複雑そうな骨梁構造も定量的にその特徴が表現できた。

さらに,X 線回折による異方性度合いの計測結果を**図 4.34** に示すが,その傾向は図 4.33 の均質化法による予測結果とよく一致する。これは生体アパタイト結晶配向の影響を加味したおかげである。

また,長手方向一様圧縮応力を遠方で付与したときのミクロひずみ分布を**図 4.35** に示す。ここでは生体アパタイト結晶配向の考慮の有無による比較を行った。配向性の考慮により,ミクロひずみの最大値が低下し,全体のひずみ分布が緩和されて均一化されている様子が確認できる。

つぎに,ヒト腰椎骨[6]~[10] に適用した事例を紹介する。骨粗鬆症において日常問題になる部位である。ここでは高分解能撮像(分解能 20 μm)を行うた

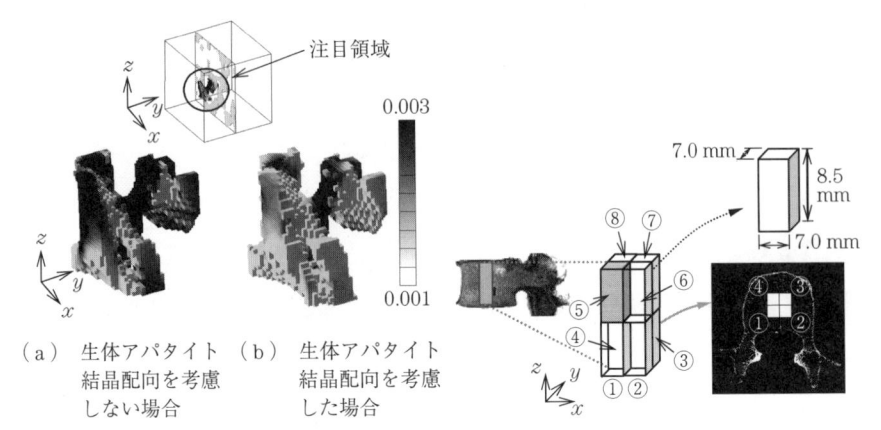

図 4.35 長手方向一様圧縮応力を遠方で付与したときのミクロひずみ分布（生体アパタイト結晶配向考慮有無による比較）
(a) 生体アパタイト結晶配向を考慮しない場合
(b) 生体アパタイト結晶配向を考慮した場合

図 4.36 ヒト腰椎骨（L4）のX線マイクロCT撮像

め，図 4.36 のように八つの領域に分けてX線マイクロCTで撮像した．各領域ごとに調査すると，健常骨では，骨密度はおよそ15〜18％程度で安定しているのに対し，骨粗鬆症骨では骨密度の部位による差が激しく，全体に骨密度は低く，骨梁も細いことが確認できる．

分割して撮像した画像は，直交座標系モルフォロジー分析によりその接続性が確認できる．その一例を図 4.37 に示す．この例では，詳細に見ると，二つの撮像領域でわずかに重なりがあることがわかる．なお，図 4.37 は，骨密度

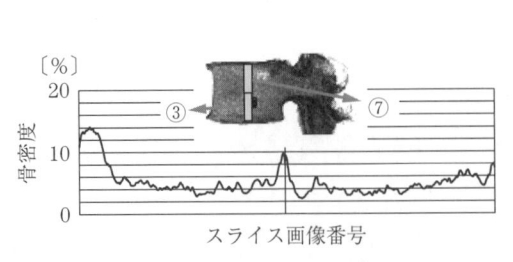

図 4.37 直交座標系モルフォロジー分析機能による分割画像の連結

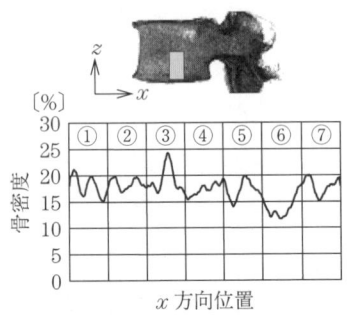

図 4.38 健常骨における骨密度分布の一例

の値からも想像できるように骨粗鬆症骨の事例である．

また，**図 4.38** は，健常骨における骨密度分布の一例である．分布にはオシレーションが観察されるが，一定の平均値を定義することに無理はないといえる．この①～⑦の各微小領域の骨梁構造を**図 4.39** に示す．図の上部が椎体の高さ方向中央部に当たる．この領域では，図中の②で三つの例を示したように，板状骨梁が多く観察される．一方，椎体の端部近傍では棒状骨梁のみが観察される．このようなモルフォロジーは，マルチスケールモデリングにおいて考慮されるべきである．また，板状骨梁の存在は骨粗鬆症骨においても同様の傾向を示す．

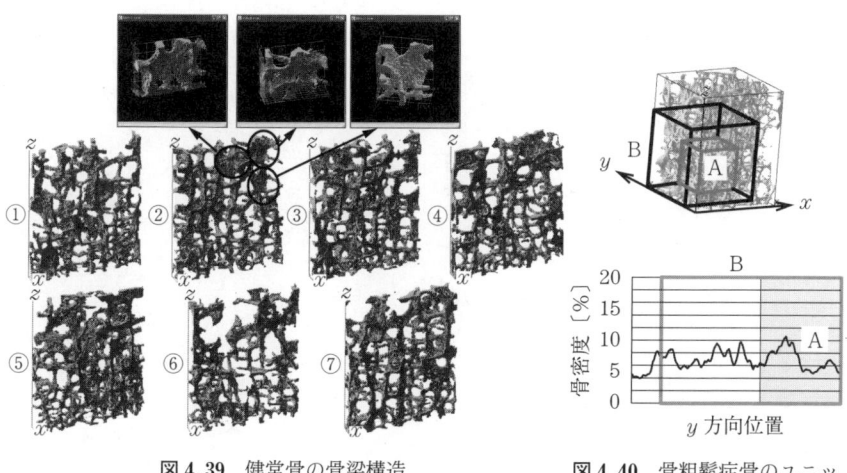

図 4.39 健常骨の骨梁構造

図 4.40 骨粗鬆症骨のユニットセルモデリング

骨粗鬆骨に対する均質化の事例を示す．**図 4.40** のように一つの撮像領域から寸法の異なる二つのユニットセル A, B を抽出した．抽出位置は，直交モルフォロジー分析から確認すればよい．このとき，**図 4.41** のように，骨密度が分布（オシレーション）していても，一定の平均値が定義できる場合は均質化がうまくいく．一方，**図 4.42** のような分布では，平均値を定義することに意味がない．**図 4.43** の場合には，激しいオシレーションが見られるものの平均値は図のように定義できよう．しかし平均値は一定とみなすのではなく，勾配

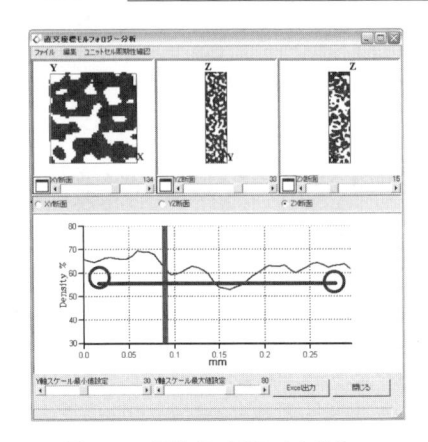

図 4.41 骨密度の平均が合理的に定義できる場合の分布の典型例

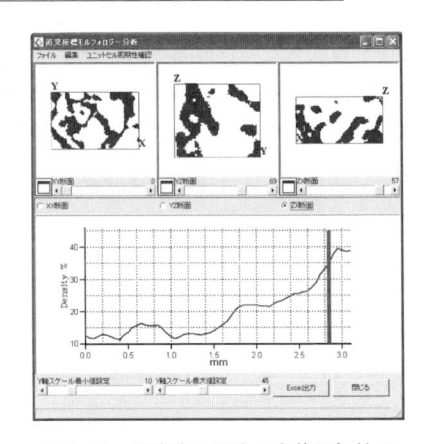

図 4.42 骨密度の平均の定義が無効である場合の一例

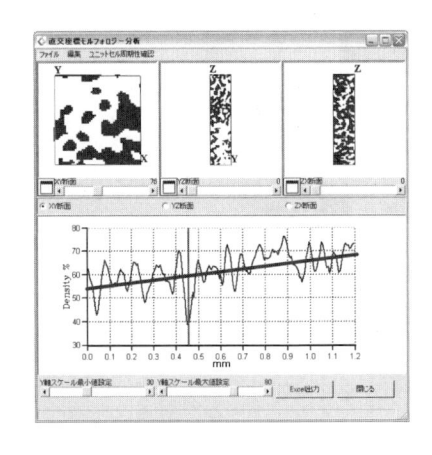

図 4.43 骨密度の平均が一定でない場合の典型例

をもっていると考えるのが合理的である。このような場合には，5 章で述べるが，局所化によるミクロ応力解析には注意が必要で，均質化法ではなく重合メッシュ法を用いるべきである。重合メッシュ法の人工材料への適用例も 5 章で述べるが，骨の問題への適用事例は文献 13) を参照いただくことにし，本節では均質化法に焦点を当てる。

上記のように抽出したユニットセルモデルを図 4.44 に示す。ともに骨密度はほぼ一致している。この両者の均質化の結果が一致することを示そう。

まず，等方性材料を仮定した解析結果，すなわち生体アパタイト結晶配向を

4.2 生体硬組織への適用とポストプロセシング

骨密度 7.24 %

2.8 mm
2.8 mm 2.8 mm

（a）ユニットセルモデル A

骨密度 7.47 %

6.0 mm
6.0 mm 6.0 mm

（b）ユニットセルモデル B

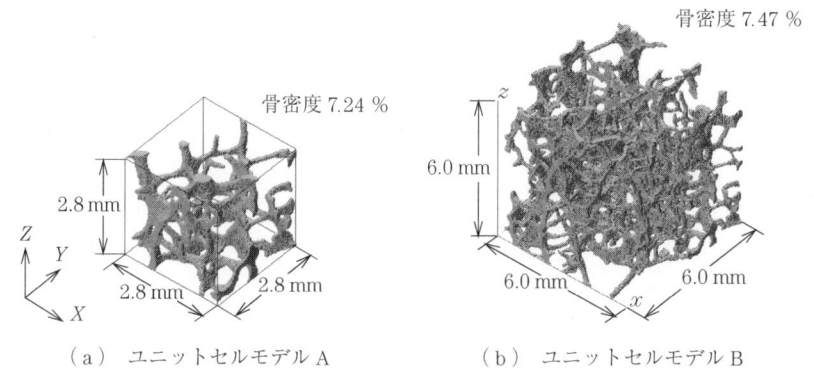

図 4.44　骨粗鬆症骨のユニットセルモデル

考慮しない場合は，以下の式 (4.7)～(4.10) となる。なお，マトリックス中の成分の見方，すなわち材料モデルに関する基礎知識は，付録 A.3 および前書[12] を参照されたい。

$$\boldsymbol{D}_{A\text{-iso}}^{H} = \begin{bmatrix} 0.751 & 0.408 & 0.309 & -0.076 & -0.021 & -0.025 \\ & 1.23 & 0.334 & 0.017 & 0.051 & 0.093 \\ & & 6.37 & -0.016 & -0.019 & 0.187 \\ & & & 0.312 & 0.074 & 0.027 \\ & \text{sym.} & & & 0.281 & 0.035 \\ & & & & & 0.462 \end{bmatrix} \quad (4.7)$$

$$(\boldsymbol{D}_{A\text{-iso}}^{H})^{-1} = \begin{bmatrix} 1.71 & -0.568 & -0.053 & 0.423 & 0.106 & 0.058 \\ & 1.03 & -0.023 & -0.170 & -0.166 & -0.164 \\ & & 0.163 & -0.014 & 0.022 & -0.061 \\ & & & 3.55 & -0.909 & 0.292 \\ & \text{sym.} & & & 3.87 & -0.328 \\ & & & & & 2.26 \end{bmatrix}$$

$$(4.8)$$

$$\boldsymbol{D}_{B\_\mathrm{Iso}}^{H}=\begin{bmatrix} 0.775 & 0.267 & 0.320 & -0.053 & -0.036 & -0.022 \\ & 1.27 & 0.355 & 0.004 & 0.003 & 0.014 \\ & & 6.06 & 0.034 & -0.011 & -0.024 \\ & & & 0.282 & 0.013 & 0.055 \\ & \text{sym.} & & & 0.763 & 0.065 \\ & & & & & 0.507 \end{bmatrix} \quad (4.9)$$

$$(\boldsymbol{D}_{B\_\mathrm{Iso}}^{H})^{-1}=\begin{bmatrix} 1.44 & -0.287 & -0.062 & 0.277 & -0.087 & 0.049 \\ & 0.857 & -0.035 & -0.057 & 0.016 & -0.034 \\ & & 0.171 & -0.034 & 0.027 & 0.007 \\ & & & 3.68 & -0.049 & -0.038 \\ & \text{sym.} & & & 1.33 & -0.167 \\ & & & & & 2.04 \end{bmatrix}$$
$$(4.10)$$

この解析は，いわば骨梁のネットワーク構造を反映した値であるが，すでに異方性が確認できる．ユニットセルモデル A, B の結果は良好に一致している．すなわち，一辺 2.8 mm の小さなユニットセルモデル A で十分であるといえる．

そこで，ユニットセルモデル A に対し，生体アパタイト結晶配向を図 4.45 のように設定し，材質的異方性を考慮した均質化計算を行った．結果を以下に示す．

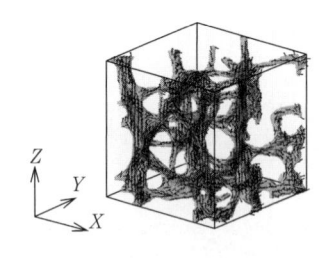

図 4.45 ユニットセルモデル A に対する生体アパタイト結晶配向の自動設定

$$\boldsymbol{D}_{A\text{-ortho}}^{H} = \begin{bmatrix} 1.08 & 0.583 & 0.456 & -0.106 & -0.031 & -0.034 \\ & 1.74 & 0.500 & 0.023 & 0.059 & 0.148 \\ & & 12.0 & -0.023 & -0.024 & 0.279 \\ & & & 0.444 & 0.101 & -0.036 \\ & \text{sym.} & & & 0.416 & 0.058 \\ & & & & & 0.658 \end{bmatrix} \quad (4.11)$$

$$(\boldsymbol{D}_{A\text{-ortho}}^{H})^{-1} = \begin{bmatrix} 1.18 & -0.395 & -0.029 & 0.289 & 0.063 & 0.050 \\ & 0.725 & -0.012 & -0.125 & -0.083 & -0.137 \\ & & 0.086 & -0.007 & 0.011 & -0.033 \\ & & & 2.48 & -0.591 & 0.204 \\ & \text{sym.} & & & 2.6 & -0.251 \\ & & & & & 1.6 \end{bmatrix}$$

$$(4.12)$$

このような高精度な予測により，骨粗鬆症骨では，健常骨に比して体軸方向以外の方向の剛性が極端に低下し，異方性の度合いが激しくなっていることなどの知見が得られている．なお，非対角項の非ゼロ成分の影響についても検討したが，ほぼ直交異方性とみなしても考察には影響ない程度であった．また，逆マトリックスのコンプライアンスマトリックスを用いれば，一様応力負荷時の変形モードがわかる．式 (4.12) に対応する z 方向圧縮時の変形モードを**図 4.46** に示す．この図からも非対角項の影響がわずかにあることがわかる．

さて，上記の例では骨密度がわずかに 7 ％程度しかない．つまり 4.1 節の多孔質セラミックスの気孔率でいえば 93 ％の気孔率である．このような場合，

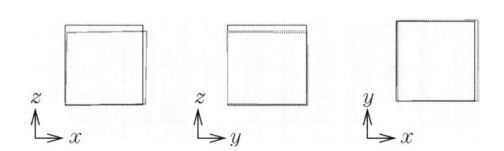

図 4.46 異方性を考慮したユニットセルモデル A に対する z 方向圧縮時の変形モード

もしも図 **4.47** のようにごく微小領域のユニットセルモデルを例にとると，**図 4.48** に概念的に示すように，ユニットセルの周期性を仮定して平均として計算される剛性は零となる．つまり，計算上は，周期性が見出せずに，拘束なしで剛性方程式を解くことになり，数学的に特異な方程式となってしまう．特に，大規模解析を行うために，孔の部分はボクセル要素を配置しないのが通常であるから，特異な状況が生じてしまう．数学的な保証がない問題を解析するのは無意味である．

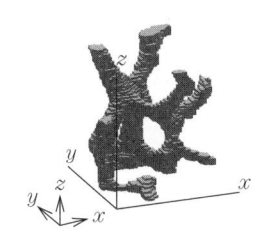

（a）実データ　　　　（b）被覆要素付き解析モデル

図 4.47　ごく微小領域のユニットセルモデルの例

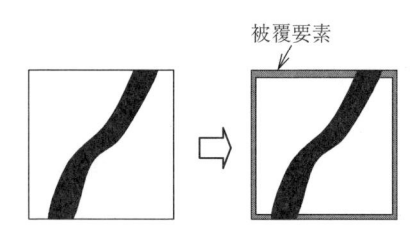

図 4.48　周期性を満足しないユニットセルモデルに対する被覆要素の設定

そこで，図 4.47（b）や図 4.48 のように，低い物性値をもつ被覆要素でユニットセルを包んで周期性の設定をして，少なくとも数学的には特異でない剛性マトリックスを生成することが必要である．実際に，図 4.47 のユニットセルのモルフォロジーを調べると，論理的に剛性はゼロとなる．これをモデル A とする．比較のため，周期繰返し時にわずかに連結性を有し，なんとか剛性が確保できそうなユニットセルモデル B（**図 4.49**）と，仮想的に剛性がゼロとなるユニットセルモデル C（**図 4.50**）を考える．

まず，剛性がゼロとなるはずのモデル A について，被覆要素の有無の比較

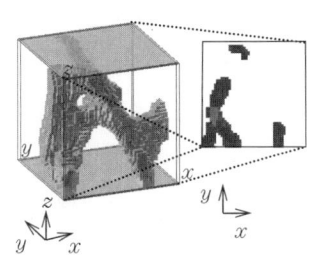

4.2 生体硬組織への適用とポストプロセシング

図 4.49 周期繰返し時にわずかに連結性を有するユニットセルモデル B

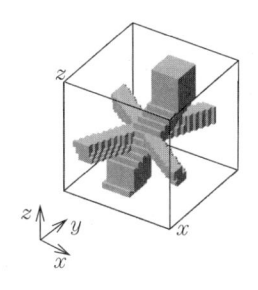

図 4.50 仮想的に剛性がゼロとなるユニットセルモデル C

を行う。

$$\boldsymbol{D}^H_{A\_\text{nowrap}} = \begin{bmatrix} 0.252 & 0.043 & 0.021 & 0.116 & 0.029 & 0.067 \\ & 0.060 & 0.021 & 0.141 & 0.036 & 0.061 \\ & & 0.028 & 0.104 & 0.032 & 0.075 \\ & & & 0.026 & 0.008 & 0.003 \\ & \text{sym.} & & & 0.009 & 0.026 \\ & & & & & 0.027 \end{bmatrix} \quad (4.13)$$

$$\boldsymbol{D}^H_{A\_\text{wrap}} = \begin{bmatrix} 1.3\times 10^{-4} & 9.6\times 10^{-5} & 1.8\times 10^{-4} & -3.7\times 10^{-5} & 6.4\times 10^{-6} & 2.2\times 10^{-5} \\ & 2.9\times 10^{-4} & -5.7\times 10^{-5} & -1.7\times 10^{-5} & -1.0\times 10^{-5} & -8.5\times 10^{-6} \\ & & 1.9\times 10^{-4} & 4.8\times 10^{-5} & -1.3\times 10^{-5} & 2.0\times 10^{-6} \\ & & & 1.0\times 10^{-4} & -7.4\times 10^{-7} & 7.5\times 10^{-6} \\ & \text{sym.} & & & 1.3\times 10^{-4} & 2.3\times 10^{-6} \\ & & & & & 9.0\times 10^{-5} \end{bmatrix} \quad (4.14)$$

被覆要素を付けると確かに剛性はゼロとみなせる値が出力される。大事なことはこのような解析をしてもソフトウェアがエラーストップをしないことである。計算力学の知識をもたないはずの医師らが使用しても，間違いないシミュレーションが行えるという高品質性が要求されるからである。一方，被覆なしの結果からは，低いながらもなんらかの剛性があるように誤解を受ける恐れがある。

モデル B に対しては

$$\boldsymbol{D}_{B\_\mathrm{nowrap}}^{H} = \begin{bmatrix} 4.55 & 0.101 & 0.267 & 0.255 & -0.047 & -0.231 \\ & 2.232 & 0.382 & 0.091 & 0.268 & -0.104 \\ & & 1.947 & -0.039 & 0.330 & 0.110 \\ & & & 0.172 & -0.040 & -0.007 \\ & \mathrm{sym.} & & & 0.254 & -0.067 \\ & & & & & 0.702 \end{bmatrix}$$

(4.15)

$$\boldsymbol{D}_{B\_\mathrm{wrap}}^{H} = \begin{bmatrix} 4.55 & 0.101 & 0.267 & 0.255 & -0.047 & -0.230 \\ & 2.233 & 0.382 & 0.091 & 0.268 & -0.104 \\ & & 1.947 & -0.039 & 0.330 & 0.110 \\ & & & 0.172 & -0.040 & -0.007 \\ & \mathrm{sym.} & & & 0.254 & -0.067 \\ & & & & & 0.702 \end{bmatrix}$$

(4.16)

となり，両者は一致した。被覆要素の物性値を変化させてみたが結果に影響はなかった。モデル C の場合には

4.2　生体硬組織への適用とポストプロセシング

$$\boldsymbol{D}^H_{C\text{-nowrap}} = \begin{bmatrix} 0.537 & -0.178 & -0.044 & 0.056 & -0.125 & 0.109 \\ & -0.263 & -0.044 & 0.188 & -0.143 & 0.126 \\ & & -0.051 & 0.101 & -0.132 & 0.141 \\ & & & 0.023 & 0.018 & -0.004 \\ & \text{sym.} & & & -0.031 & 0.054 \\ & & & & & 0.051 \end{bmatrix}$$

(4.17)

$$\boldsymbol{D}^H_{C\text{-wrap}} = \begin{bmatrix} 2.0\times 10^{-4} & -1.7\times 10^{-4} & -1.3\times 10^{-4} \\ & 2.0\times 10^{-4} & 1.0\times 10^{-4} \\ & & 1.7\times 10^{-4} \\ \\ & \text{sym.} \\ \\ \end{bmatrix}$$

$$\begin{bmatrix} 4.0\times 10^{-5} & -9.3\times 10^{-6} & -4.0\times 10^{-5} \\ -3.7\times 10^{-5} & 3.5\times 10^{-5} & 1.5\times 10^{-5} \\ 1.2\times 10^{-5} & -1.3\times 10^{-5} & 6.4\times 10^{-5} \\ 8.3\times 10^{-5} & -5.6\times 10^{-6} & 2.4\times 10^{-6} \\ & 7.9\times 10^{-5} & 4.9\times 10^{-5} \\ & & 7.9\times 10^{-5} \end{bmatrix}$$

(4.18)

のように，被覆要素を付けると正しく剛性ゼロなる解が得られた．一方，被覆要素がない場合には，対角成分に負の値が出ており，明らかに数学的にも数値的にも正しいとはいえない．このような被覆要素の処理は，ソフトウェアでデフォルトで設定するようにしてユーザによらず高精度の解を保証することが望ましい．

　以上のように，高分解能モルフォロジー分析，被覆要素といったノウハウ的な技術を加味して，健常骨についてもユニットセルをとり，一様圧縮負荷を遠方で与えた解析を行った．図 **4.51** にユニットセルモデルを，図 **4.52** に主応力

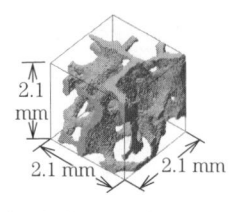

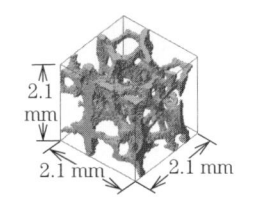

(a) 板状骨梁を有するモデル　　(b) 棒状骨梁のみからなる
　　（椎体中央部）　　　　　　　　　　モデル

図 4.51　健常骨のユニットセルモデル

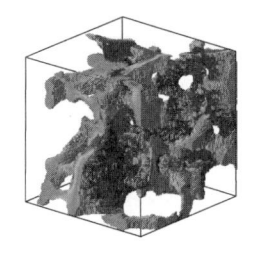

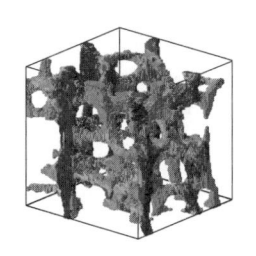

(a) 板状骨梁　　　　(b) 棒状骨梁

図 4.52　健常骨の主応力コンタ図

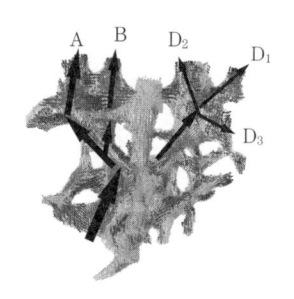

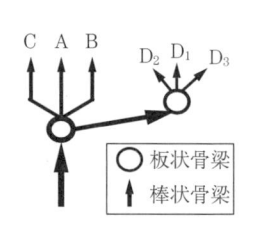

(a) 主応力ベクトル　　(b) 荷重伝達経路の模式図

図 4.53　主応力ベクトル表示による骨梁内の荷重伝達経路の把握

コンタ図を示す．応力評価を行うには，座標軸の設定によらない主応力による評価は便利である．また，**図 4.53** のように主応力ベクトルを表示することにより，骨梁内の荷重伝達経路の把握ができる．

従来，構造解析における主応力ベクトル表示は，構造体の表面にのみ描かれ，構造強度評価にはそれで十分であった．しかし，マルチスケールシミュレ

ーションにおいては，ユニットセル内部の応力状態を理解しなければならない。そこで，前述のソフトウェア DoctorBQ では，骨梁内部の主応力ベクトルを表示するさまざまな工夫がなされている。図 4.53 がその一例である。前述したとおり，骨梁には板状，棒状の形態がある。主応力ベクトルを分析することにより，板状骨梁に接続する多数の棒状骨梁のネットワーク構造において，板状骨梁がハブの役目をして荷重を分散している様子が理解できる。そのほか，図 4.54 には主応力ベクトルの表示例の一部を紹介する。

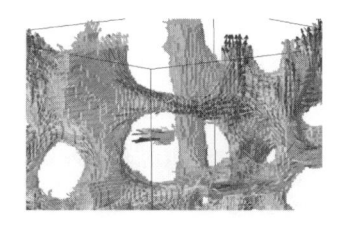

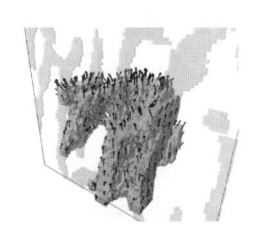

図 4.54 DoctorBQ における主応力ベクトルの表示例

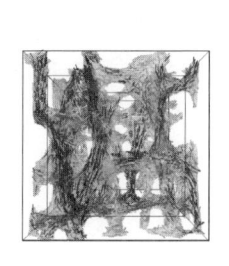

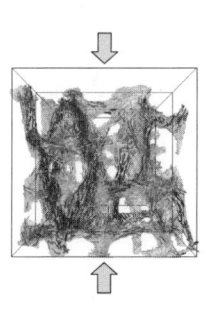

図 4.55 DoctorBQ における主応力ベクトル表示による変形アニメーション

さらに，主応力ベクトルと変形アニメーションを組み合わせれば，さらに理解度が増す。図 4.55 はその一例である。マルチスケールシミュレーションを行うには，高精度を確保するためのモデリングのノウハウと，ポストプロセシングの新機能が重要であり，DoctorBQ のようなマルチスケール専用ソフトウェアが必須といえる。本書では大腿骨と腰椎骨の事例のみ示したが，歯科分野の顎骨内海綿骨の解析や歯科インプラント周辺骨梁の解析[14]も行っているし，多孔質のインプラント材料にも有効である。

5 き裂を有する不均質部材の マルチスケールシミュレーション

3章，4章において，均質化法によるマルチスケールシミュレーションの有用性をさまざまな適用例から述べた．しかしながら，均質化法にも限界がある．本章では，その限界を重合メッシュ法と併用することにより克服する手段について，多くの実例を示しながら述べる．特に，重合メッシュ法の威力が発揮される問題として，不均質材料よりなる部材にマクロな，あるいはミクロなき裂が局所的にある場合[1]~[5]を考える．

まず，重合メッシュ法の基本的な性質を実例で習得するため，均質材よりなる平板に中央き裂がある2次元問題から始めよう．**図5.1**にその問題設定を示す．

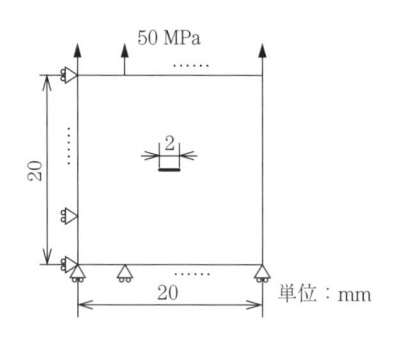

図5.1　中央き裂を有する平板

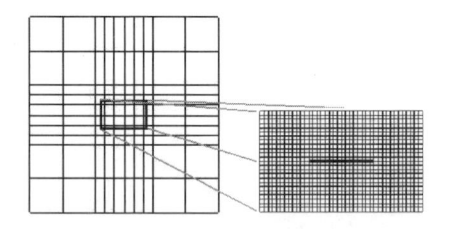

図5.2　中央き裂を有する平板の重合メッシュ法によるモデリング

これは破壊力学におけるモードⅠ型の基本問題である．重合メッシュ法は，グローバルメッシュ，ローカルメッシュという二つの独立したメッシュを用い，ローカルメッシュをグローバルメッシュの任意の位置に重ね合わせること

ができる．このとき，図5.1のようなき裂を有する問題では，き裂のない平板のグローバルメッシュと，き裂を含む周辺のみをモデル化したローカルメッシュを重ね合わせるだけでよい．メッシュ分割の例を図5.2に示す．

ローカルメッシュは，き裂先端近傍の応力特異場をとらえるために細メッシュを用いる．本例では4節点四辺形要素を用いているため，き裂問題を解くには図5.2ではまだ粗すぎるが，導入問題としてとらえてほしい．グローバルメッシュだけだと，き裂のない平板の一様引張問題だから，応力・ひずみの分布がなく，本来は1要素でもよいのだが，それではき裂によりもたらされる分布を表現することはできず，それなりの分割が必要である．この問題の結果として，き裂先端での応力拡大係数 K_1〔MPa・$\sqrt{m}$〕を応力法により求めると，理論値2.802に対して，2.890という値が得られる．要素分割が粗いこと，仮想き裂進展法などのエネルギー法により算出していないことから，やや誤差があるが，本格的に解析すれば良好な解を得ることができる．本例を実用問題に拡張すれば，製品を使用中に，検査でき裂が発見され，余寿命評価を行う場合に，当初設計時のメッシュをグローバルメッシュとし，発見されたき裂周辺のローカルメッシュを重合して解析すれば，簡単に破壊力学解析が実施できると予想される．

しかしながら，重合メッシュ法にも欠点がある．後に詳述するが，ローカルメッシュの境界，すなわちグローバルメッシュとローカルメッシュの境界では誤差が生じることである．上記の例は2次元問題であり，中央き裂の問題であったが，もしもローカルメッシュの境界が部材表面に出ていたなら，すなわち表面き裂の問題であったなら，やや問題がある．構造解析では，大概部材表面からの破壊が問題になることから，単なる3次元破壊力学解析に重合メッシュ法を適用するのはお薦めではない．

そうではなく，重合メッシュ法は，不均質部材用のマルチスケール法としてとらえるべきである．したがって，重合メッシュ法を単独で用いるのではなく，均質化法と併用するのである．重合メッシュ法が上例のようなき裂問題に有効であることは間違いない．ただし，3次元部材内部に存在する局所的問題

に適用するのである．不均質部材の内部に存在する破壊源となりうるき裂やボイドといった局所的不均質因子のモデル化に適している．こうした局所的不均質因子は周期的に存在するものでもなく，またその寸法がさまざまである．損傷力学が想定する限定されたケースを除き，一般の局所的不均質因子は均質化材料モデルでとらえられるものでもない．そこで，図 5.3 に示すように，均質化法がつなぐミクロ構造と部材の中間の種々のスケールで存在する局所的不均質因子を重合メッシュ法でモデルに追加するのである．以下には，図 5.3 の事例を示しながら，重合メッシュ法と均質化法を併用したマルチスケールシミュレーションについて述べる．

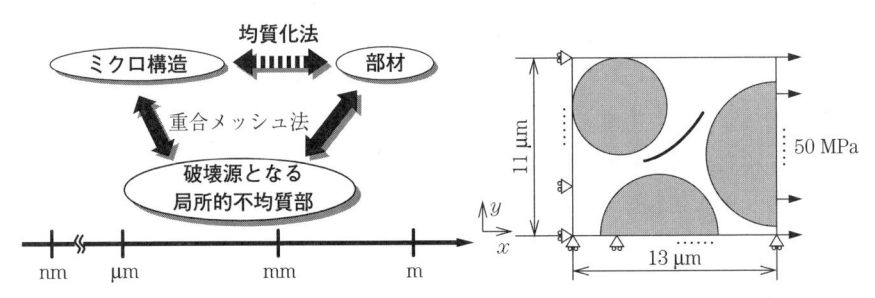

図 5.3 局所的不均質性を有するマルチスケール問題

図 5.4 複合材料中のミクロき裂の問題

まず，複合材料中に存在するごくミクロなき裂の問題を示す．図 5.4 の 2 次元問題は，一方向繊維強化複合材料の断面とでも思っていただければ，母材中にミクロき裂が存在する場合である．母材のヤング率，ポアソン比を 3.3 GPa，0.33（エポキシ樹脂相当）とし，黒色の第二相のそれらを 71.43 GPa，0.22（ガラス繊維相当）とする．5 章で示したように，複合材料のモデル化になんらかのイメージベース手法によりボクセルメッシュを用いると，このようなき裂の表現が不可能となる．そこで，図 5.5 に示すように，き裂を表現するローカルメッシュは通常のスムーズなメッシュを用い，重ね合わせることにする．得られた引張応力，せん断応力分布を図 5.6 に示す．この重合メッシュ法と相当の従来型のメッシュによる解析結果と精度比較を行う．図 5.7 に参照用の従来型メッシュを示す．不均質材そのものはイメージベースモデリングを行

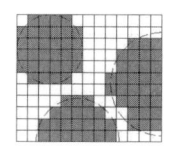

5. き裂を有する不均質部材のマルチスケールシミュレーション

(a) グローバルメッシュ 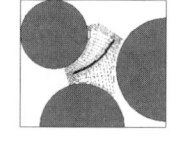 (b) ローカルメッシュ

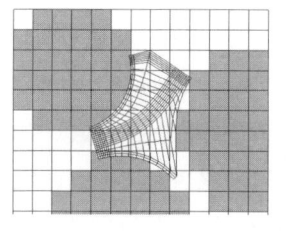

(a) 引張応力

(c) グローバル・ローカルメッシュの重合

(b) せん断応力

図5.5 複合材料中のミクロき裂の重合メッシュ法によるモデリング

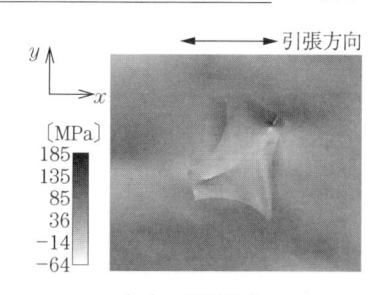

図5.6 応 力 分 布

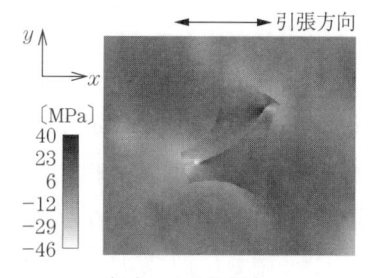

う前提の参照用メッシュである。図中の節点Aにおける変位と応力の比較結果を**表5.1**に示す。誤差1％以内であるから，実用上まったく問題ない精度である。

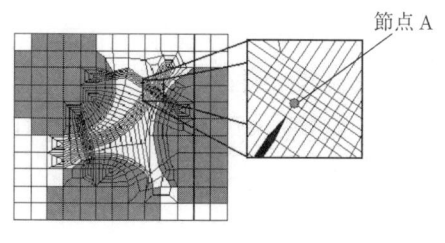

表5.1 精 度 比 較

	重合メッシュ法	参照解	誤 差
変位 u_x 〔μm〕	4.942×10^{-2}	4.949×10^{-2}	0.14 %
応力 σ_x 〔MPa〕	121.64	122.08	0.36 %

図5.7 参照メッシュ（従来型の有限要素法）

つぎに，マクロにもとらえられるような，もう少し長いき裂を考え，ミクロ構造との相互作用を考えてみる。**図5.8**に問題設定を示す。これは多孔質材料の接合部材の界面き裂の問題であり，燃料電池用材料開発を想定している。孔

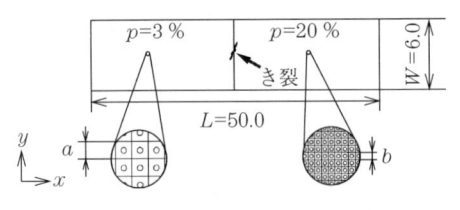

図5.8 マクロな界面き裂を有する多孔質接合部材

表5.2 気孔径の組合せ

	a	b	a/b
I	1.0	0.5	2
II	0.45	0.225	2
III	0.45	0.45	1
IV	0.225	0.45	1/2

は仮想的に円孔が規則的に配置しているとする。気孔率 p は，3％と20％に固定すれば，マクロな均質化弾性定数は気孔径によらずそれぞれ決定されるが，孔の寸法とユニットセルの寸法を**表5.2**のようにケースI〜IVまで変化させてみる。ただし寸法は正規化した比で表している。重要なことは，いずれの寸法でも気孔率が固定されており，マクロな均質化弾性定数は同じである。均質化は，この程度の問題なら実験式で予測することも可能であろうが，ヤング率だけ正確でもよい解は得られない。そこで，本書では均質化法を用いることにする。素材のヤング率，ポアソン比は 404 GPa，0.239（アルミナ相当）とする。得られたマクロなヤング率とポアソン比は，$p=3$％の場合 388 GPa，0.239 であり，$p=20$％の場合 330 GPa，0.225 である。

そこで，グローバルメッシュでは孔は均質化し，き裂は無視し，ローカルメッシュでは孔もき裂も直接的にモデル化し，**図5.9**のように重合する。表5.2のミクロ寸法は均質化法ではとらえられないが，重合メッシュ法では**図5.10**のように区別される。また，周期性が失われる界面においても，直接的にモデル化している重合メッシュ法であれば，現実に即して自由自在にモデル化できる。

境界条件を図5.10に併せて示す。右端に一様引張応力を負荷する。**図5.11**には，ケースIIIにおいてき裂がない場合の界面近傍の非周期的な応力分布を示

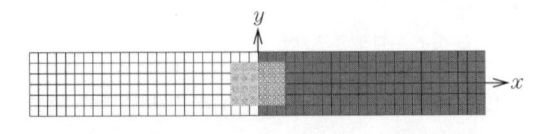

図5.9 重合メッシュ法によるマルチスケールモデリング

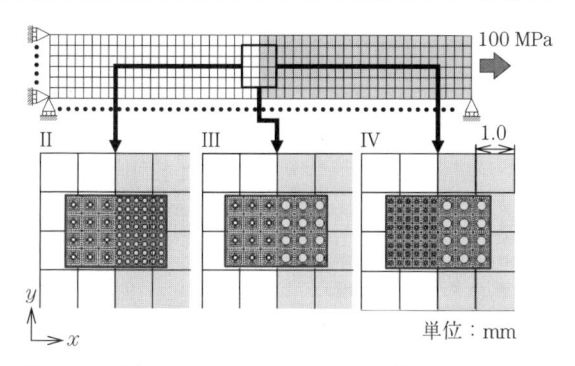

5. き裂を有する不均質部材のマルチスケールシミュレーション

図 5.10 重合メッシュ法におけるミクロ構造モデルの表現

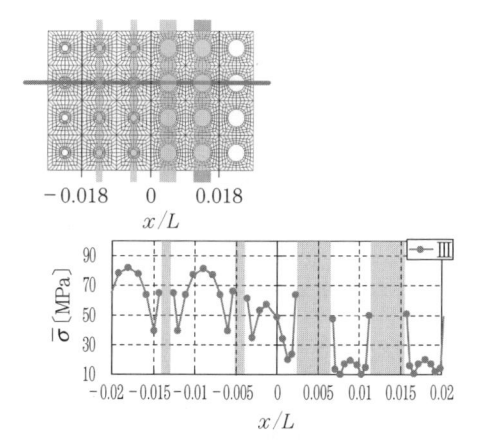

図 5.11 界面近傍の非周期的な応力分布（ケースIII，き裂なしの場合）

す。界面き裂を考えるには，界面近傍を現実的にモデル化したうえでき裂を導入することができる。界面近傍の解析精度をより定量的に示す。**図 5.12** に示す節点 A～D の界面近傍の 4 点について，**図 5.13** の参照用メッシュと精度比較する。結果は，**表 5.3** に示すように，重合メッシュ法理論の基本となる変位

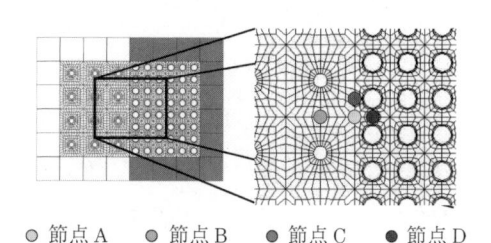

図 5.12 解析精度検証のための評価点

● 節点 A ● 節点 B ● 節点 C ● 節点 D

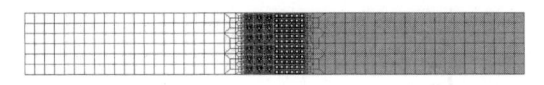

図5.13 参照のための従来型の有限要素モデル

表5.3 重合メッシュ法の解析精度の検証

(a) x 方向変位〔単位：μm〕

	重合メッシュ法	参照解	誤差〔%〕
節点 A	6.459	6.473	0.22
節点 B	6.319	6.333	0.22
節点 C	6.443	6.459	0.25
節点 D	6.644	6.664	0.30

(b) y 方向変位〔単位：μm〕

	重合メッシュ法	参照解	誤差〔%〕
節点 A	-0.225	-0.217	3.7
節点 B	-0.221	-0.214	3.3
節点 C	-0.246	-0.236	4.2
節点 D	-0.229	-0.223	2.7

について主成分の x 方向変位では誤差0.3％以内である．ここに後述するようにき裂を導入しても，よい解が得られるであろうことは十分期待できる．

一方，ローカルメッシュ境界では誤差が無視できない．ここでは，以下の式で定義される相対誤差指標を用いて，誤差分布を描く．この指標は，ローカルメッシュ内の支配的な成分の最大変位，最大応力を基準としたものである．

$$\mathrm{err}_i^{\mathrm{dis}} = \left| \frac{u_i^{(\mathrm{Reference})} - u_i^{(\mathrm{Superimposed})}}{\max_{\mathrm{node}}(|u_x^{(\mathrm{Reference})}|, |u_y^{(\mathrm{Reference})}|)} \times 100 \right| \tag{5.1}$$

$$\mathrm{err}_{ij}^{\mathrm{stress}} = \left| \frac{\sigma_{ij}^{(\mathrm{Reference})} - \sigma_{ij}^{(\mathrm{Superimposed})}}{\max_{\mathrm{ele.}}(|\sigma_{xx}^{(\mathrm{Reference})}|, |\sigma_{yy}^{(\mathrm{Reference})}|, |\sigma_{xy}^{(\mathrm{Reference})}|)} \times 100 \right| \tag{5.2}$$

変位の解析結果の誤差分布を図5.14に，応力の解析結果の誤差分布を図5.15に示す．x 方向変位についてはローカルメッシュの右端境界近傍，y 方向変位については界面の上下端近傍での誤差が大きいが，値は1％程度である．応力の誤差についても同様に，概してローカルメッシュの境界近傍に発生していて，応力誤差は最大10％程度と無視できない大きさである．一方，ローカル

5. き裂を有する不均質部材のマルチスケールシミュレーション

(a) x 方向変位

(b) y 方向変位

図 5.14 変位の解析結果の誤差分布

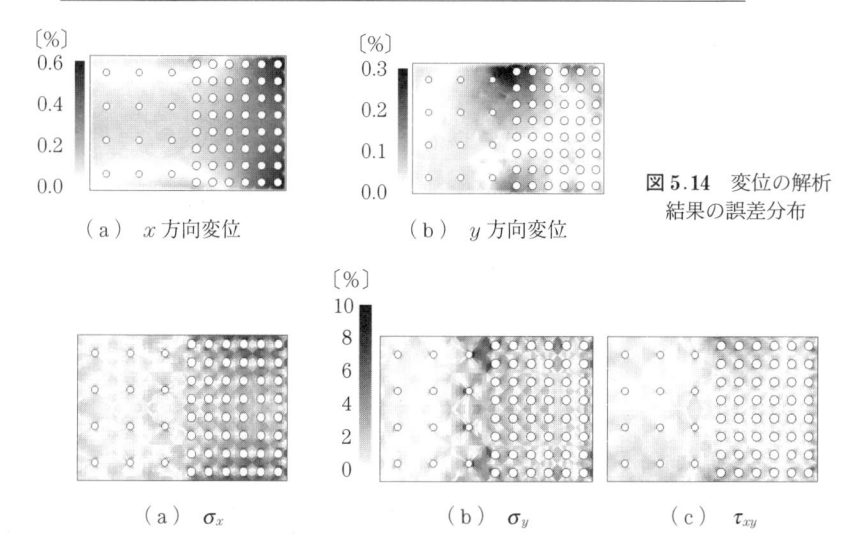

(a) σ_x

(b) σ_y

(c) τ_{xy}

図 5.15 応力の解析結果の誤差分布

メッシュの中央部では工学の実用上，許容範囲内である。均質化法のミクロ応力評価の場合と同様に，重合メッシュ法でもミクロモデル境界周辺の精度は要注意である。

つぎに，界面き裂を導入する。ここでは，図 5.16 に示すように，グローバルメッシュでとらえるには要素分割がたいへんになるジグザグき裂を考え，き

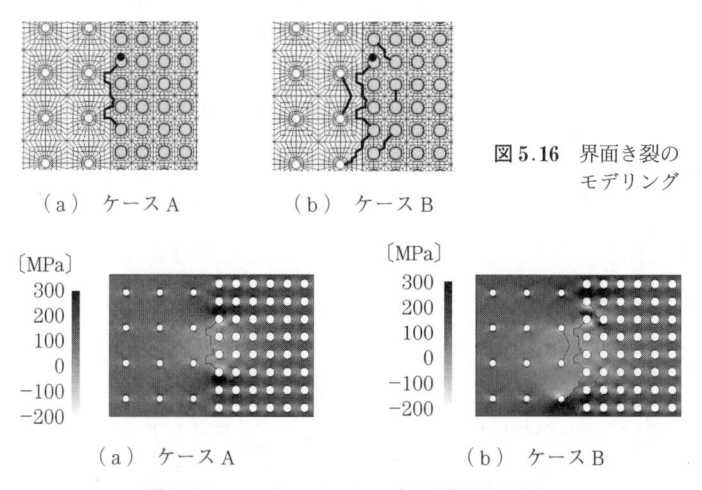

(a) ケース A

(b) ケース B

図 5.16 界面き裂のモデリング

(a) ケース A

(b) ケース B

図 5.17 ローカルメッシュ内の引張応力分布

裂と孔との相互作用を考える。なお，き裂として，二つのケース A,B を考える。境界条件は同様に一様引張応力 100 MPa を付与した。

得られたローカルメッシュ内の引張応力分布を**図5.17**に示す。き裂先端では最大 800 MPa を超える応力が発生していた。

き裂がある場合，その影響はマクロ挙動である荷重点変位にも現れる。すなわち，式 (2.82) を変形すれば

$$\boldsymbol{u}^G = \{\boldsymbol{K}^G - \boldsymbol{K}^{GL}(\boldsymbol{K}^L)^{-1}(\boldsymbol{K}^{GL})^T\}^{-1}\boldsymbol{F}_p \tag{5.3}$$

となり，グローバル変位にローカルメッシュの影響が反映される。そこで，図5.13 の参照用メッシュにもき裂を導入し，荷重点変位の精度比較を行う。結果を**表5.4**に示す。いずれも誤差は 1％以内である。ケース B では，き裂がローカルメッシュ境界近傍にまで及んでいたために，やや誤差が大きくなったと推察される。このように，グローバルとローカルとの相互作用がある点で，従来のズーミング法とは決定的に異なる。

表5.4 荷重点変位〔単位：mm〕の精度検証

	き裂なし	ケース A	ケース B
重合メッシュ法	1.424	1.450	1.497
参照解	1.432	1.460	1.509
誤　差	0.56 %	0.68 %	0.80 %

以上のように，均質化法ではとらえられないミクロ構造の寸法依存性，界面，局所に偏在するき裂は，重合メッシュ法と併用すれば容易にモデル化が可能であることがわかった。

均質化法のもう一つの限界は，ミクロ構造モデル内でのマクロひずみ場の一様性が失われる場合である。すなわち，均質化法におけるミクロとマクロの橋渡しとして，特性変位を用いて

$$u_i^1(\boldsymbol{x},\boldsymbol{y}) = -\chi_i^{kl}(\boldsymbol{y})\frac{\partial u_k^0(\boldsymbol{x})}{\partial x_l} \tag{5.4}$$

とするときのマクロひずみ $\partial u_k^0(\boldsymbol{x})/\partial x_l$ は，マクロスケール $\boldsymbol{x}$ だけの関数であり，ミクロ構造モデル（ユニットセル）内では一定である。ミクロ応力を算

出する式

$$\sigma_{ij} = \left(E_{ijkl} - E_{ijpq} \frac{\partial \chi_p^{kl}}{\partial y_q} \right) \frac{\partial u_k^0}{\partial x_l} \tag{5.5}$$

においても同様である。しかし，本章の上記例の引張問題とは異なり，曲げ問題だったらどうか。さらに，ミクロ構造モデル（ユニットセルあるいはローカルメッシュ）の領域の寸法は有限であり，均質化法が考えるような点とはみなせないという現実を加味すれば，曲げ問題におけるミクロ応力分布は周期的とはいい切れない。

実例として，ミクロ構造の不均質性と，曲げ問題におけるマクロひずみ場の分布が影響する2次元損傷進展解析事例を示す。図5.18のように織物複合材料平板の3点曲げ問題を考える。素材をガラス繊維とビニルエステルとする。また平面応力を仮定する。

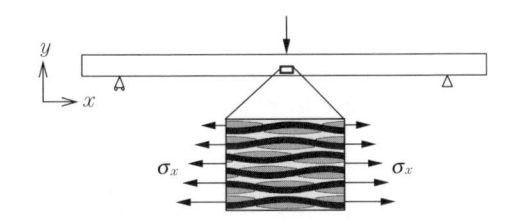

図5.18 織物複合材料平板の3点曲げの問題

まず，図5.19のユニットセルモデルの周期性を仮定した均質化を行う。得られた均質化された応力-ひずみマトリックスは

$$\boldsymbol{D}^H = \begin{bmatrix} 27.08 & 3.10 & 0 \\ 3.10 & 9.63 & 0 \\ 0 & 0 & 4.51 \end{bmatrix} \text{[GPa]} \tag{5.6}$$

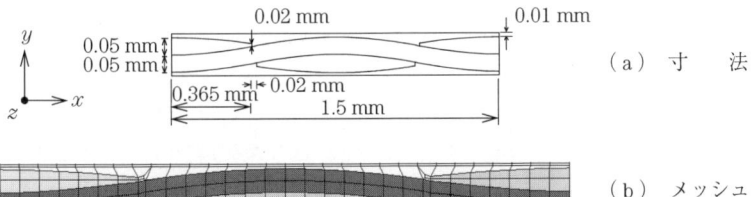

(a) 寸法

(b) メッシュ

図5.19 ユニットセルモデル

である。損傷則は最大応力説に従うものとし，損傷モードに応じて損傷後の剛性低下を扱うこととする。詳細は文献 2) を参照されたい。

重合メッシュ法によるモデリングを図 5.20 に示す。積層織物材におけるネスティングの状況を想定しており，微妙な繊維束間隔の影響が出るはずである。図 5.21 に荷重点たわみ δ が 3.5 mm，4.0 mm のときの応力分布を示す。下表面のマクロひずみが大きい側の x 方向繊維に高い応力が発生している。損傷は，やはり下表面近傍の T 方向繊維束（紙面垂直方向）に多く，かつ不規則に発生した。すなわち，不均質性・不規則性とマクロ場との相互作用が現れた結果である。

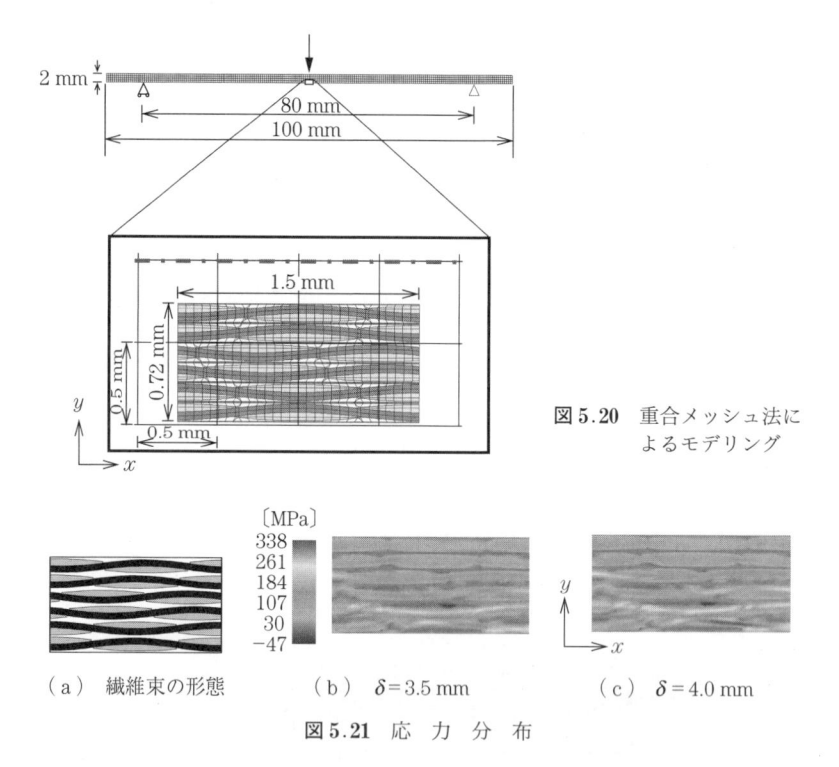

図 5.20　重合メッシュ法によるモデリング

(a) 繊維束の形態　　(b) $\delta = 3.5$ mm　　(c) $\delta = 4.0$ mm

図 5.21　応　力　分　布

つぎに，よりマクロなき裂を想定し，マクロき裂先端近傍のミクロ応力を材料の不均質性を考慮して解析した 3 次元問題の事例を 2 例示す。

まず，図 5.22 のように，基盤上に形成された多孔質薄膜においてマクロな

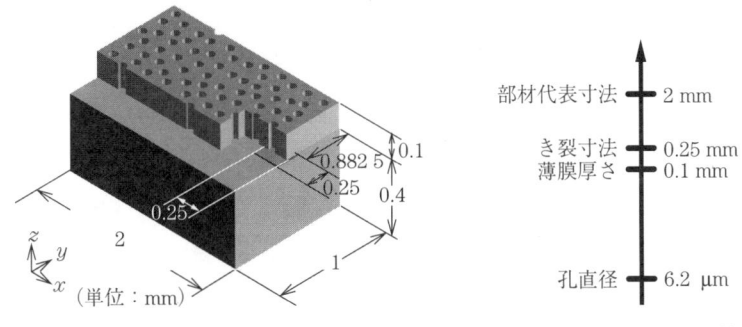

5. き裂を有する不均質部材のマルチスケールシミュレーション   147

図 5.22 基板上に形成された多孔質膜においてマクロな界面き裂を有する3次元問題

図 5.23 代表寸法の相関

界面き裂を有する3次元問題を考える。部材，き裂，薄膜，孔の代表寸法を抜き出すと図5.23のようになる。孔径と部材との間には約300倍ものギャップがあるが，孔とき裂の寸法ギャップは約40倍，薄膜と部材の寸法ギャップは20倍である。この数十倍という寸法ギャップは，均質化モデルには中途半端な数値であり，まさに図5.3に示した均質化法と重合メッシュ法を併用するマルチスケールモデリングの枠組がふさわしい。図5.24にモデリングの手順をまとめて示す。ここでも，均質化モデルではミクロな孔の不規則配置は無視し，ローカルモデルにおいてのみ考慮する。また，マクロモデルにき裂を導入し，き裂先端近傍にローカルモデルを重合している。素材として，SiO_2基盤

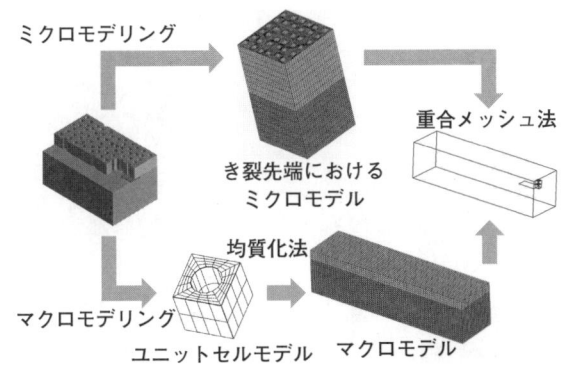

図 5.24 重合メッシュ法によるマルチスケールモデリングの手順

とTiO$_2$薄膜に相当する物性値を用いる。

ローカルメッシュを図5.25に示す。基盤と薄膜界面であるので，SiO$_2$とTiO$_2$の両者をモデリングしている。重合位置を図5.26に示す。簡単のためき裂形状は矩形としている。モードⅠ型のき裂開口となる荷重条件下で解析した結果のき裂がある断面でのマクロ応力分布を図5.27に示す。ローカルメッシュ重合領域ではき裂先端近傍ゆえに応力勾配がある。この様子を図5.28に示す。均質化法ならば，マクロ場を一定（一様）と考えることになるから，リアリティに欠ける。得られたミクロ応力分布を図5.29に示す。前例の知見から

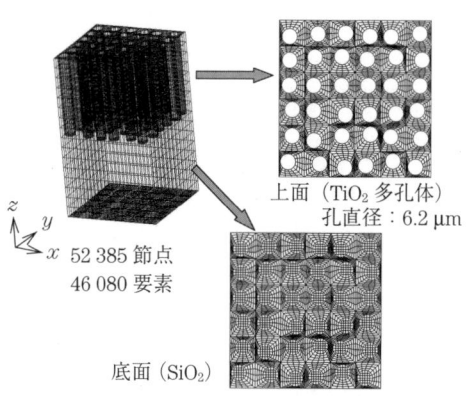

図5.25 ローカルメッシュ

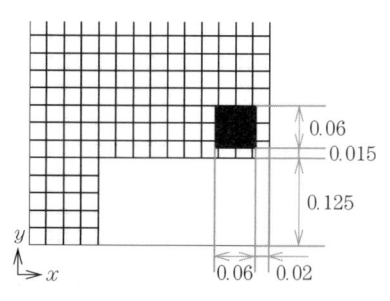

図5.26 グローバル・ローカルメッシュの重合位置

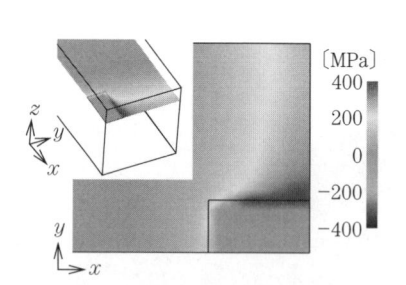

図5.27 き裂がある断面でのマクロ応力分布

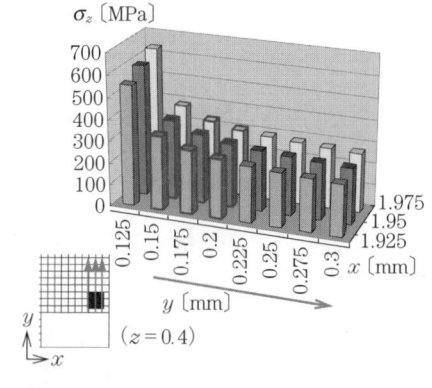

図5.28 き裂がある断面上の局所領域内のマクロ応力分布

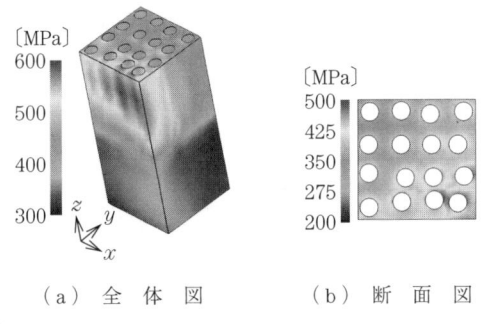

5. き裂を有する不均質部材のマルチスケールシミュレーション　　149

(a) 全体図　　(b) 断面図

図5.29　ミクロ応力分布

ローカルメッシュ近傍では誤差が大きいことから，ローカルメッシュの周辺領域を除外して示している。3次元解析では，こうした配慮が重要である。明らかに，ローカルな応力分布は非周期的で，き裂先端に近いほど応力値は高い。さらに応力集中は孔の不規則配置とも関連している。

また，グローバルメッシュとローカルメッシュの接続性について考える。**図5.30**は，グローバルメッシュだけで解析した結果と，重合メッシュ法により求めたローカルメッシュ内のミクロ応力である。グローバルメッシュだけの場合は，均質化モデルにより得られるマクロ応力であり，つまり次式のミクロ応力の平均である。

$$\sigma^{\text{macro}} = \langle \sigma^{\text{micro}} \rangle = \frac{1}{|V|} \int_V \sigma^{\text{micro}} dV = \frac{1}{|V|} \left(\int_{V_{\text{solid}}} \sigma^{\text{micro}} dV + \int_{V_{\text{pore}}} \sigma^{\text{micro}} dV \right)$$

$$= \frac{1}{|V|} \int_{V_{\text{solid}}} \sigma^{\text{micro}} dV \tag{5.7}$$

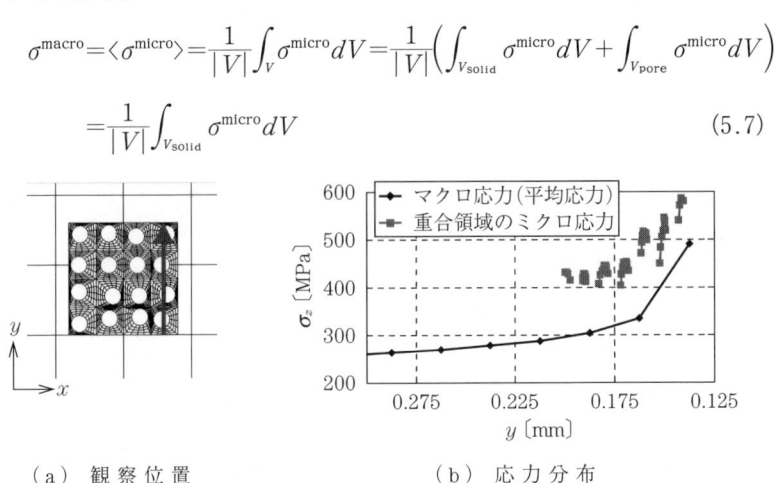

(a) 観察位置　　(b) 応力分布

図5.30　マクロ応力とミクロ応力の相関

もしもミクロ応力が一定であれば，気孔率を p とすると，上式は

$$\sigma^{\mathrm{macro}}=\frac{1}{|V|}\int_{V_{\mathrm{solid}}}\sigma^{\mathrm{micro}}dV=\frac{|V_{\mathrm{solid}}|}{|V|}\sigma^{\mathrm{micro}}=(1-p)\sigma^{\mathrm{micro}} \tag{5.8}$$

であるから

$$\sigma^{\mathrm{micro}}=\frac{1}{1-p}\sigma^{\mathrm{macro}} \tag{5.9}$$

により，気孔率を用いればマクロ応力からミクロ応力が推測できることになる。しかしながら，ミクロ応力は分布しており，孔周辺，特に近接孔間で応力集中する。したがって，複合材料や多孔質材料におけるマクロ応力（平均応力）の解釈には留意を要する。均質化材料というものは理論的につくり出された仮想材料のモデルにすぎず，その強度評価に用いる強度値もミクロな情報の平均値であることを再認識すべきである。

さて，本題に戻って，ローカルメッシュ重合領域内と境界近傍における解析結果を示す。図 5.31 は主成分である z 方向変位と応力である。理論どおり，ローカルメッシュ境界において $\boldsymbol{u}^L=\boldsymbol{0}$ であるから，グローバルメッシュ単独

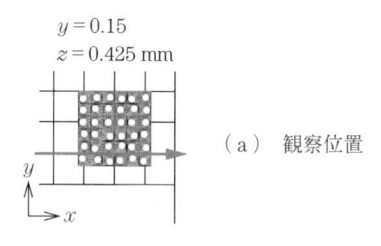

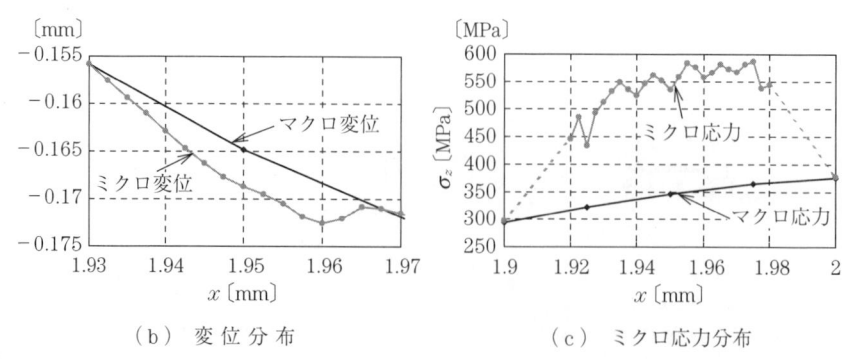

（a）観察位置

（b）変位分布

（c）ミクロ応力分布

図 5.31　ローカルメッシュ重合領域内と境界近傍における解析結果

で解析した解とは連続に接続している。しかし，その1階微分であるひずみ，さらに応力は不連続となる。図5.31のミクロ応力分布を見れば，その平均を定義することに意味はあるが，部位によっては式 (5.9) による予測は成り立たないこと，また平均応力自体が一様ではないことがわかる。このような場合，均質化には意味はあっても，局所化では重合メッシュ法が必須となる。

さて，本章ではここまですべて仮想的な不均質材料を扱ってきた。実材の多孔質セラミックスのイメージベースモデリングからローカルメッシュを切り取ると，ローカルメッシュの境界に孔の断面が現れる。じつはこのような場合，重合メッシュ法は理論的にもはたんする。この解決法は，ローカルメッシュの境界を均質化材料モデルの被覆要素で覆うことである。孔だけでなく繊維/粒子強化材でも同様である。この概念図を図5.32に示す。詳細の定式化は文献5) を参照されたい。

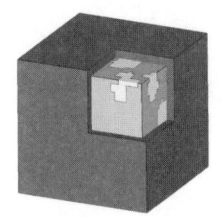

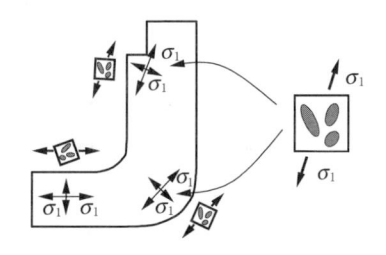

図5.32 多孔質材料のローカルモデルの作成方法

図5.33 マクロ座標系（グローバルモデル）とミクロ座標系（ローカルモデル）の設置方法

また，不均質部材を扱う場合，試験室レベルの試験片からミクロ構造の情報を取得しつつ，大規模な部材の局所的なミクロ応力解析を行うには，部材中のミクロ構造の配置という情報が得られないことがある。つまり，ミクロ情報を記述する座標系と，マクロな部材の座標系の相対関係が不明である。4.1節で示したとおり，ミクロ応力集中は幾何的情報とマクロ荷重の両者により初めて決定される。そこで，図5.33に示すように，マクロな主応力方向をパラメータとして，マクロ座標系（グローバルモデル）とミクロ座標系（ローカルモデル）の相対関係を決定するとよい。すなわち，あらかじめミクロ解析により危

険な荷重方向を知っておけば，安全側の評価ができる．

　事例を一つ示す．4.1節で示した実際の球状気孔を有する多孔質アルミナを用い，図5.34のき裂を有する角棒の4点曲げ試験の問題を考える．対称性から1/4領域をモデル化する．均質化モデルについては4.1節のとおりである．ごく微小なミクロ領域を切り出し，ローカルメッシュとする．ローカルメッシュの境界に孔断面が現れることから，図5.32のように均質化材料モデルのメッシュで覆ったものをローカルメッシュとする．マクロなき裂先端にローカルメッシュを重合する際，図5.35のようにローカルモデルを回転させた2通りを考える．得られたミクロ応力分布をヒストグラムで表現し，ある値以上の高応力部位を表示したのが図5.36である．同じ幾何的情報に基づくシミュレーションであるが，ミクロ応力には大きな違いが出る．本事例のより詳細な内容については文献5)を参照されたい．

(a) 問題設定

(b) グローバルメッシュ

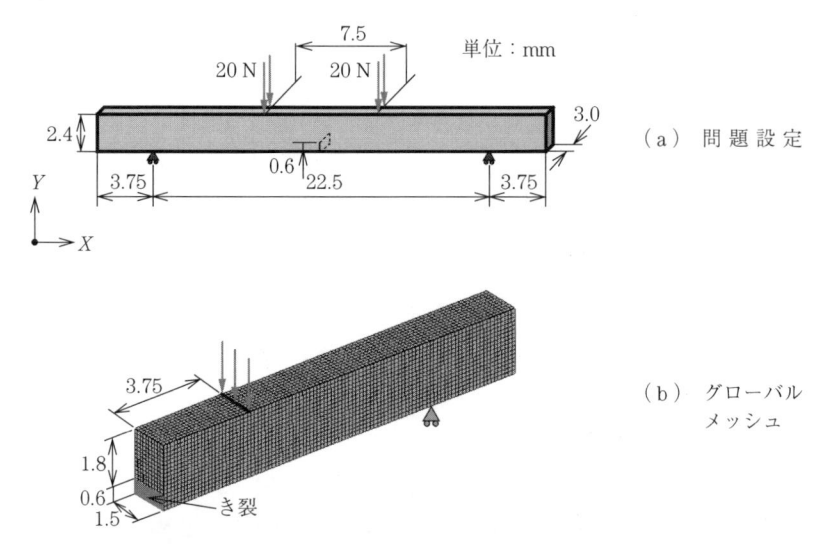

図5.34 き裂を有する多孔質アルミナ角棒の4点曲げ試験

　以上，種々の事例を示したが，均質化法によりミクロからマクロへの橋渡しを，そして均質化法と重合メッシュ法を併用したマルチスケール法により局所化，すなわちマクロからミクロへの橋渡しを行うことにより，現実的な工学問

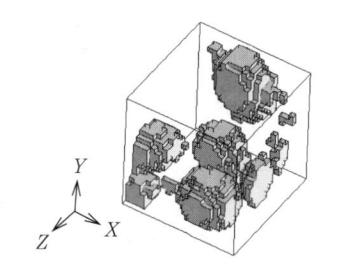

（a） ローカルモデル（孔のみ表示）

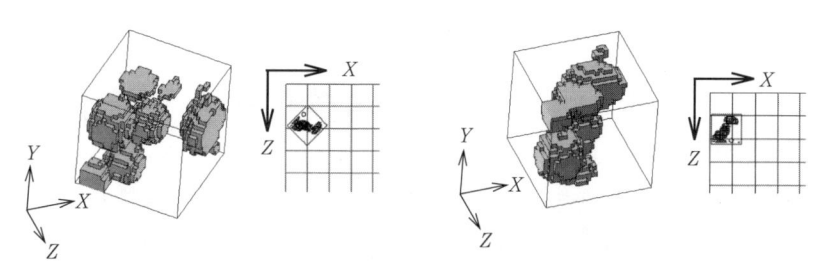

（b） 座標系の設定方法（ケースA）　　　（c） 座標系の設定方法（ケースB）

図5.35 ローカルメッシュ重合時の2通りの座標系の設定

（a） 座標系の設定方法　　　　（b） 座標系の設定方法
　　　（ケースA）　　　　　　　　　　（ケースB）

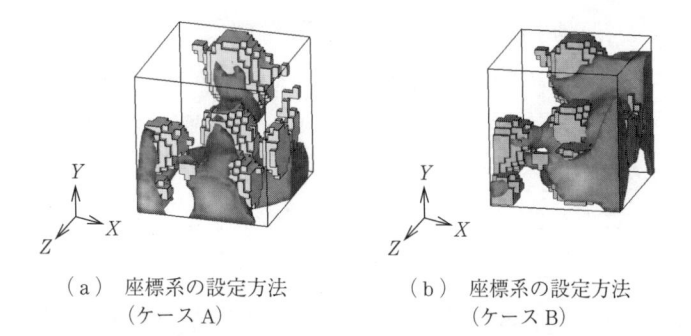

図5.36 ミクロ応力分布（高応力部位のみ表示）

題を解決することができる。最後に示した3次元問題はボクセルメッシュを用いているが，間違いを起こしにくい万人向けのモデリング手法だと思われる。本機能は，市販ソフトVOXELCON（（株）くいんと製）に2006年に搭載されたため，身近なものである。ほかの汎用FEMソフトのユーザサブルーチンに頼っても，重合メッシュ法の威力は十分には発揮されない。是非ともボクセル型の均質化法＋重合メッシュ法を活用していただきたい。

6 圧電体のマルチフィジックスシミュレーション

6.1 圧電体の定式化と数値解析法

圧電体は，図6.1に示すように外力（機械的入力）が作用してひずみが発生すると，表面に電荷を生じて電界（電気的出力）を発生する。逆に，電界（電気的入力）を印加するとひずみ（機械的出力）が発生する。前者は圧電正効果と呼ばれ，力を感知するセンサに利用されている。一方，後者は圧電逆効果と呼ばれ，電界で駆動するアクチュエータに利用されている。また，機械的および電気的エネルギーを双方向に変換可能であることから，トランスデューサにも多用される。このような圧電体の解析には，変位場と電場を連成したマルチフィジックスシミュレーションが必要になる。ここでは，圧電弾性問題について有限要素法による変位-電位連成シミュレーションについて解説する。

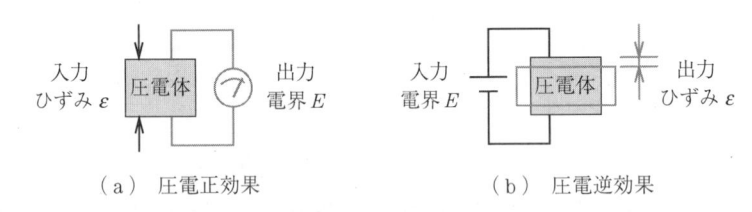

（a）圧電正効果　　　　　（b）圧電逆効果

図6.1　圧　電　効　果

機械的な物理量に加え，電気的な物理量としては，電位（静電ポテンシャル）ϕ，電界 E_m，電束密度（電気変位）P_m を扱う。ここで，電界は単位正電荷に作用する力と定義されることから，その向きは電位と逆向きとなる。

6.1 圧電体の定式化と数値解析法

圧電効果を考慮した場合，ひずみ，応力，電界，電束密度は次式に示す圧電弾性構成則に従う．

$$\left.\begin{array}{l} \varepsilon_{ij} = C^E_{ijkl}\sigma_{kl} + d_{nij}E_n \\ P_m = d_{mkl}\sigma_{kl} + \kappa^\sigma_{mn}E_n \end{array}\right\} \quad (6.1)$$

第1式のようにひずみは応力および電界に比例し，応力にかかわる比例定数 C^E_{ijkl} は電界が零である場合の弾性コンプライアンス定数，電界にかかわる比例定数 d_{nij} は圧電ひずみ定数である．また，第2式のように電束密度は応力および電界に比例し，応力にかかわる比例定数が圧電ひずみ定数，電界にかかわる比例定数 κ^σ_{mn} は応力が零である場合の誘電率である．ここで，第1式右辺第2項および第2式右辺第1項が圧電効果を表現した連成項である．

第1式の機械的構成則において左辺をひずみまたは応力，第2式の電気的構成則において左辺を電界または電束密度とする2通りの表記が可能であり，それらの組合せに応じて圧電弾性構成則は全部で4通りの表記がある．式(6.1)はひずみおよび電束密度を与える表記であり，連成項の比例定数に着目して d 形式と称される．そのほかの表記，すなわち e 形式を式(6.2)，g 形式を式(6.3)，h 形式を式(6.4)に示す．

$$\left.\begin{array}{l} \sigma_{ij} = D^E_{ijkl}\varepsilon_{kl} - e_{nij}E_n \\ P_m = e_{mkl}\varepsilon_{kl} + \kappa^\varepsilon_{mn}E_n \end{array}\right\} \quad (6.2)$$

$$\left.\begin{array}{l} \varepsilon_{ij} = C^P_{ijkl}\sigma_{kl} + g_{nij}P_n \\ E_m = -g_{mkl}\sigma_{kl} + \beta^\sigma_{mn}P_n \end{array}\right\} \quad (6.3)$$

$$\left.\begin{array}{l} \sigma_{ij} = D^P_{ijkl}\varepsilon_{kl} + h_{nij}P_n \\ E_m = -h_{mkl}\varepsilon_{kl} + \beta^\varepsilon_{mn}P_n \end{array}\right\} \quad (6.4)$$

式(6.2)および式(6.4)に示す機械的構成則において，ひずみにかかわる比例定数 D^E_{ijkl} は電界が零である場合の弾性スティフネス定数，D^P_{ijkl} は電束密度が零である場合の弾性スティフネス定数である．式(6.3)に示す機械的構成則において，応力にかかわる比例定数 C^P_{ijkl} は電束密度が零である場合の弾性コンプライアンス定数である．また，式(6.2)に示す電気的構成則において，電界にかかわる比例定数 κ^ε_{mn} はひずみが零である場合の誘電率であり，式(6.3)

および式 (6.4) に示す電気的構成則において，電束密度にかかわる比例定数 β_{mn}^{σ} は応力が零である場合の逆誘電率，β_{mn}^{ε} はひずみが零である場合の逆誘電率である．式 (6.2) および式 (6.4) における連成項の比例定数 e_{mij} および h_{mij} は，区別なくいずれも圧電応力定数と呼ばれ，式 (6.2) 中の連成項の比例定数 g_{mij} は電圧出力係数と呼ばれる．**図 6.2** に物理量と材料定数の関係をまとめて示す．

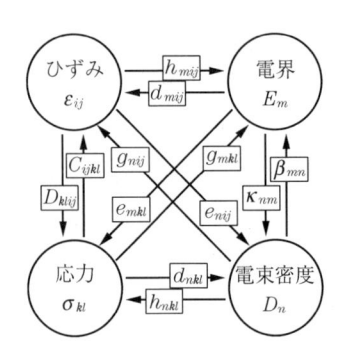

図 6.2 物理量と材料定数の関係

弾性スティフネス定数 D_{ijkl} と弾性コンプライアンス定数 C_{ijkl} は 4 階のテンソルであり，次式の関係をもつ．

$$D_{ijkl}^{E} = (C_{ijkl}^{E})^{-1}, \quad D_{ijkl}^{P} = (C_{ijkl}^{P})^{-1} \tag{6.5}$$

また，誘電率 κ_{mn} と逆誘電率 β_{mn} は 2 階のテンソルであり，次式の関係をもつ．

$$\kappa_{mn}^{\varepsilon} = (\beta_{mn}^{\varepsilon})^{-1}, \quad \kappa_{mn}^{\sigma} = (\beta_{mn}^{\sigma})^{-1} \tag{6.6}$$

さらに，圧電定数 $d_{mij}, e_{mij}, g_{mij}$ および h_{mij} はいずれも 3 階のテンソルであり，次式の関係が成り立つ．

$$d_{mij} = e_{mkl} C_{ijkl}^{E} = \kappa_{mn}^{\sigma} g_{nij} \tag{6.7}$$

$$e_{mij} = d_{mkl} D_{ijkl}^{E} = \kappa_{mn}^{\varepsilon} h_{nij} \tag{6.8}$$

$$g_{mij} = h_{mkl} C_{ijkl}^{P} = \beta_{mn}^{\sigma} d_{nij} \tag{6.9}$$

$$h_{mij} = g_{mkl} D_{ijkl}^{P} = \beta_{mn}^{\varepsilon} e_{nij} \tag{6.10}$$

圧電定数のインデックス mij は，m が電界 E_m または電束密度 P_m の方向を意味し，ij はひずみ ε_{ij} または応力 σ_{ij} の成分を表す．

6.1 圧電体の定式化と数値解析法

応力およびひずみは3×3=9成分をもつ2階対称テンソルで独立成分は6成分であることから，独立な6成分をもつベクトルに縮約される場合が多い。これに応じて圧電定数は3×3×3=27成分の3階テンソルから3×6=18成分のマトリックスに縮約される。一例として，縮約された圧電ひずみ定数マトリックスを次式に示す。

$$\begin{bmatrix} d_{11} & d_{12} & d_{13} & d_{14} & d_{15} & d_{16} \\ d_{21} & d_{22} & d_{23} & d_{24} & d_{25} & d_{26} \\ d_{31} & d_{32} & d_{33} & d_{34} & d_{35} & d_{36} \end{bmatrix} = \begin{bmatrix} d_{111} & d_{122} & d_{133} & 2d_{123} & 2d_{131} & 2d_{112} \\ d_{211} & d_{222} & d_{233} & 2d_{223} & 2d_{231} & 2d_{212} \\ d_{311} & d_{322} & d_{333} & 2d_{323} & 2d_{331} & 2d_{312} \end{bmatrix} \tag{6.11}$$

圧電ひずみ定数は単位電界当りに生じるひずみを意味することから，せん断成分はテンソル値の2倍になることに注意してほしい。なお，圧電応力定数 e_{mij} および h_{mij} はテンソル値と同値であり，電圧出力係数 g_{mij} のせん断成分はテンソル値の2倍になる。

一般的な圧電体について，縮約された応力およびひずみベクトルにより表記した圧電弾性構成則（d 形式）を以下に示す。

$$\begin{Bmatrix} \varepsilon_1 \\ \varepsilon_2 \\ \varepsilon_3 \\ \gamma_{23} \\ \gamma_{31} \\ \gamma_{12} \end{Bmatrix} = \begin{bmatrix} C_{11}^E & C_{12}^E & C_{13}^E & 0 & 0 & 0 \\ & C_{22}^E & C_{23}^E & 0 & 0 & 0 \\ & & C_{33}^E & 0 & 0 & 0 \\ & & & C_{44}^E & 0 & 0 \\ & \text{sym.} & & & C_{55}^E & 0 \\ & & & & & C_{66}^E \end{bmatrix} \begin{Bmatrix} \sigma_1 \\ \sigma_2 \\ \sigma_3 \\ \tau_{23} \\ \tau_{31} \\ \tau_{12} \end{Bmatrix} + \begin{bmatrix} 0 & 0 & d_{31} \\ 0 & 0 & d_{32} \\ 0 & 0 & d_{33} \\ 0 & d_{24} & 0 \\ d_{15} & 0 & 0 \\ 0 & 0 & 0 \end{bmatrix} \begin{Bmatrix} E_1 \\ E_2 \\ E_3 \end{Bmatrix} \tag{6.12}$$

$$\begin{Bmatrix} P_1 \\ P_2 \\ P_3 \end{Bmatrix} = \begin{bmatrix} 0 & 0 & 0 & 0 & d_{15} & 0 \\ 0 & 0 & 0 & d_{24} & 0 & 0 \\ d_{31} & d_{32} & d_{33} & 0 & 0 & 0 \end{bmatrix} \begin{Bmatrix} \sigma_1 \\ \sigma_2 \\ \sigma_3 \\ \tau_{23} \\ \tau_{31} \\ \tau_{12} \end{Bmatrix} + \begin{bmatrix} \kappa_{11}^\sigma & 0 & 0 \\ 0 & \kappa_{22}^\sigma & 0 \\ 0 & 0 & \kappa_{33}^\sigma \end{bmatrix} \begin{Bmatrix} E_1 \\ E_2 \\ E_3 \end{Bmatrix} \tag{6.13}$$

材料定数の独立成分を理解するため，圧電体の性質について簡単に説明する。圧電体は応力により分極を誘起する材料と定義されるが，その中には外部負荷がない状態でも分極を誘起する，すなわち自発分極をもつ強誘電体がある。強誘電体に外部負荷が作用すると，分極の向きが回転（90°スイッチング）または反転（180°スイッチング）する性質をもつ。したがって，**図6.3**に示すように外部電界の印加により強誘電体の自発分極の向きを特定方向に配向させることが可能である。これにより圧電特性が飛躍的に向上することから，圧電体として多用される材料の大半は強誘電体である。

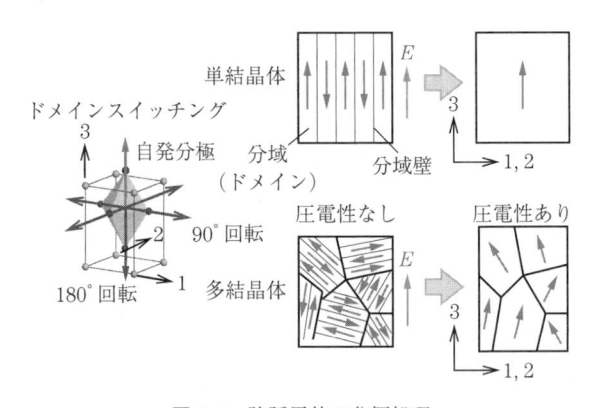

図6.3 強誘電体の分極処理

代表的な強誘電体にチタン酸バリウム（$BaTiO_3$），チタン酸鉛（$PbTiO_3$），ジルコン酸チタン酸鉛（PZT：$Pb(Zr,Ti)O_3$）があり，いずれも正方晶のペロブスカイト型構造をもつ。正方晶は格子定数 a および b が等しく自発分極をもつ格子定数 c がそれらと異なり，格子角度はすべて90°である。このため，a および b 軸に対して面内等方性，c 軸方向に強い異方性を示す。

図6.3に示すように単結晶体の場合，a 軸および b 軸がそれぞれ1軸および2軸，自発分極をもつ c 軸が3軸と定義される。一方，多結晶体の場合，分極処理方向を3軸，それに直交する2方向を1軸および2軸と定義される。多結晶体を構成する結晶粒はいずれの方向にもほぼ均等に配向した状態とみなせるため1軸および2軸に対して面内等方性を示すが，分極処理された3軸方向に

6.1 圧電体の定式化と数値解析法

は自発分極が配向するため顕著な異方性を示す。

さて，上記のような対称性をもつ圧電体に対して，その材料定数の独立成分を考える。式(6.12)中の弾性コンプライアンス定数は対称マトリックスであり，上三角領域において九つの非零成分をもつ。式(6.13)中の誘電率は対角成分に三つの非零成分をもつ。上述のように，単結晶体および多結晶体のいずれにおいても1軸および2軸に対して面内等方性，3軸方向に異方性をもつことから，弾性コンプライアンス定数および誘電率の成分には次式の関係が成り立つ。

$$C_{11}^E = C_{22}^E, \quad C_{23}^E = C_{31}^E, \quad C_{44}^E = C_{55}^E, \quad C_{66}^E = 2(C_{11}^E - C_{12}^E) \tag{6.14}$$

$$\kappa_{11}^\sigma = \kappa_{22}^\sigma \tag{6.15}$$

したがって，弾性コンプライアンス定数の独立成分は5成分，誘電率の独立成分は2成分である。

つぎに，圧電ひずみ定数の独立成分を考える。圧電ひずみ定数 d_{mi} は単位電界が m 軸方向に印加された場合に生じる i 番目のひずみ成分を意味する。分極方向である3軸方向に電界が印加された場合，圧電体はクーロン力により3軸方向に垂直ひずみ ε_3 を発生し，ポアソン効果により1軸および2軸方向に異符号の垂直ひずみ ε_1 および ε_2 を生じるが，せん断ひずみは発生しない。したがって，d_{33}，d_{31} および d_{32} のみ非零成分となる。

一方，分極方向に垂直な1軸または2軸方向に電界が印加された場合，圧電体には垂直ひずみは発生せず，せん断ひずみ γ_{31}（$=\varepsilon_5$）または γ_{23}（$=\varepsilon_4$）を生じる。したがって，d_{15} または d_{24} のみ非零成分となる。また，1軸および2軸に対して面内等方性であることから，圧電ひずみ定数の成分には次式の関係が成り立つ。

$$d_{31} = d_{33}, \quad d_{15} = d_{24} \tag{6.16}$$

したがって，圧電ひずみ定数の独立成分は3成分である。

一般に，圧電アクチュエータは図 **6.4** に示すように圧電ひずみ定数 d_{33} 特性，すなわち電界印加方向（3軸）に発生する垂直ひずみ ε_3 を利用した直線変位型アクチュエータと，d_{31} 特性，すなわち電界印加の垂直方向（1軸）に

図6.4に示すように、圧電アクチュエータは発生する水平ひずみ ε_3 を利用した直線変位型アクチュエータと、

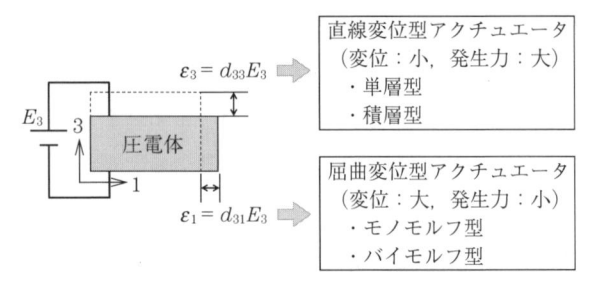

図6.4 圧電アクチュエータの分類

- 直線変位型アクチュエータ（変位：小，発生力：大）
  - 単層型
  - 積層型
- 屈曲変位型アクチュエータ（変位：大，発生力：小）
  - モノモルフ型
  - バイモルフ型

$\varepsilon_3 = d_{33}E_3$
$\varepsilon_1 = d_{31}E_3$

発生する垂直ひずみ ε_1 を利用した屈曲変位型アクチュエータに大別される。直線変位型アクチュエータの変位応答は小さいが，大きな発生力を発揮する。

一例として，汎用有限要素解析コード ANSYS により得た単層型アクチュエータの変形挙動を図6.5に示す。負の電界に対して単層型アクチュエータは板厚方向に縮み，長手方向に伸びる様子が確認できる。

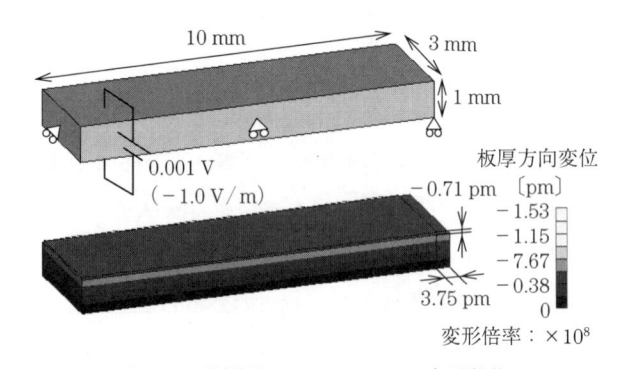

図6.5 単層型アクチュエータの変形挙動

10 mm, 3 mm, 1 mm
0.001 V (−1.0 V/m)
板厚方向変位 −0.71 pm 〔pm〕
−1.53
−1.15
−7.67
−0.38
0
3.75 pm
変形倍率：×10^8

一方，屈曲変位型アクチュエータの発生力は小さいが，大きな変位応答を示す。屈曲変位型アクチュエータには，1枚の圧電板に弾性板を接合したモノモルフ型アクチュエータと2枚の圧電板を接合したバイモルフ型アクチュエータがある。図6.5に示した圧電板の下面に厚さ0.1 mmの銅板を接合したモノモルフ型アクチュエータの変形挙動を図6.6に示す。負の電界に対して圧電板は長手方向に伸びるが，下面は銅板により変形が拘束されて板厚方向にひずみ差が生じるため，モノモルフ型アクチュエータは上方に屈曲する。

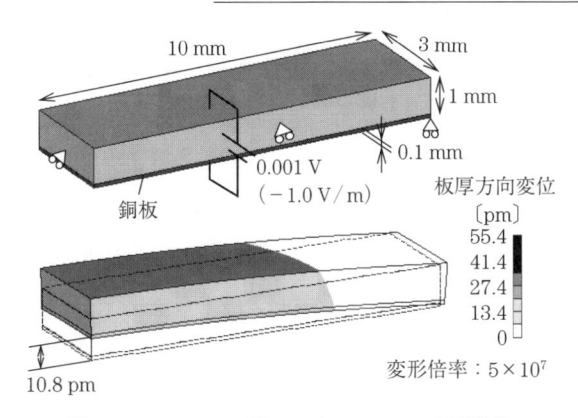

図 6.6 モノモルフ型アクチュエータの変形挙動

また，厚さ 0.5 mm である 2 枚の圧電板を接合したバイモルフ型アクチュエータの変形挙動を図 6.7 に示す．負の電界を印加された上層は長手方向に伸び，正の電界を印加された下層は縮むため，バイモルフ型アクチュエータは上方に大きく屈曲することがわかる．

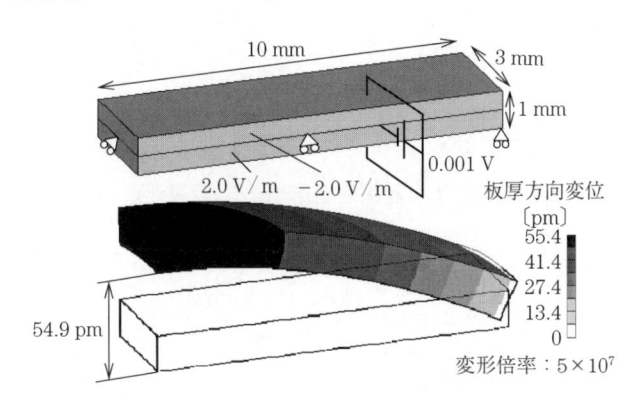

図 6.7 バイモルフ型アクチュエータの変形挙動

さて，圧電弾性構成則が理解できたところで，変位場と電場を強連成する圧電弾性問題を考え，その基礎式を解説する．まず，機械的な支配方程式は 2.3 節に示したとおりである．さらに，式 (6.2) の圧電弾性構成則（e 形式）を用いる．

一方，電気的な支配方程式は次式のように表される．

$$\frac{\partial P_i}{\partial x_i}=0 \quad \text{in } \Omega \tag{6.17}$$

$$\left.\begin{array}{ll} \rho = P_i n_i & \text{on } \varGamma_\rho \\ \phi = 0 & \text{on } \varGamma_\phi \end{array}\right\} \tag{6.18}$$

式 (6.17) は平衡方程式, 式 (6.18) は電気的境界条件式である. ここで, ρ は表面 $\varGamma_\rho$ に作用する単位面積当りの表面電荷, n_i は表面 $\varGamma_\rho$ の法線単位ベクトルを意味する. また, 電界-電位関係式は次式となる.

$$E_i = -\frac{\partial \phi}{\partial x_i} \tag{6.19}$$

電界は正電荷が受ける力の向きを正とするため, 異符号の電位 (静電ポテンシャル) の偏微分値として表される. さらに, 電束密度は式 (6.2) の圧電弾性構成則 (e 形式) により定まる.

機械的な支配方程式にガウスの発散定理を適用して整理して仮想仕事の原理を導出したと同様に, 電気的な支配方程式から次式の仮想仕事の原理が導出される.

$$\int_\Omega P_m \frac{\partial \delta \phi}{\partial x_m} d\Omega = \int_{\varGamma_\rho} \rho \delta \phi d\varGamma \tag{6.20}$$

ここで, $\delta\phi$ は仮想電位である. 左辺は圧電体に蓄えられる電気的エネルギーであり, 右辺は表面電荷がなす仕事を意味する. 仮想仕事の原理式中の応力および電束密度に対して, 圧電弾性構成則 (6.2) を代入すると次式を得る.

$$\int_\Omega \left(D^E_{ijkl} \frac{\partial u_k}{\partial x_l} + e_{nij} \frac{\partial \phi}{\partial x_n} \right) \frac{\partial \delta u_i}{\partial x_j} d\Omega = \int_{\varGamma_t} t_i \delta u_i d\varGamma \tag{6.21}$$

$$\int_\Omega \left(e_{mkl} \frac{\partial u_k}{\partial x_l} - \kappa^\varepsilon_{mn} \frac{\partial \phi}{\partial x_n} \right) \frac{\partial \delta \phi}{\partial x_m} d\Omega = \int_{\varGamma_\rho} \rho \delta \phi d\varGamma \tag{6.22}$$

上式を有限要素法により離散化し整理すると, 要素に関する連立一次方程式を得る. なお, 離散化の詳細は付録 B に示す.

$$\begin{bmatrix} K^{uu} & K^{u\phi} \\ K^{\phi u} & -K^{\phi\phi} \end{bmatrix} \begin{Bmatrix} u \\ \phi \end{Bmatrix} = \begin{Bmatrix} f \\ q \end{Bmatrix} \tag{6.23}$$

ここで, u は節点変位ベクトル, f は節点力ベクトルであり, 1 要素当りの節点数を n_e とすれば 3 次元問題の場合にはいずれも $3n_e$ の成分をもつ. 一方,

6.1 圧電体の定式化と数値解析法

ϕ は節点電位ベクトル，q は節点電荷ベクトルであり，いずれも n_e の成分をもつ。また，K^{uu} は力-変位関係マトリックス，すなわち剛性マトリックスであり，$3n_e \times 3n_e$ の成分をもつ。$K^{u\phi}$ および $K^{\phi u}$ は連成項を表し，前者は $n_e \times 3n_e$ の成分をもつ力-電位関係マトリックス，後者は $3n_e \times n_e$ の成分をもつ電荷-変位関係マトリックスである。さらに，$K^{\phi\phi}$ は $n_e \times n_e$ の成分をもつ電荷-電位関係マトリックスである。

最後に，連立一次方程式の数値解法について説明する。通常の構造問題と異なり方程式を解くときに注意しなくてはいけない点は以下の2点である。一つ目は各物理問題に対応した係数行列 K^{uu} と $K^{\phi\phi}$ の数値オーダーの差である。そして二つ目は，$K^{\phi\phi}$ の対角成分が負値となることである。

一つ目は材料物性値の入力に関連した注意事項である。なにも考えず物性値を入力すると，係数行列の成分である K^{uu} と $K^{\phi\phi}$ の間で15桁程度も数値オーダーが離れてしまい，丸め誤差などの数値誤差により正しく解くことはできなくなる。間違っても力の単位N，電荷の単位C（クーロン），静電容量の単位F（ファラッド）を使い，そのまま材料物性値を入力しないようにしてほしい。ちなみに$F = C^2 \cdot m^3 \cdot N^{-1}$なる関係があるため，力の単位をGN（$= 10^9$ N）と統一して材料物性を入力すれば係数行列の値の格差が緩和できる。このとき，圧電ひずみ定数に関する単位（C/m^2）は変化せず，誘電定数の基準単位を（$nF/m = 10^{-9}$ F/m）としたときの数値を入力すればよい。係数行列の数値オーダーをそろえることのみを目的とすれば材料に応じてさらに調節することも可能であるが，解析結果を見るときに単位を読み替えなければならず間違いが生じやすいので，標準的な定数をもつ圧電材料の計算ではここで紹介した単位の入力方法をお奨めする。

二つ目は特に大規模問題を解くときのソルバと関連した注意点である。大規模な構造解析では共役勾配法に準じた反復法が積極的に使われているが，圧電問題においてはその適用が敬遠されてきた。この理由は $K^{\phi\phi}$ の対角成分が負値であるためである。反復型ソルバでは不静定行列に対しては収束性が保証で

きない†。実際に筆者らが確かめてみたところ，なにも細工しないまま共役勾配法を適用しただけでは実用的な反復回数では収束しなかった。そこで筆者らは独自の節点対角ブロック前処理法を提案し，収束特性を劇的に改善することに成功した。ここではその中身を紹介する。

反復ソルバにおける前処理法とは，前処理行列により方程式の係数行列の特性を改善した後に反復法を実施するものである。各反復過程においては，前処理行列を係数行列とした方程式を解く手順が追加される。ここで係数行列，前処理行列をそれぞれ K, M とすると，前処理に伴う係数行列の変換は次式により与えられる。

$$K' = M^{-1}K \tag{6.24}$$

M は K を近似する行列であるほど反復ソルバとしての性能が向上するが，K に近づけるほど必要なメモリおよび各反復ステップでの計算時間が増し，これらはトレードオフの関係にある。そこで前処理行列 M は，省メモリかつ解きやすいという条件の下，オリジナルの係数行列 K の特性をできるだけ近似したものを設定する必要がある。

圧電体では，変形が大きい場所ほど電界ポテンシャルが高くなるといった物理的な観察結果から推察し，各物理量を代表する節点値についてはすべての成分をグループ化して前処理行列を設定すると効率がよいのではないかとの方針で前処理行列を設定してみる[1]。

まずは便宜上，節点（i）ごとに定義する未知量である変位の3成分と電界ポテンシャル ϕ を小ベクトル $\boldsymbol{x}_{(i)} = \{u_{(i)} \quad v_{(i)} \quad w_{(i)} \quad \phi_{(i)}\}^T$ として一括りにし，全体の未知変数ベクトルをつぎのように並び替える。

$$\begin{bmatrix} \boldsymbol{k}_{(11)} & \boldsymbol{k}_{(12)} & \cdots & \boldsymbol{k}_{(1n)} \\ \boldsymbol{k}_{(21)} & \boldsymbol{k}_{(22)} & & \\ \vdots & & \ddots & \\ \boldsymbol{k}_{(n1)} & & & \boldsymbol{k}_{(nn)} \end{bmatrix} \begin{Bmatrix} \boldsymbol{x}_{(1)} \\ \boldsymbol{x}_{(2)} \\ \vdots \\ \boldsymbol{x}_{(n)} \end{Bmatrix} = \begin{Bmatrix} \boldsymbol{y}_{(1)} \\ \boldsymbol{y}_{(2)} \\ \vdots \\ \boldsymbol{y}_{(n)} \end{Bmatrix} \tag{6.25}$$

---

† 不静定行列とは行列の固有値が一つでも負値となる行列であり，対称行列において対角項が負値であると必ず不静定行列となる。

ここで行列,ベクトルの下添字は節点番号を参照するための記号であり,これまでに用いてきた $\boldsymbol{K}^{uu}$, $\boldsymbol{K}^{\phi\phi}$ などの記号はこれ以降使わない.

前処理行列の設定においては,計算コストと近似精度のトレードオフの関係があることを考慮に入れると,どの程度まで係数行列の非対角成分の情報を含めるかが問題となる.筆者らは,節点間を結び付ける成分に関する情報はすべて削ぎ落とし,節点ごとに定義される小行列を対角に並べた対角ブロック行列として前処理行列を設定した.

$$\boldsymbol{M} = \begin{bmatrix} \boldsymbol{k}_{(11)} & & & 0 \\ & \boldsymbol{k}_{(22)} & & \\ & & \ddots & \\ 0 & & & \boldsymbol{k}_{(nn)} \end{bmatrix} \tag{6.26}$$

構造問題の前処理行列として用いられる対角スケーリング前処理行列と表記上は類似しているが,ここでは対角成分は 4×4 の小行列であることに注意してほしい.

前処理行列の逆行列(方程式を解くことと同義)の計算は,単に各小行列の逆行列を個別に評価するだけでよく,1回の反復計算にかかる計算コストは非常に抑えられる.

$$\boldsymbol{M}^{-1} = \begin{bmatrix} \boldsymbol{k}_{(11)}^{-1} & & & 0 \\ & \boldsymbol{k}_{(22)}^{-1} & & \\ & & \ddots & \\ 0 & & & \boldsymbol{k}_{(nn)}^{-1} \end{bmatrix} \tag{6.27}$$

この節点対角ブロック前処理法の計算効率については,6.4節で実解析例により示すことにする.

ボクセル解析を前提とすれば,前処理行列の記憶容量を無視できるほど減らすことができる.節点を共有する八つの要素の材料組合せのパターンが同じであれば節点小行列はまったく同一のものとなり,使いまわしが利く.そのため,問題が N 個の種類の材料で定義されていれば,4×4 の小行列は N^8 個のパターンだけ用意しておけばよい.例えば材料が2種類であれば,256($=2^8$)

パターンの小行列の情報のみで十分であり，要素数がいくら増えても前処理行列のために記憶しておく情報量は増加しない．こうした対策を施せば，EBE型の反復法が利用でき，現在ではまだ主力として活躍している32ビットPC環境でも，その上限である2GBのメモリ内（インコア）で200万要素程度の圧電解析が十分に実行できる．

6.2　マルチスケール圧電体シミュレーションの定式化

多用される圧電体の大半は，多数の結晶粒の集合体，すなわち多結晶体である．多結晶体を構成する各結晶粒はさまざまな方位および粒径をもち，機械的にも電気的にも顕著な異方性を示す．このため，多結晶圧電体のマクロな機械・電気応答は，不均質な結晶形態により特徴づけられるミクロ構造に強く依存する．一方，高分子樹脂を母材として圧電セラミックス粉体を分散した圧電コンポジットも早くから開発されている．圧電セラミックス粉体の粒径，体積含有率や分散状態などミクロ構造を用途に応じて制御し，要求されるマクロ特性を満足する圧電コンポジットが創製され，静水圧用トランスデューサなどに利用されている．したがって，圧電体の材料設計および開発には，多結晶組織や異種材料の複合組織をミクロスケールでモデル化したうえで，マクロスケールにおける機械的および電気的特性を評価できるシミュレーションが必要である．そこで，本節では2.3節で解説した均質化法を変位場-電場連成問題に適用し，図6.8に示す圧電体のマルチスケールシミュレーションの定式化[2),3)]について解説する．図中に示す問題設定の詳細は2.3節と同様なので省略する．支配方程式は前節を再読されたい．

ミクロ構造に依存する全体構造の変位 u_i^λ および電位 ϕ^λ を次式のような漸近展開式で表せるものと仮定する．

$$\begin{aligned}u_i^\lambda &= u_i^0(\boldsymbol{x}) + \lambda u_i^1(\boldsymbol{x},\boldsymbol{y}) + \lambda^2 u_i^2(\boldsymbol{x},\boldsymbol{y}) + \cdots \\ &\cong u_i^0(\boldsymbol{x}) + \lambda u_i^1(\boldsymbol{x},\boldsymbol{y}) \\ \phi^\lambda &= \phi^0(\boldsymbol{x}) + \lambda \phi^1(\boldsymbol{x},\boldsymbol{y}) + \lambda^2 \phi^2(\boldsymbol{x},\boldsymbol{y}) + \cdots\end{aligned} \quad (6.28)$$

6.2 マルチスケール圧電体シミュレーションの定式化

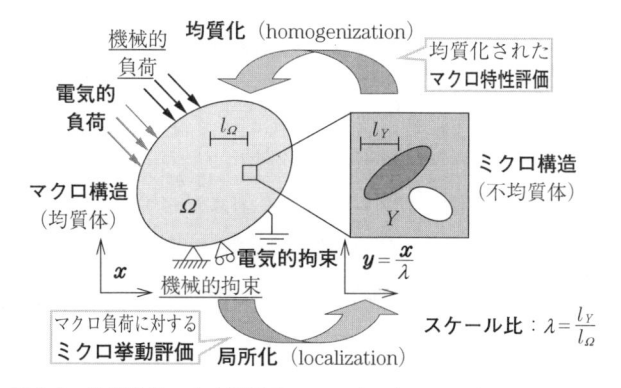

図6.8 均質化法による圧電体のマルチスケールシミュレーション

$$\cong \phi^0(\boldsymbol{x}) + \lambda \phi^1(\boldsymbol{x}, \boldsymbol{y}) \tag{6.29}$$

2.3節と同様の手続きで，前節に示した仮想仕事の原理の式に代入して平均化近似定理を適用すると，次式に示すマクロ方程式が得られる．

$$\int_\Omega \frac{1}{|Y|} \int_Y \left\{ D^E_{ijkl}\left(\frac{\partial u^0_k}{\partial x_l} + \frac{\partial u^1_k}{\partial y_l}\right) + e_{nij}\left(\frac{\partial \phi^0}{\partial x_n} + \frac{\partial \phi^1}{\partial y_n}\right) \right\} \frac{\partial \delta u^0_i}{\partial x_j} dY d\Omega$$
$$= \int_{\Gamma_t} t_i \delta u^0_i d\Gamma \tag{6.30}$$

$$\int_\Omega \frac{1}{|Y|} \int_Y \left\{ e_{mkl}\left(\frac{\partial u^0_k}{\partial x_l} + \frac{\partial u^1_k}{\partial y_l}\right) - \kappa^\varepsilon_{mn}\left(\frac{\partial \phi^0}{\partial x_n} + \frac{\partial \phi^1}{\partial y_n}\right) \right\} \frac{\partial \delta \phi^0}{\partial x_m} dY d\Omega$$
$$= \int_{\Gamma_t} \rho \delta \phi^0 d\Gamma \tag{6.31}$$

また，ミクロ方程式は以下である．

$$\int_\Omega \frac{1}{|Y|} \int_Y \left\{ D^E_{ijkl}\left(\frac{\partial u^0_k}{\partial x_l} + \frac{\partial u^1_k}{\partial y_l}\right) + e_{nij}\left(\frac{\partial \phi^0}{\partial x_n} + \frac{\partial \phi^1}{\partial y_n}\right) \right\} \frac{\partial \delta u^1_i}{\partial y_j} dY d\Omega = 0 \tag{6.32}$$

$$\int_\Omega \frac{1}{|Y|} \int_Y \left\{ e_{mkl}\left(\frac{\partial u^0_k}{\partial x_l} + \frac{\partial u^1_k}{\partial y_l}\right) - \kappa^\varepsilon_{mn}\left(\frac{\partial \phi^0}{\partial x_n} + \frac{\partial \phi^1}{\partial y_n}\right) \right\} \frac{\partial \delta \phi^1}{\partial y_m} dY d\Omega = 0 \tag{6.33}$$

ここで，ミクロ変位擾乱 u^1_i およびミクロ電位擾乱 ϕ^1 は，次式に示すようにマクロひずみおよび電界に比例すると仮定する．

$$u^1_i(\boldsymbol{x}, \boldsymbol{y}) = {}^{uu}\chi^{kl}_i(\boldsymbol{x}, \boldsymbol{y})\frac{\partial u^0_k(\boldsymbol{x})}{\partial x_l} + {}^{u\phi}\chi^n_i(\boldsymbol{x}, \boldsymbol{y})\frac{\partial \phi^0(\boldsymbol{x})}{\partial x_n} \tag{6.34}$$

$$\phi^1(\boldsymbol{x},\boldsymbol{y}) = {}^{\phi u}\chi^{kl}(\boldsymbol{x},\boldsymbol{y})\frac{\partial u_k^0(\boldsymbol{x})}{\partial x_l} + {}^{\phi\phi}\chi^n(\boldsymbol{x},\boldsymbol{y})\frac{\partial \phi^0(\boldsymbol{x})}{\partial x_n} \tag{6.35}$$

比例定数 ${}^{uu}\chi_i^{kl}(\boldsymbol{x},\boldsymbol{y})$ はマクロ単位ひずみに生じるミクロ変位擾乱を意味し，特性変位関数と呼ぶ．また，比例定数 ${}^{u\phi}\chi_i^n(\boldsymbol{x},\boldsymbol{y})$ および ${}^{\phi u}\chi^{kl}(\boldsymbol{x},\boldsymbol{y})$ はそれぞれマクロ単位電界に生じるミクロ変位擾乱およびマクロ単位ひずみに生じるミクロ電位擾乱を意味し，いずれも特性連成関数と呼ぶ．さらに，比例定数 ${}^{\phi\phi}\chi^n(\boldsymbol{x},\boldsymbol{y})$ はマクロ単位電界に生じるミクロ電位擾乱を意味し，特性電位関数と呼ぶ．いずれの特性関数も Y-周期性をもつ．

式 (6.34) および式 (6.35) を用いると，マクロ方程式は

$$\int_\Omega \left(D_{ijkl}^{EH}\frac{\partial u_k^0}{\partial x_l} + e_{nij}^H\frac{\partial \phi^0}{\partial x_n}\right)\frac{\partial \delta u_i^0}{\partial x_j}d\Omega = \int_{\Gamma_t} t_i \delta u_i^0 d\Gamma \tag{6.36}$$

$$\int_\Omega \left(e_{mkl}^H\frac{\partial u_k^0}{\partial x_l} - \kappa_{mn}^{\varepsilon H}\frac{\partial \phi^0}{\partial x_n}\right)\frac{\partial \delta\phi^0}{\partial x_m}d\Omega = \int_{\Gamma_\rho} \rho\delta\phi^0 d\Gamma \tag{6.37}$$

となる．ここで，上添字 H は均質化されたマクロ材料定数であることを意味し，それぞれの均質化されたマクロ材料定数は次式により与えられる．

$$D_{ijkl}^{EH} = \frac{1}{|Y|}\int_Y \left(D_{ijkl}^E + D_{ijmn}^E\frac{\partial {}^{uu}\chi_m^{kl}}{\partial y_n} + e_{nij}\frac{\partial {}^{\phi u}\chi^{kl}}{\partial y_n}\right)dY \tag{6.38}$$

$$e_{mij}^H = \frac{1}{|Y|}\int_Y \left(e_{mij} + e_{nij}\frac{\partial {}^{\phi\phi}\chi^m}{\partial y_n} + D_{ijkl}^E\frac{\partial {}^{u\phi}\chi_k^m}{\partial y_l}\right)dY$$

$$= \frac{1}{|Y|}\int_Y \left(e_{mij} + e_{mkl}\frac{\partial {}^{uu}\chi_k^{ij}}{\partial y_l} + \kappa_{mn}^\varepsilon\frac{\partial {}^{\phi u}\chi^{ij}}{\partial y_n}\right)dY \tag{6.39}$$

$$\kappa_{mn}^{\varepsilon H} = \frac{1}{|Y|}\int_Y \left(\kappa_{mn}^\varepsilon + \kappa_{mk}^\varepsilon\frac{\partial {}^{\phi\phi}\chi^n}{\partial y_k} - e_{mkl}\frac{\partial {}^{u\phi}\chi_k^n}{\partial y_l}\right)dY \tag{6.40}$$

同様に，ミクロ方程式に代入して整理すれば

$$\frac{1}{|Y|}\int_Y \left(D_{ijkl}^E + D_{ijmn}^E\frac{\partial {}^{uu}\chi_m^{kl}}{\partial y_n} + e_{mij}\frac{\partial {}^{\phi u}\chi^{kl}}{\partial y_m}\right)\frac{\partial \delta u_i^1}{\partial y_j}dY\frac{\partial u_k^0}{\partial x_l}$$
$$+ \frac{1}{|Y|}\int_Y \left(e_{nij} + e_{mij}\frac{\partial {}^{\phi\phi}\chi^n}{\partial y_m} + D_{ijkl}^E\frac{\partial {}^{u\phi}\chi_k^n}{\partial y_l}\right)\frac{\partial \delta u_i^1}{\partial y_j}dY\frac{\partial \phi^0}{\partial x_n} = 0 \tag{6.41}$$

$$\frac{1}{|Y|}\int_Y \left(e_{mij} + e_{mkl}\frac{\partial {}^{uu}\chi_k^{ij}}{\partial y_l} - \kappa_{mn}^\varepsilon\frac{\partial {}^{\phi u}\varphi^{ij}}{\partial y_n}\right)\frac{\partial \delta\phi^1}{\partial y_m}dY\frac{\partial u_i^0}{\partial x_j}$$
$$+ \frac{1}{|Y|}\int_Y \left(-\kappa_{mn}^\varepsilon - \kappa_{mk}^\varepsilon\frac{\partial {}^{\phi\phi}\chi^n}{\partial y_k} + e_{mkl}\frac{\partial {}^{u\phi}\chi_k^n}{\partial y_l}\right)\frac{\partial \delta\phi^1}{\partial y_m}dY\frac{\partial \phi^0}{\partial x_n} = 0 \tag{6.42}$$

6.2 マルチスケール圧電体シミュレーションの定式化

となる．これらのミクロ方程式が任意のマクロひずみおよびマクロ電界に対して成り立つためには，次式が満足される必要がある．

$$\int_Y \left(D^E_{ijmn} \frac{\partial^{uu}\chi^{kl}_m}{\partial y_n} + e_{nij} \frac{\partial^{\phi u}\chi^{kl}}{\partial y_n} \right) \frac{\partial \delta u^1_i}{\partial y_j} dY = -\int_Y D^E_{ijkl} \frac{\partial \delta u^1_i}{\partial y_j} dY \quad (6.43)$$

$$\int_Y \left(e_{mij} \frac{\partial^{\phi\phi}\chi^n}{\partial y_m} + D^E_{ijkl} \frac{\partial^{u\phi}\chi^n_k}{\partial y_l} \right) \frac{\partial \delta u^1_i}{\partial y_j} dY = -\int_Y e_{nij} \frac{\partial \delta u^1_i}{\partial y_j} dY \quad (6.44)$$

$$\int_Y \left(e_{mij} \frac{\partial^{uu}\chi^{kl}_i}{\partial y_j} - \kappa^\varepsilon_{mn} \frac{\partial^{\phi u}\chi^{kl}}{\partial y_n} \right) \frac{\partial \delta \phi^1}{\partial y_m} dY = -\int_Y e_{mkl} \frac{\partial \delta \phi^1}{\partial y_m} dY \quad (6.45)$$

$$\int_Y \left(-\kappa^\varepsilon_{mk} \frac{\partial^{\phi\phi}\chi^n}{\partial y_k} + e_{mkl} \frac{\partial^{u\phi}\chi^n_k}{\partial y_l} \right) \frac{\partial \delta \phi^1}{\partial y_m} dY = -\int_Y \kappa^\varepsilon_{mn} \frac{\partial \delta \phi^1}{\partial y_m} dY \quad (6.46)$$

以上のマクロ方程式 (6.36) および式 (6.37)，ミクロ方程式 (6.43)〜(6.46) を解くことで，圧電弾性問題のマルチスケールシミュレーションが実現される．

有限要素法による離散化の詳細は付録 B.2 に示すが，マクロ方程式は式 (6.23) の形式となる．一方，ミクロ方程式を有限要素法により離散化し整理すると，次式の連立 1 次方程式となる．

$$\begin{bmatrix} k^{uu} & k^{u\phi} \\ k^{\phi u} & -k^{\phi\phi} \end{bmatrix} \begin{Bmatrix} {}^{uu}\chi^{mn} \\ {}^{\phi u}\chi^{mn} \end{Bmatrix} = \begin{Bmatrix} t^{mn} \\ q^{mn} \end{Bmatrix} \quad (6.47)$$

$$\begin{bmatrix} k^{uu} & k^{u\phi} \\ k^{\phi u} & -k^{\phi\phi} \end{bmatrix} \begin{Bmatrix} {}^{u\phi}\chi^p \\ {}^{\phi\phi}\chi^p \end{Bmatrix} = \begin{Bmatrix} t^p \\ q^p \end{Bmatrix} \quad (6.48)$$

3 次元問題の場合に要素内の全節点数を n_e とすれば，k^{uu} はミクロ構造の力-変位関係マトリックス（剛性マトリックス）であり，$3n_e \times 3n_e$ の成分をもつ．また，$k^{u\phi}$ および $k^{\phi u}$ は連成項の係数マトリックスであり，前者は $n_e \times 3n_e$ の成分をもつ力-電位関係マトリックス，後者は $3n_e \times n_e$ の成分をもつ電荷-変位関係マトリックスである．さらに，$k^{\phi\phi}$ は $n_e \times n_e$ の成分をもつ電荷-電位関係マトリックスである．右辺ベクトル t^{mn}, q^{mn}, t^p および q^p はミクロ構造における材料特性の不均質性により与えられる．上添字 mn はひずみ成分，p は電界成分を意味する．$mn = 11, 22, 33, 23, 31, 12$，また $p = 1, 2, 3$ であり，ミクロ方程式 (6.47) は 6 回，式 (6.48) は 3 回の計 9 回にわたって連立一次方程式を解くことになる．

6.3 結晶形態を考慮したマルチスケールシミュレーション

前節の均質化理論を用い，BaTiO₃ 多結晶体の結晶形態を考慮したマルチスケール解析例を紹介する．圧電材料として多用される正方晶のペロブスカイト型化合物は，c 軸方向に各原子がわずかに変位した非対称な結晶構造により機械的に顕著な異方性を示すと同時に，c 軸方向に生じる自発分極により電気的にも特異性をもつ[3]．したがって，結晶粒集合組織は各結晶粒のもつ不ぞろいな方位，すなわち不均質な結晶方位分布として特徴づけられる．結晶粒の方位は，図 6.9 に示すようにオイラー角 (ϕ, θ, ψ) により定義し，結晶座標系とミクロ座標系を関係づける．また，結晶粒の特性は単結晶体の弾性スティフネス定数 $^{\text{crystal}}D^E_{mnpq}$，圧電応力定数 $^{\text{crystal}}e_{pmn}$ および誘電率 $^{\text{crystal}}\kappa^\varepsilon_{mn}$ により表現できるものとし，ミクロ座標系における弾性スティフネス定数 D^E_{ijkl}，圧電応力定数 e_{kij} および誘電率 κ^ε_{ik} は次式に示す座標変換によって与えられる．

$$D^E_{ijkl} = T_{im}T_{jn}T_{kp}T_{lq}{}^{\text{crystal}}D^E_{mnpq} \tag{6.49}$$

$$e_{kij} = T_{kp}T_{im}T_{jn}{}^{\text{crystal}}e_{pmn} \tag{6.50}$$

$$\kappa^\varepsilon_{ik} = T_{im}T_{jn}{}^{\text{crystal}}\kappa^\varepsilon_{mn} \tag{6.51}$$

ここで，T_{ij} は結晶座標系からミクロ座標系への座標変換テンソルでありオイラー角により定まる．

結晶形態の計測データをミクロ構造に導入したマクロ均質化特性の評価

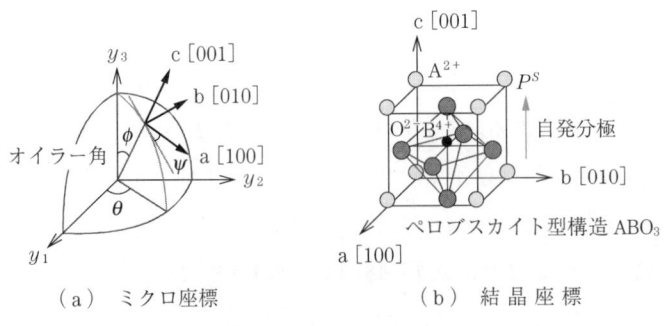

図 6.9　ミクロ座標系と結晶座標系の関係

例[4),5)]を紹介する．多結晶材料のミクロ結晶形態の実験的解析法として，走査型電子顕微鏡（scanning electron microscope, SEM）の鏡筒内に設置した試料に電子線を照射し，発生した後方散乱電子回折（electron backscatter diffraction, EBSD）像から各結晶粒の方位を解析するSEM・EBSD法がある．SEM・EBSD法は，空間分解能に優れ，サブミクロンの結晶粒の方位解析が可能である．そこで，$BaTiO_3$多結晶圧電体に対してSEM・EBSD法を適用し，図6.10に示すように得られた結晶方位測定データをミクロ構造モデルの要素内のガウス積分点に導入した．

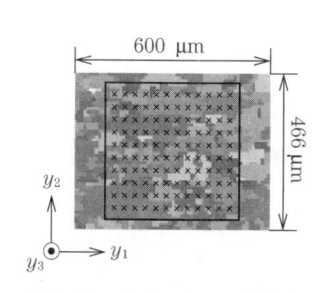

図6.10 SEM・EBSD結晶方位測定データ

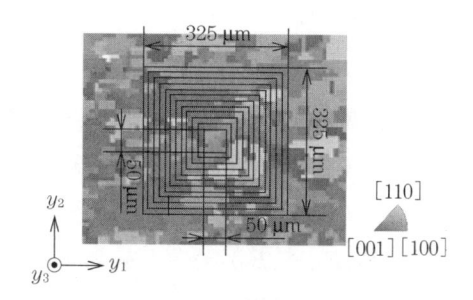

図6.11 ミクロ構造モデルの抽出

結晶方位データを導入する場合，そのランダムさのため明確な単位セルが定義できないことからマクロ特性を十分に表現し得るミクロ構造モデルの検討が必要である．ここでは，図6.11に示すように$50×50\ \mu m^2$から$325×325\ \mu m^2$の領域における結晶方位データに対して，マクロ均質化特性予測値に及ぼすサンプリング領域サイズの影響を調査した．

図6.12にマクロ比誘電率，図6.13にマクロ圧電ひずみ定数に対する解析結果を示す．両図から，比誘電率および圧電ひずみ定数ともに，領域サイズが$225×225=50\,625\ \mu m^2$以上では予測値がほぼ一定値に収束することがわかる．また，試験片の作製条件から面内等方性で分極方向のy_3軸に異方性を有することが予想されるが，領域サイズが$225×225=50\,625\ \mu m^2$以上のマクロ特性予測値でもこれに整合する結果を得た．

筆者の一人[6)]は，こうしたシミュレーション法を応用して，結晶方位制御に

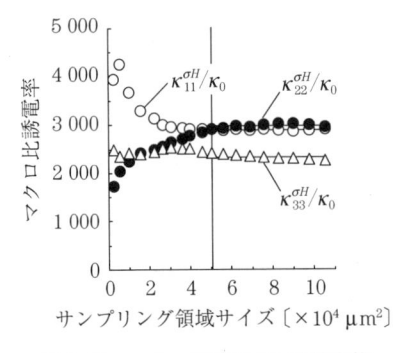

図 6.12 マクロ比誘電率と結晶方位サンプリング領域サイズの関係

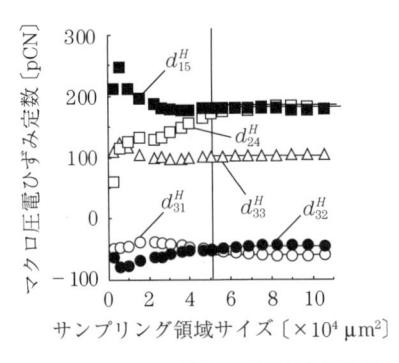

図 6.13 マクロ圧電ひずみ定数と結晶方位サンプリング領域サイズの関係

よる圧電セラミックスの高性能化を目的として，マルチスケール有限要素法を応用した結晶方位分布の最適化計算を行っている．具体的に，ミクロ結晶集合体を構成する各結晶粒の方位を設計変数とし，マクロ圧電ひずみ定数 d_{mij}^H を目的関数とする最適化問題を考える．

$$f(\boldsymbol{E}_1, \boldsymbol{E}_2, \cdots, \boldsymbol{E}_n) = d_{mij}^H \rightarrow \max \tag{6.52}$$

ここで，$\boldsymbol{E}_i$ は i 番目の結晶方位を定めるオイラー角を意味する．

最適解の探索には，無制約条件下の多変数最適化問題に適した非線形計画法として最急降下法を採用する．最初に，ミクロ有限要素モデルにランダム結晶方位分布を初期値として設定し，ミクロ方程式を解きマクロ圧電特性を評価して勾配ベクトルを算出し，目的関数が極大値となる移動量を探索する．続いて，ミクロ有限要素モデルの各積分点に割り当てたオイラー角を更新し，更新されたミクロ構造に対するマクロ圧電特性を算出する．

MEMS 用高性能アクチュエータとして結晶形態を制御した圧電薄膜の開発が盛んである．中でも，基板の規則的な原子配列に従って結晶が成長する，すなわちエピタキシャル成長を利用して特定の結晶方位を優先配向させた圧電薄膜アクチュエータが有望である．結晶粒の圧電特性は顕著な方位依存性をもつことから，優れた圧電特性を示す結晶方位のみを選択的に成長させることで，ランダム配向の多結晶体では成し得ない高性能化が実現する．しかしながら，現状の圧電薄膜においては，優れた圧電特性を発現する単結晶体を目指した均

一配向薄膜の創製に注力されており，多結晶体が有する不均質な結晶方位分布を積極的に活用する試みはない．すなわち，マクロ圧電特性を向上する不均質なミクロ結晶方位分布の設計はいまだ検討されていないことから，有効な指針を得ることが期待されている．

6.4 多孔質PZTのイメージベースマルチスケールシミュレーション

量・大きさを制御した微細な孔を均等に発生させることで電気機械結合係数が高い圧電材料が創成でき，多孔質PZTは例えば受波感度の高い超音波センサとして供用されている．4章で示したように，多孔質セラミックス，生体材料で実証されてきたイメージベースモデリング技術が，鉛を主成分にもつPZT（ジルコン酸チタン酸鉛，$Pb(Zr,Ti)O_3$）にも適用できた事例[7]を示す．

用いたサンプルは，サンプルA（気孔率7.1%）とサンプルB（気孔率25.5%）の二つである．解像度2.7 μmのX線マイクロCTを使用し，画像解析の結果から，サンプルBは気孔が完全に連結した開気孔であることがわかった．

多孔質材料の2値化処理において気孔率を再現することは最低条件である．そこで，図1.21のように，材料と気孔を識別するしきい値を変化させ，実測した気孔率を再現するように2値化処理を綿密に行った．図6.14の右上の図は計測気孔率に合わせたときのX線マイクロCTの2値化処理画像を示しているが，左上に示すSEM画像と比較して全体的に気孔が大きく評価されてしまっていることが確認できる．そこで，初めにSEM画像からX線マイクロCTでは解像できていないサイズの気孔が占める割合を計測し，実際の気孔率からこの割合だけを省いた気孔率を基準にして2値化処理を行った．

図6.14の下段には小さな気孔を除いた状態でのSEMとX線マイクロCT画像の2値化処理後の画像を比較しているが，上段と比べて画像の信頼性が向上していることが確認できる．差し引いた分の気孔率については，大きな孔をイメージベースモデリングで再現した後，図6.15のように仮想的な微細な孔

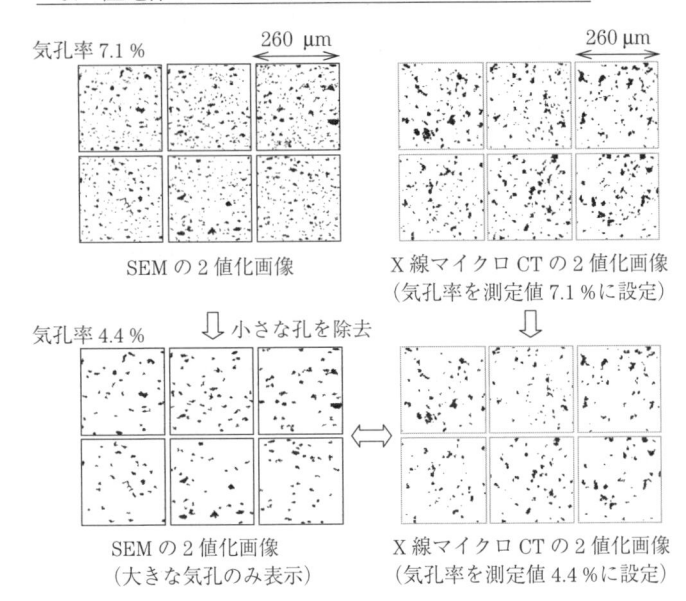

174   6. 圧電体のマルチフィジックスシミュレーション

図 6.14 SEM と X 線マイクロ CT 画像から評価したサンプル A の気孔の大きさの比較

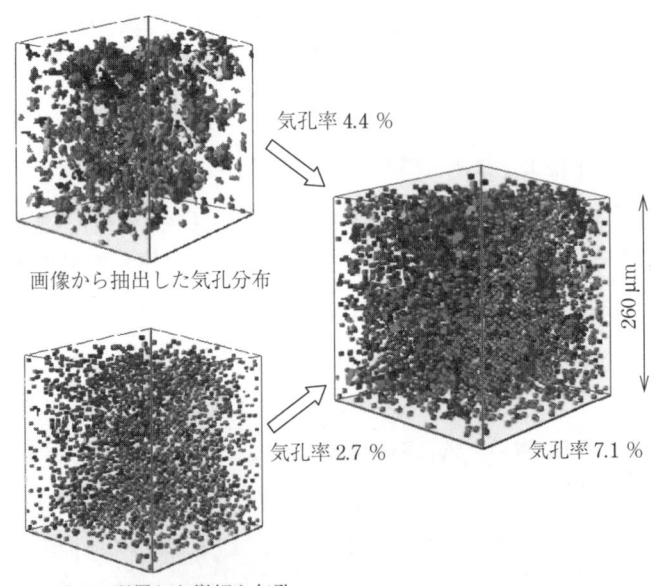

図 6.15 サンプル A における気孔の再現状況

6.4 多孔質PZTのイメージベースマルチスケールシミュレーション

をランダムに発生させた．一方，サンプルBは気孔径がマイクロCTでとらえるのに十分大きく，SEM写真でも確認のうえ，全自動モデリングが行えた．

両サンプルのボクセル解析モデルを図6.16に示す．なお，ここでは微視構造を形成するPZT内の結晶構造は無視し，材料はすべて図6.16中の上下方向に分極処理がされているものと仮定している．

サンプルA（気孔率7.1%）　　　サンプルB（気孔率25.5%）

図6.16 多孔質PZTのボクセル解析モデル

ここでは，球状の気孔が規則的に並ぶ仮想的な状態を想定した解析モデルの結果と比較する．このとき，仮想モデルの球径を変化させることで気孔率を変化させ，気孔率の関数として均質化法により評価される各材料テンソル値をプロットし，実サンプルの結果と併せて比較した．

マクロな圧電応力テンソル，誘電テンソル，圧電ひずみテンソルは異方性を示した．これらを用いて，次式のマクロな電気機械結合係数を計算した．

$$k_h = \sqrt{\frac{(d_{31}^H + d_{32}^H + d_{33}^H)^2}{\kappa_{33}^{\sigma H}(C_{11}^{EH} + C_{22}^{EH} + C_{33}^{EH} + 2C_{23}^{EH} + 2C_{13}^{EH} + 2C_{12}^{EH})}} \quad (6.53)$$

図6.17に示す計算結果は，サンプルBのように開気孔になると，モルフォロジーの影響が強くなり，気孔率だけでは予測できない高い電気機械結合係数が得られる可能性を示唆している．そのほかにも，積極的に異方性を導入するなどの可能性も計算上示すことができた．詳細は文献を参照されたい[7]．

最後に，6.1節で紹介した節点対角ブロック前処理付共役勾配法の収束特性について示す．圧電均質化法では特性変位関数分（合計9回）の連立一次方程

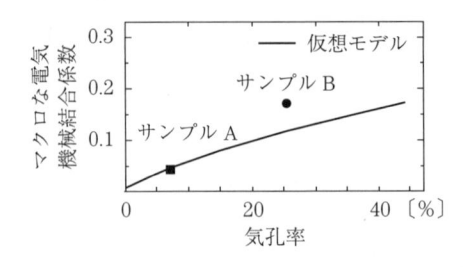

176　　6．圧電体のマルチフィジックスシミュレーション

図6.17　マクロな電気機械結合係数

式を解く必要があり，図6.18にはサンプルAの $^{uu}\chi^{11}$ を評価するための方程式を解いたときの収束状況を示している．前処理なしだと，ほぼ一定の誤差のまま振動しているだけであり，収束解が得られなかった．一方，節点対角ブロック前処理反復ソルバでは，図4.9の場合ほどなめらかな収束ではないが，自由度数の0.05％程度の反復回数で収束解が求められた．

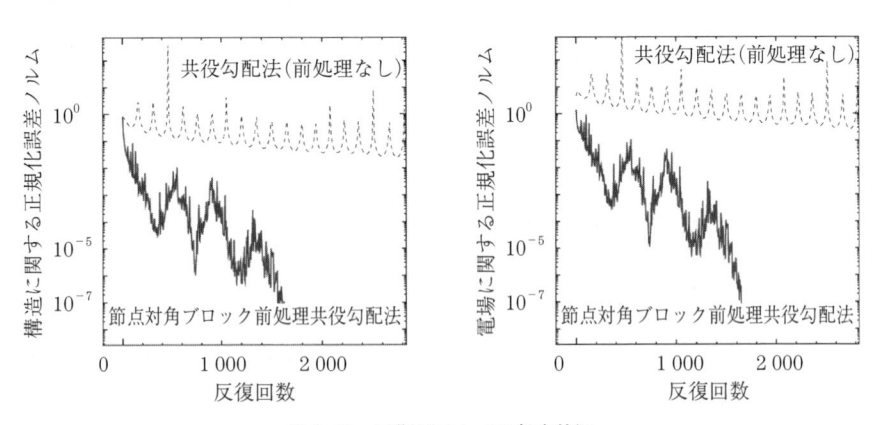

図6.18　反復型ソルバの収束状況

MEMS のシミュレーション

7.1 マイクロセンサの構造シミュレーション

　車のエアバック内に搭載されている加速度センサ，カメラの手ぶれ防止を感知するためのジャイロセンサなど，MEMS 技術により製作されたマイクロセンサはすでに日常的な多くの場面で活躍している。図7.1 には杉山・鳥山ら[1]が開発した6自由度の力・モーメント MEMS センサの一例を示す。その基礎原理は至って単純であり，中央部に位置する検知部に力が作用し，それに伴い変形する周辺部の4枚のカンチレバー部のひずみ状態から，作用した力・モーメントを推定する。高感度なセンサの製作には，カンチレバー上の適切な位置にひずみゲージに相当する圧電抵抗素子を配置する（不純物ドーピング）必要がある。そこで有限要素解析には，カンチレバー部のひずみ分布を高精度に評価することが求められる。

　MEMS 設計における有限要素解析のすべてが 1.3 節の専用ソフトを使うの

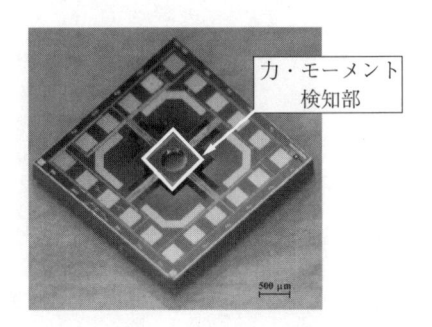

図7.1　6自由度の力・モーメント MEMS センサ

178   7. MEMSのシミュレーション

ではなく，1.1節で説明したCAD/CAEの通常の手順を用いることは多い。この場合，四面体要素による自動要素分割に頼ることが多々ある。しかしながら，四面体要素では，ひずみ・応力分布を正確に描くには節点や要素重心の配置がランダムとなるので不便なことが多い。図1.17の説明を思い起こしてほしい。一方，ボクセル型メッシュはポストプロセシングには便利であるが，カンチレバー部以外も細メッシュを切るのは計算コストが無駄である。

そこで，例えば2.5節で説明した異メッシュ接合法を用いれば，構造パーツ間での不整合な要素分割が許されるため，図7.2に示すように目的に合わせて要素サイズを自由に調整しやすい。この問題ではパーツごとにボクセル型メッシュが用いられている。図7.3（a）には，四面体要素分割を用いたときにひずみ分布が要素形状に依存し，いびつに評価されてしまった例を示す。図7.3（b）や図7.4に示すようにボクセル型メッシュは高精度なひずみ・応力評価に好都合である。

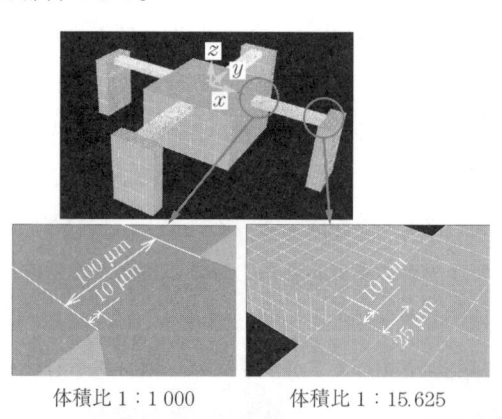

体積比 1：1 000　　　体積比 1：15.625

図7.2　異メッシュ接合法による解析モデル

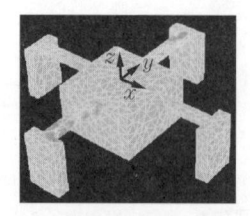

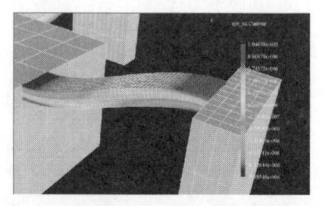

（a）四面体要素オートメッシュ時　　（b）異メッシュ接合法＋六面体要素

図7.3　ひずみ分布の表現能力

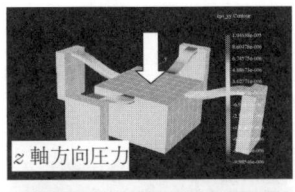

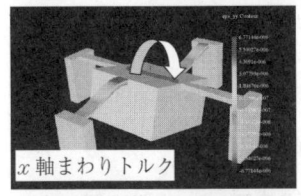

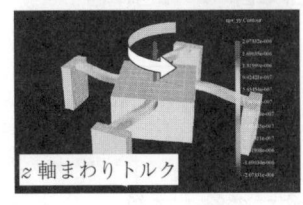

図7.4 異メッシュ接合法による各運動モード時のy方向垂直ひずみ分布

7.2 くし歯アクチュエータの静電シミュレーション

　MEMS設計においては，6章に示した圧電材料以外にも，流体，静電場，熱などの多岐にわたる物理の連成問題を解くマルチフィジックス解析[2]が要求されるようになってきている。

　一概にマルチフィジックスとはいっても，異なる物理境界面でのみ物理量の引渡しがある場合，同一領域内において物理が連成する場合など連成の仕方・程度はさまざまである。設計者には，物理特性の連成状態を把握し，どちらの物理を重点的に解きたいのかといった要求を踏まえたうえで，適切な連成解析手法を選択しなくてはいけない。まずは主な連成解析手法を分類し，その特徴を説明する。

　図7.5に分類するように，連成解析手法は数値解析における方程式の導出の仕方・解き方の違いから一体型解法と分離型解法に大別できる。一体型解法とは，図7.6（a）の概念図に示すように複数の物理問題を一つの方程式に集約

図 7.5 連成解析手法の分類

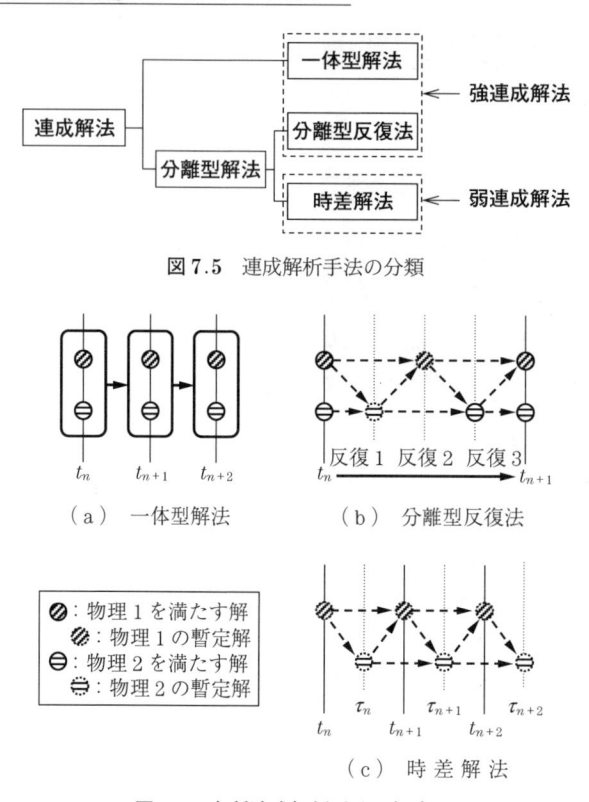

図 7.6 各種連成解析手法の概念図

させ同時に解く方法である．先の圧電解析法もこの種に含まれる．

　それとは別に，物理問題を引き離し，分離された一方の物理問題の数値解析結果より連成項を推測し，それを境界条件などの設定により他方の物理問題へ引き渡すといった一連の操作を繰り返す分離型解法がある．分離型解法は，図7.6(b)，(c)に示すような繰返し過程の違いにより，さらに分離型反復法，時差解法へと小分類される．分離型反復法では，両物理が同時に解けたと判断されるまでは近似解はあくまでも暫定解として利用し，つぎの時刻の解を得るまでに複数の反復ステップを経る．一方で時差解法は，暫定解をそのまま各時刻の近似解とみなし，物理問題間で時間差を与えながら半ば強引に両者を連成させる解法である．

7.2 くし歯アクチュエータの静電シミュレーション

物理間での連成の影響が大きく，より正確に連成現象を評価することが求められる場合には，各時刻において両物理の支配方程式を同時に満足できる方法として，図7.6(a)に示す一体型解法，あるいは図7.6(b)に示す分離型反復法を選択するほうがよい。特に開発者・研究者の間では，このような解法を**強連成解法**と呼び，暫定解のまま半ば強引に解析を進める時差解法は**弱連成解法**と分類する呼び名が使われる。すでに各物理問題のシミュレータを完備している状況であれば，図7.6(c)で示す破線矢印の部分に相当するコンバータを用意さえすれば弱連成解析は実践できるので，お手軽な方法である。いまだ強連成型のマルチフィジックス解法を完備しているソフトウェアが少ない現状では，連成に伴う誤差の介入を気にしながら弱連成型解法を使いこなす技量が求められる。

分離型解法は各物理問題の数値解析手法を統一する必要はなく，物理問題ごとにふさわしい手法が選択できる。例として，**境界要素法**（boundary element method，**BEM**）と有限要素法（FEM）の組合せによる静電型のMEMSアクチュエータの分離型解析の結果を示す。

図7.7にくし歯型静電アクチュエータを含むデバイス例を示す。使用ソフトはCoventorWareである。このデバイスは磯野ら[3]が開発したナノサイズのワイヤなどの引張試験機であり，同図右にはこのデバイスの機構を簡略化した絵を示している。くし歯間のすき間に発生する静電引力によりくし歯構造はた

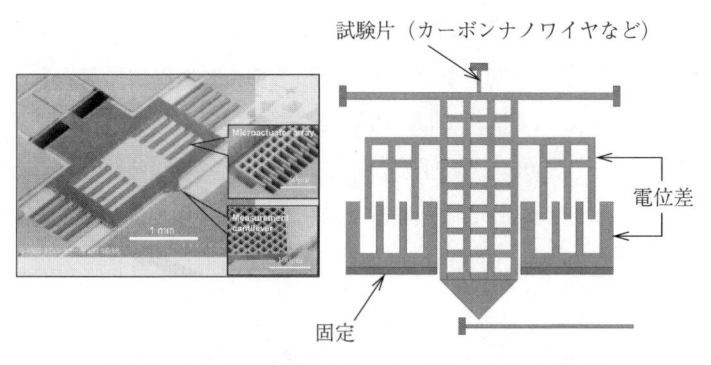

図7.7 くし歯型静電アクチュエータを含むデバイス例

がいに引き寄せられ、ワイヤを引っ張る装置である。

図7.8には、くし歯の一部を切り出した静電アクチュエータ解析モデルを示す。境界条件として、くし歯の上部・下部の間に電位差を与えている。構造周辺に発生した静電場によりくし歯が動作し、構造に変形が生じている。このときの印加電圧とくし歯先端での変位の関係を図7.9に示す。

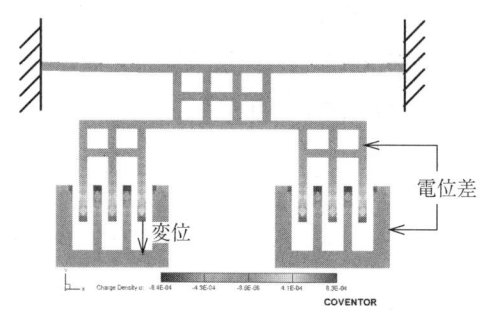

図7.8 くし歯の一部を切り出した静電アクチュエータ解析モデル

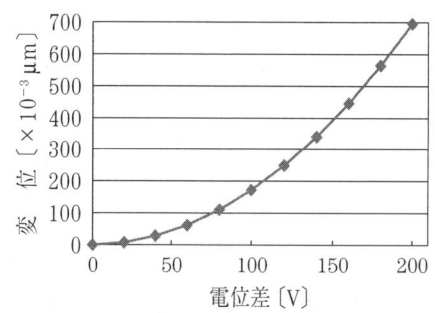

図7.9 静電アクチュエータの印可電圧-変位の関係

ここで、アクチュエータの動作性能を評価するのに必要なのは駆動力の見積りであり、構造周辺の空間における電場分布を見る必要はない。このため静電型アクチュエータの数値解析では、静電場問題を境界要素法、構造問題を有限要素法で解析する組合せの分離型解法がしばしば選択される。もちろん空間メッシュ分割を行えば両者を有限要素法で解析することもできるが、空間メッシュを必要としない BEM-FEM の組合せによる連成解析のメリットは容易に理解できよう。

なお、くし場の本数とトータルの性能には簡単な関係があるので本例では問

題ないが，図7.7の実際の1000本もあるくし場をすべてモデル化することは到底不可能である．ここにも将来のマルチスケール問題が存在する．

7.3 モデル縮約法による高速動的シミュレーション

流体-構造連成解析が扱える弱連成解法を用いるソフト整備がなされつつある．しかし，構造問題の計算規模が流体解析に追いついておらず，現実的なMEMSシステムを模擬した流体-構造連成解析をすぐに行えるまで十分なものとはいい難い．**図7.10**には，流体解析の例として，1.3節でもふれた鳥山ら[4),5)]が試作しているMEMSエンジン内の気体の定常流れ解析結果を示す．このような定常解析であればPCクラスタレベルの並列計算機を用い1000万要素クラスの流体計算は十分に実用的である．しかし，数千万要素クラス以上の構造問題との連成解析を実施したいとなれば，そうたやすくない．まして動的問題となればなおさらである．

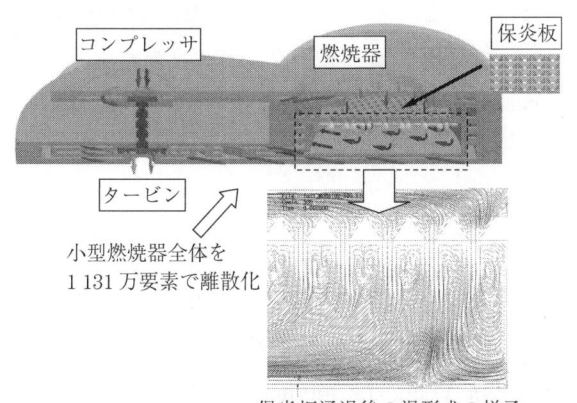

図7.10 MEMSエンジン内の気体の定常流れ解析結果

そこで，MEMSにしばしば現れる繰返し構造に対しては，なんらかの均質化を利用した簡略化モデルを構築するなどして，計算負荷を減らす努力が必要である．ここでは，図1.7でも紹介したMEMS燃焼器内の保炎板を等価な曲

げ剛性をもつ均質な板構造に置き換えた解析モデルを使用し，さらに最新の計算技術である高速動的解析技術を適用することで，構造の動的問題における大規模対策を施した事例について述べる。

高速動的解析手法として特に MEMS の分野において実績のある**モデル縮約法**（model order reduction method，**MOR 法**)[6]~[10] を紹介する。手法の詳細は後述するが，MOR 法では動的問題を記述するのに必要となるわずかの数の直交基底ベクトルを高速に評価し，座標変換により次元数を減らす方法である。その計算手順は，主に以下の三つに分けられる。

① 縮約に使う直交基底ベクトルを作成する。
② ①で求めた直交基底により縮約方程式を求め，時間積分する。
③ 逆変換し，実空間の解に戻す。

ここで有限要素法により離散化したときの代数方程式が次式により記述できるものとする。

$$M\ddot{u} + Ku = f \tag{7.1}$$

ここで，M, K は質量，剛性マトリックスであり，$\ddot{u}, u, f$ はそれぞれ加速度，変位，荷重ベクトルである。減衰マトリックスは簡略化のために無視している。MOR 法の説明のため便宜的に，マトリックス C, G を新たに定義することで 2 階の常微分方程式を 1 階へと変換する。

$$C\dot{x} + Gx = \hat{f} \tag{7.2}$$

$$C = \begin{bmatrix} 0 & M \\ I & 0 \end{bmatrix}, \quad G = \begin{bmatrix} K & 0 \\ 0 & I \end{bmatrix}, \quad x = \begin{Bmatrix} u \\ \dot{u} \end{Bmatrix}, \quad \hat{f} = \begin{Bmatrix} f \\ 0 \end{Bmatrix}$$

MOR 法の手順①では図 **7.11** に示す**アーノルディ法**（Arnoldi method）あるいは**ランチョス法**（Lanczos method）により $2N$ 次元の直交基底ベクトルを求める。なお，ここでは手順が単純であるため，1 階の微分方程式に対するアーノルディ法を紹介したが，自由度 N の 2 階の常微分方程式からそのまま N 次元の基底ベクトルを作成するバージョンも存在する。

以下では，解析手順①により作成した n（$\ll N$）本の基底ベクトル v_i（$i = 1, 2, \cdots, n$）を格納した行列 V_n（$N \times n$）が定義されたものとして，実際に縮

7.3 モデル縮約法による高速動的シミュレーション

```
Input C, G, f̂, n
Output V_n
v₁ = G⁻¹f̂/‖G⁻¹f̂‖₂, V₁ = [v₁]
for j = 1, 2, ⋯, n do
    r = -G⁻¹Cv_j
    h_j = V_j^T r
    r = r - V_j h_j
    h_{j+1,j} = ‖r‖₂
    stopif h_{j+1,j} = 0
    v_{j+1} = r/h_{j+1,j}, V_{j+1} = [v₁, ⋯, v_j, v_{j+1}]
end for
```

図 7.11 アーノルディ法

約解析する手順を述べる。手順②における自由度 n の縮約方程式は，有限要素法により空間離散化された運動方程式 (7.1) における各ベクトルを n 本の基底ベクトルにより $u \cong V_n u_n$ として座標変換した後，方程式の左から V_n の逆マトリックス（直交性より転置マトリックス）を掛けることで求められる。

$$\bar{M}\ddot{u}_n + \bar{K}u_n = f_n \tag{7.3}$$

$$\bar{M} = V_n^T M V_n, \quad \bar{K} = V_n^T K V_n$$

形式上は式 (7.1) と類似しているが，マトリックス，ベクトルの次元がすべて n に縮約されており，変換後の $\ddot{u}_n, u_n$ は物理的に意味のない未知変数となっている。なお，縮約後の時間積分法としては，通常の動的過渡応答解析と同じ手法が使用できる。ここでは Newmark-β 法を使用した。なお，同じ縮約方程式を用いて周波数応答解析を行うことも可能である。

厳密な座標変換といえば，方程式と同じ次元数の直交基底ベクトルを用意すべきではある。したがって，縮約方程式作成で行った不完全な座標変換ではいく分かは誤差を含むことになり，いかにして少ない本数の基底ベクトルから良質な近似解が評価できるかが高速解法の核心部となる。直交基底ベクトルによる座標変換を用いた同様な方法としては，固有ベクトルによる縮約方法も古くから提案されている。MOR 法における基底作成手順は，図 7.11 に示すように 1 本の基底ベクトルを求めるのに線形方程式を 1 回解くだけでよく，固有ベクトルの演算よりも高速に評価できるといった利点がある。また，MOR 法は，固有値解析では使用しない右辺項ベクトルの情報を使っており，解く問題の条

件を限定することになるものの，より効率的な基底ベクトルが選別できる。

③に示す逆変換は縮約した問題の解から実空間の解へと写像する操作である。演算としては，縮約自由度の解を使い，$u = V_n u_n$ のマトリックス-ベクトル積の演算を行う．MOR 法の近似に関する理論は周波数空間に関する級数展開により証明されており，この近似特性を明記することで「モーメントマッチングに基づく MOR 法」と呼ばれることもある．

1.1 節でも紹介した MEMS の燃焼機内の保炎板の振動解析例を通してMOR 法の精度を見てみよう．図 7.12 の解析モデル図のように，1/4 領域のみを解析対象とする．なお，等価曲げ剛性をもつ均質板を用いた簡易化モデルでは静的荷重時における応力集中部にのみ詳細構造を配置している．すべての穴を忠実に表したモデルでは節点数が 98 756 だけ必要であったのに対し，均質板モデルを用いることで 1/6 程度の 15 754 節点にまで減らすことができている．荷重条件としては，円板中心部に圧力を初期状態から 1 μs までの間載荷し，その後に除荷した．ここでは，均質板の有限要素解析モデルより導出される方程式をそのまま時間積分した結果を参照解とし，MOR 法により縮約解析を行った結果と比較する．

円板中央部の載荷点付近の点 A と応力集中部である点 B の 2 点での変位応

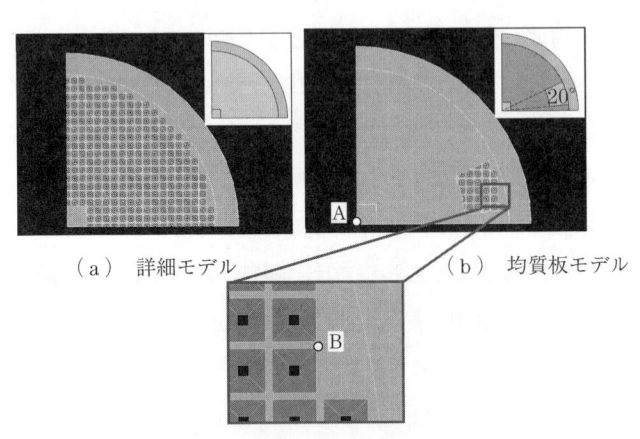

図 7.12 均質化物性値を利用した保炎板の解析モデル

7.3 モデル縮約法による高速動的シミュレーション

答をそれぞれ図 **7.13**（a），（b）に示す．各図には参照解と基底ベクトル数 100 に設定した MOR 法の結果の 2 本の線をプロットしているが，両者の差が観測できないほど精度のよい結果が得られている．このとき MOR 法による変位応答の誤差は各時刻で 5 ％程度に抑えられており，基底数を 300 まで増やせば誤差 1 ％以下にまで精度を向上できた．基底数 300 としても方程式の次元が 47 262（＝15 754 節点×3）の 0.6 ％に低減できていることになる．

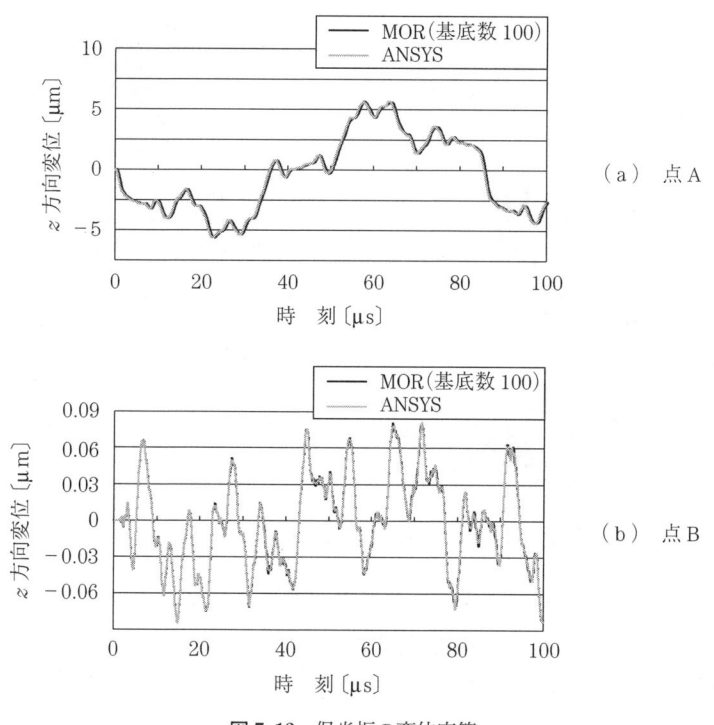

図 7.13 保炎板の変位応答

別の例題により，計算効率を検証する．解析モデルは**図 7.14** に示す翼付きの円板である．直径は 6 mm 程度である．なお，表にはインペラ翼，裏にはタービン翼が形づけられた表裏一体型の円板モデルである．MEMS による製作のため，翼形状が立体的ではなく擬似 2 次元的なものであることが確認できよう．解析条件としては，偏心回転時の円板の傾きを抑えるため，関数 $a(t)$

188　7. MEMSのシミュレーション

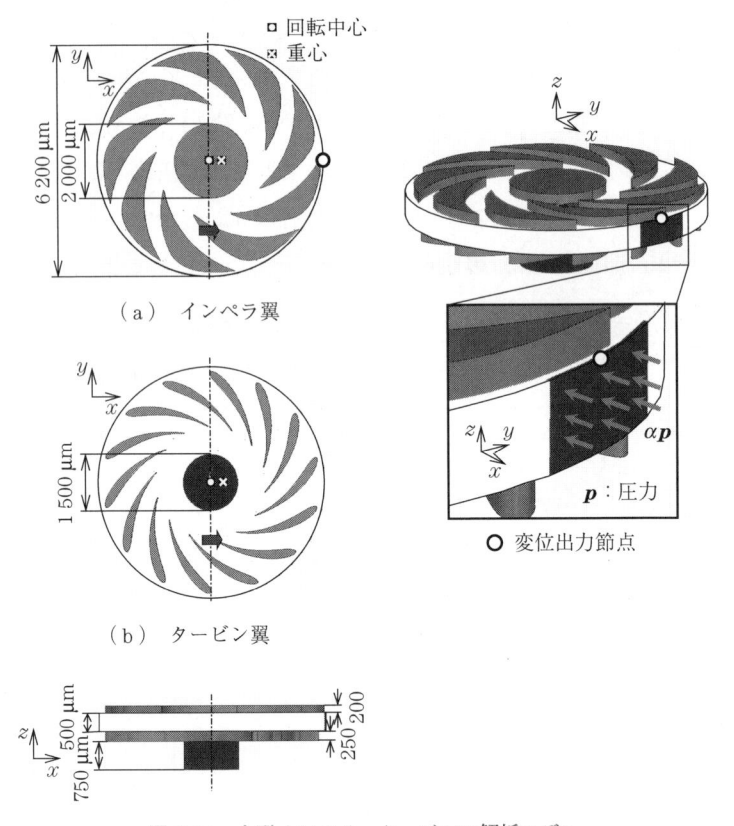

図7.14 小型インペラ・タービンの解析モデル

(a) インペラ翼
(b) タービン翼

により定義される非定常なエアの圧力 p を側方より与えることを想定している。圧力荷重としてはパルス波を想定し，$a(t)$ には時刻 3.0×10^{-4} s 間隔ごとに1または0を繰り返す関数を設定した。図7.14に示す変位出力節点での変位応答を**図7.15**に示す。同図 x 軸上に太線となっているときには圧力が載荷され，それ以外の時刻には除荷されていることを意味している。この例題では節点数30 106の解析モデルに対して，基底数はわずか10にまで抑えているが，グラフからは誤差が確認できないほどの良好な結果が得られている。

MOR法では，①基底作成，②座標変換および時間積分，③逆変換，といった手順が必要となるため，通常の解析に比べ余分な計算プロセスが含まれ

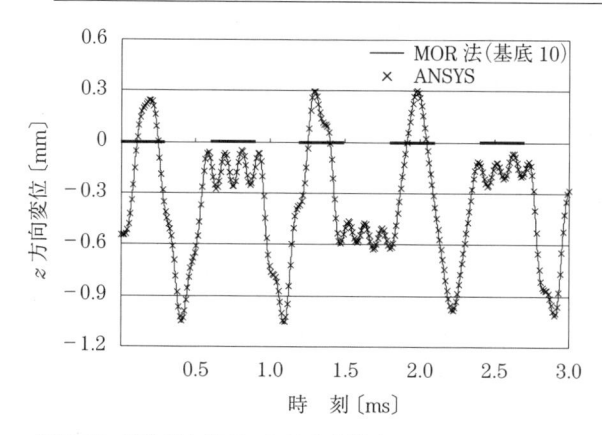

図7.15 変位出力節点における小型インペラ・タービンの変位応答

る．現在では，ANSYSにより作成した解析モデルに対応するマトリックス情報をバイナリ形式で出力したものをMOR法の入力情報とし，MOR法のプロセス①には，ドイツ フライブルク大学のJan.G.Korvinkが開発したソフトMOR4ANSYS[6)~8)]を用いた．また，手順②，③はMathematicaにより

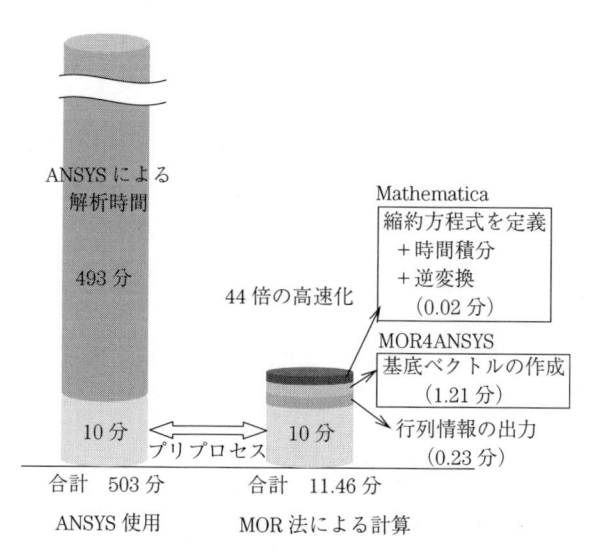

図7.16 MOR法に費やす計算時間とANSYSの計算時間との比較

実施している．図7.16にはインペラ・タービン円板モデルの例において，MOR法に費やしたすべての計算時間をANSYSの計算時間と比較しているが，およそ44倍の高速性が実現できている．

　上で述べた現在のMOR法ツールは複数の手順を踏む必要があり，実用化に向けてはまだ改良の余地がある．特に，問題に合わせた縮約基底の数の自動設定法の確立が望まれる．ともかく，MOR法は流体-構造連成解析において今後ボトルネックとなるであろう動的構造解析の計算時間を克服するのに十分なパフォーマンスをもった一手法として期待できる．

付録 A　構造問題の支配方程式と有限要素法

A.1　テンソル表記の基礎

テンソルは座標系が違っても表現形式は変化せず，テンソル表記された式は不変性をもつ．本書で登場するさまざまな数式を工学的な観点で理解できることを目的として，テンソルの必要性と基礎的な表記および演算について説明する．なお，テンソルに関する詳細は文献 1)〜4) を参考にしてほしい．

図 A.1 に示すように，原点を O とする二つの右手系の直交座標系 O-x_1, x_2, x_3 および O-x_1', x_2', x_3' においてベクトル a を考える．直交座標系 O-x_1, x_2, x_3 において，座標軸に沿った大きさが 1 であるベクトル，すなわち基底ベクトルを e_1, e_2, e_3 と表記する．基底ベクトル e_1, e_2, e_3 は直交する単位ベクトルであるから，次式の関係をもつ．

$$e_i \cdot e_j = \delta_{ij} \tag{A.1}$$

ここで，δ_{ij} は**クロネッカー**（Kronecker）**のデルタ**記号であり，つぎのように定義される．

$$\delta_{ij} = \begin{cases} 1 & (i=j) \\ 0 & (i \neq j) \end{cases} \tag{A.2}$$

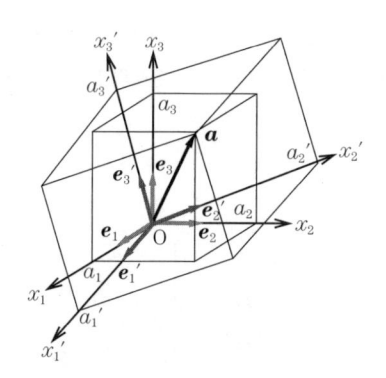

図 A.1　基底ベクトル

基底ベクトル e_1, e_2, e_3 を用いると，ベクトル a は基底ベクトルを用いて次式のように表すことができる．

$$a = a_1 e_1 + a_2 e_2 + a_3 e_3 \tag{A.3}$$

一方，直交座標系 $O\text{-}x_1', x_2', x_3'$ において，基底ベクトル e_1', e_2', e_3' を用いてベクトル a を表すと

$$a = a_1' e_1' + a_2' e_2' + a_3' e_3' \tag{A.4}$$

となる．また，両座標系の基底ベクトルの内積をつぎのように定義すれば

$$T_{ij} = e_i' \cdot e_j \tag{A.5}$$

ベクトル a の成分 a_1, a_2, a_3 と a_1', a_2', a_3' は，次式のような連立一次方程式によって関係づけられる．

$$\left.\begin{aligned} a_1' &= T_{11} a_1 + T_{12} a_2 + T_{13} a_3 \\ a_2' &= T_{21} a_1 + T_{22} a_2 + T_{23} a_3 \\ a_3' &= T_{31} a_1 + T_{32} a_2 + T_{33} a_3 \end{aligned}\right\} \tag{A.6}$$

三つの関係式をまとめると

$$\begin{Bmatrix} a_1' \\ a_2' \\ a_3' \end{Bmatrix} = \begin{bmatrix} T_{11} & T_{12} & T_{13} \\ T_{21} & T_{22} & T_{23} \\ T_{31} & T_{32} & T_{33} \end{bmatrix} \begin{Bmatrix} a_1 \\ a_2 \\ a_3 \end{Bmatrix} \tag{A.7}$$

となる．式 (A.7) は，二つの座標系におけるベクトル成分の線形変換則であり，特に座標変換則と呼ばれる．

さて，式 (A.7) を別な視点で考えると，ベクトルで表現された二つの物理量の線形関係とみなすこともできる．6章で紹介する電気的構成則 (電束密度-電界関係) などがこれと同じ形式となる．このように，二つのベクトルの線形関係は，複数の数値を行と列に並べたマトリックスにより表現できる．すなわち，3成分をもつ二つのベクトルを関係づけるためには，3行3列のマトリックスで表現される9個の係数が必要となる．

それでは，ベクトルとマトリックス，マトリックスとマトリックスの関係を次式に示すベクトルとマトリックスを例に考える．

$$x = \begin{Bmatrix} x_1 \\ x_2 \\ x_3 \end{Bmatrix}, \quad y = \begin{bmatrix} y_{11} & y_{12} & y_{13} \\ y_{21} & y_{22} & y_{23} \\ y_{31} & y_{32} & y_{33} \end{bmatrix}, \quad z = \begin{bmatrix} z_{11} & z_{12} & z_{13} \\ z_{21} & z_{22} & z_{23} \\ z_{31} & z_{32} & z_{33} \end{bmatrix} \tag{A.8}$$

式 (A.6) と同様に両成分間に線形関係がある場合，ベクトル x とマトリックス y の関係は，一般につぎの連立一次方程式で表現できる．

$$\left.\begin{aligned}
x_1 = &\ Q_{111}y_{11} + Q_{112}y_{12} + Q_{113}y_{13} \\
&+ Q_{121}y_{21} + Q_{122}y_{22} + Q_{123}y_{23} \\
&+ Q_{131}y_{31} + Q_{132}y_{32} + Q_{133}y_{33} \\
x_2 = &\ Q_{211}y_{11} + Q_{212}y_{12} + Q_{213}y_{13} \\
&+ Q_{221}y_{21} + Q_{222}y_{22} + Q_{223}y_{23} \\
&+ Q_{231}y_{31} + Q_{232}y_{32} + Q_{233}y_{33} \\
x_3 = &\ Q_{311}y_{11} + Q_{312}y_{12} + Q_{313}y_{13} \\
&+ Q_{321}y_{21} + Q_{322}y_{22} + Q_{323}y_{23} \\
&+ Q_{331}y_{31} + Q_{332}y_{32} + Q_{333}y_{33}
\end{aligned}\right\} \quad (\mathrm{A}.9)$$

6章で紹介する圧電効果（ひずみ－電界関係や電束密度－応力関係）がこれと同じ形式で表現される．しかし，3成分のベクトル x と3×3成分のマトリックス y の関係を記述するには27個の係数が必要となり，式 (A.7) のようなマトリックスを用いて表現できない．一方，マトリックス y とマトリックス z の関係を連立一次方程式で表すと

$$\left.\begin{aligned}
y_{11} = &\ R_{1111}z_{11} + R_{1112}z_{12} + R_{1113}z_{13} \\
&+ R_{1121}z_{21} + R_{1122}z_{22} + R_{1123}z_{23} \\
&+ R_{1131}z_{31} + R_{1132}z_{32} + R_{1133}z_{33} \\
y_{12} = &\ R_{1211}z_{11} + R_{1212}z_{12} + R_{1213}z_{13} \\
&+ R_{1221}z_{21} + R_{1222}z_{22} + R_{1223}z_{23} \\
&+ R_{1231}z_{31} + R_{1232}z_{32} + R_{1233}z_{33} \\
y_{33} = &\ R_{3311}z_{11} + R_{3312}z_{12} + R_{3313}z_{13} \\
&+ R_{3321}z_{21} + R_{3322}z_{22} + R_{3323}z_{23} \\
&+ R_{3331}z_{31} + R_{3332}z_{32} + R_{3333}z_{33}
\end{aligned}\right\} \quad (\mathrm{A}.10)$$

となる．弾性構成則（応力-ひずみ関係）がこれと同じ形式で表現される．しかし，3×3成分のマトリックス y とマトリックス z の関係を記述するには81個の係数が必要となり，式 (A.7) と同様なマトリックスを用いて表現できない．そこで必要となるのがテンソルである．式 (A.9) に3階のテンソル，式 (A.10) に4階のテンソルを用いると，それぞれ

$$x_i = Q_{ikl} y_{kl} \tag{A.11}$$

$$y_{ij} = R_{ijkl} z_{kl} \tag{A.12}$$

と表現できる．テンソル表記では，i, j, k, l などの成分を示す添字（インデックス）を用いるのが特徴である．ここで，右辺にある k および l のように一つの項で重複するインデックスは**ダミーインデックス**と呼ばれ，$k, l = 1, 2, 3$ に応じて総和されることを意味する．また，前述の二つのベクトルの関係式 (A.7) には 2 階のテンソルを用いる．

テンソルの総和規約を用いれば，幾何量や物理量の関係は統一した形式で表すことができる．式 (A.3) および式 (A.4) は

$$\boldsymbol{a} = a_i \boldsymbol{e}_i = a_i' \boldsymbol{e}_i' \tag{A.13}$$

のようにテンソル表記できる．高階のテンソルでも同様に

$$\boldsymbol{P} = P_{ij} \boldsymbol{e}_i \boldsymbol{e}_j = P_{ij}' \boldsymbol{e}_i' \boldsymbol{e}_j' \tag{A.14}$$

$$\boldsymbol{Q} = Q_{ijk} \boldsymbol{e}_i \boldsymbol{e}_j \boldsymbol{e}_k = Q_{ijk}' \boldsymbol{e}_i' \boldsymbol{e}_j' \boldsymbol{e}_k' \tag{A.15}$$

$$\boldsymbol{R} = R_{ijkl} \boldsymbol{e}_i \boldsymbol{e}_j \boldsymbol{e}_k \boldsymbol{e}_l = R_{ijkl}' \boldsymbol{e}_i' \boldsymbol{e}_j' \boldsymbol{e}_k' \boldsymbol{e}_l' \tag{A.16}$$

のように表記できる．本書の中では，局所的な異方性を扱う際の座標変換として重要な関係である．

つぎに，**勾配**（gradient），**発散**（divergence）と支配方程式から仮想仕事の原理を導く際に必要なガウスの発散定理を記す．対象とする領域 Ω において，スカラである物理量 ϕ が分布している状態，すなわち座標 (x_1, x_2, x_3) のスカラ関数 $\phi(x_1, x_2, x_3)$ である場合を考える．また，対象とする領域 V において，ベクトルである力や変位などの物理量 $\boldsymbol{a}$ が座標 (x_1, x_2, x_3) のベクトル関数 $\boldsymbol{a}(x_1, x_2, x_3)$ である場合を考える．ここで，次式に示される微分演算子

$$\nabla = \frac{\partial}{\partial x_i} \boldsymbol{e}_i \tag{A.17}$$

をスカラ関数 $\phi(x_1, x_2, x_3)$ に作用して得られるベクトルを ϕ の勾配と呼び，つぎのように表す．

$$\mathrm{grad}\, \phi = \nabla \phi = \frac{\partial \phi}{\partial x_i} \boldsymbol{e}_i \tag{A.18}$$

微分演算子 ∇ は**ナブラ**と呼ばれる．上式において $\boldsymbol{e}_i$ は基底ベクトルであり，スカラ ϕ の勾配はベクトルとなる．理解しやすいように，ϕ の勾配を成分表示すると

$$\nabla \phi = \left\{ \begin{array}{c} \dfrac{\partial \phi}{\partial x_1} \\ \dfrac{\partial \phi}{\partial x_2} \\ \dfrac{\partial \phi}{\partial x_3} \end{array} \right\} \tag{A.19}$$

一方，微分演算子ナブラ ∇ とベクトル関数 $\boldsymbol{a}(x_1, x_2, x_3)$ の内積を $\boldsymbol{a}$ の発散と呼び，つぎのように表す．

$$\mathrm{div}\,\boldsymbol{a} = \nabla \cdot \boldsymbol{a} = \dfrac{\partial a_i}{\partial x_i} \tag{A.20}$$

となる．$\boldsymbol{a}$ の発散はベクトルの内積であるから，スカラである．

表面 S により囲まれた領域 Ω において，スカラ関数 $\phi(x_1, x_2, x_3)$ およびベクトル関数 $\boldsymbol{a}(x_1, x_2, x_3)$ が存在する場合，次式に示す**ガウスの発散定理**が成り立つ．

$$\int_\Omega \nabla \phi\, d\Omega = \int_\Gamma \boldsymbol{n} \phi\, d\Gamma \tag{A.21}$$

$$\int_\Omega \nabla \cdot \boldsymbol{a}\, dV = \int_\Gamma \boldsymbol{n} \cdot \boldsymbol{a}\, d\Gamma \tag{A.22}$$

ここで，$\boldsymbol{n}$ は表面 Γ の外向きの法線ベクトルである．ガウスの発散定理は，領域内での体積積分と境界での表面積分を関係づけるものであり，連続体力学の基礎式を導出するうえで重要な定理である．

A.2 変形・ひずみ・応力

ここでは3.3節の深絞り成形のような大変形問題を考えるのに必要なひずみと応力の定義を記述する[2]~[8]．図 **A.2** に示すように，物体が外力を受けて時刻 $t=0$ から時刻 $t=t$ の状態へ変化した場合を考える．変形前の幾何量を大文字，変形後の幾何量を小文字で表現する．時刻 $t=0$ において物体中の位置 X にある点 P_0 とその近傍の位置 $X+dX$ にある点 Q_0 が，時刻 $t=t$ において位置 x にある点 P とその近傍の位置 $x+dx$ にある点 Q にそれぞれ移動したとする．ここで，各点の移動量が**変位**（displacement）であり，両点の位置関係の変化量が**変形**（deformation）である．物体が変形しない場合でも剛体移動や剛体回転により変位は発生することから，物体に生じるひずみを考えるには両者の区別が重要である．

図 A.2 物体の変形

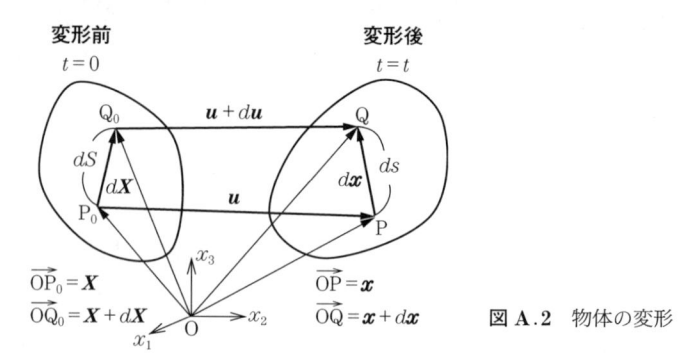

点 P_0 から点 P への変位は，位置ベクトルの変化として

$$u_i = x_i - X_i \tag{A.23}$$

と表現できる．ベクトル dX およびベクトル dx が微小である場合，次式の関係が成り立つ．

$$dx_i = \frac{\partial x_i}{\partial X_j} dX_j \tag{A.24}$$

式 (A.24) は，時刻 $t=0$ における微小なベクトル dX から時刻 $t=t$ における微小なベクトル dx への線形変換を表している．ここで，$\partial x_i / \partial X_j$ は 2 階のテンソルであり**変形勾配**（deformation gradient）と呼ばれる．式 (A.24) に式 (A.23) を代入すれば

$$dx_i = \frac{\partial (X_i + u_i)}{\partial X_j} dX_j = \left(\delta_{ij} + \frac{\partial u_i}{\partial X_j} \right) dX_j \tag{A.25}$$

を得る．なお，式中の $\partial u_i / \partial X_j$ は**変位勾配**（displacement gradient）と呼ばれる．変形勾配テンソル，変位勾配テンソルはともに一般には非対称である．

ここで，微小なベクトル dX および dx の長さをそれぞれ dS および ds とし，それら 2 乗の差を考える．式 (A.25) より

$$ds^2 = dx_i dx_i = \left(\delta_{ij} + \frac{\partial u_j}{\partial X_i} + \frac{\partial u_i}{\partial X_j} + \frac{\partial u_k}{\partial X_i} \frac{\partial u_k}{\partial X_j} \right) dX_i dX_j \tag{A.26}$$

となる．また

$$dX_i = \frac{\partial (x_i - u_i)}{\partial x_j} dx_j = \left(\delta_{ij} - \frac{\partial u_i}{\partial x_j} \right) dx_j \tag{A.27}$$

より

A.2 変形・ひずみ・応力

$$dS^2 = dX_i dX_i = \left(\delta_{ij} - \frac{\partial u_j}{\partial x_i} - \frac{\partial u_i}{\partial x_j} + \frac{\partial u_k}{\partial x_i} \frac{\partial u_k}{\partial x_j} \right) dx_i dx_j \tag{A.28}$$

となる。両ベクトルの長さの2乗の変化量は

$$dS^2 - ds^2 = dX_i dX_i - dx_i dx_i$$

$$= \left(\frac{\partial u_i}{\partial X_j} + \frac{\partial u_j}{\partial X_i} + \frac{\partial u_k}{\partial X_i} \frac{\partial u_k}{\partial X_j} \right) dX_i dX_j$$

$$\equiv 2 E_{ij} dX_i dX_j \tag{A.29}$$

となる。これより

$$E_{ij} = \frac{1}{2} \left(\frac{\partial u_i}{\partial X_j} + \frac{\partial u_j}{\partial X_i} + \frac{\partial u_k}{\partial X_i} \frac{\partial u_k}{\partial X_j} \right) \tag{A.30}$$

を得る。E_{ij} は2階の対称テンソルであり，**グリーン・ラグランジュひずみ**（Green-Lagrangian strain）**テンソル**と呼ばれる。グリーン・ラグランジュひずみは変形前の幾何量 X_i を基準としたひずみであり，回転によりひずみが生じないことを表現できる。

時刻 $t=0$ から $t=t$ に及ぶ変形が微小である場合，変形前後の幾何量 X_i と x_i には大差はなく

$$\frac{\partial u_i}{\partial X_j} \simeq \frac{\partial u_j}{\partial x_j} \tag{A.31}$$

とみなすことができる。さらに，式 (A.30) の右辺第3項は，十分に小さく無視でき

$$\varepsilon_{ij} = \frac{1}{2} \left(\frac{\partial u_i}{\partial x_j} + \frac{\partial u_j}{\partial x_i} \right) \tag{A.32}$$

と記述できる。ε_{ij} は**微小ひずみ**（infinitesimal strain）**テンソル**と呼ばれる。これは，変位勾配とその転置を足して2で割ったものであり，変位勾配の対称部分をとったものといえる。

つぎに応力について述べる。図 **A.3** に示すように，変形した3次元物体内部のある1点とこれを含む微小断面を考える。変形後に，点に作用する内力を $d\boldsymbol{f}$ とし，微小断面の法線ベクトルを $\boldsymbol{n}$，面積を ds とする。このとき，次式で定義されるベクトルを**応力ベクトル**と呼ぶ。

$$t_i = \frac{df_i}{ds} \tag{A.33}$$

応力ベクトルは断面に垂直な方向に1成分（垂直成分），平行な方向に2成分（せん断成分）をもつ。

図 A.3 変形前後の応力ベクトル

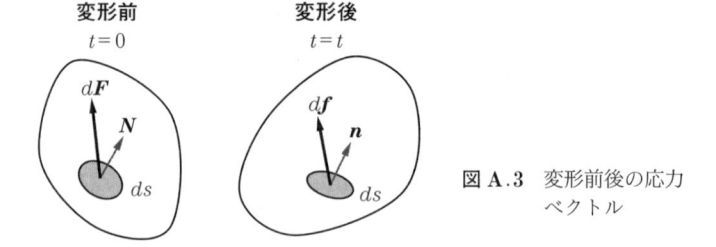

応力ベクトル t と断面の法線ベクトル n の関係は

$$t_i = =\sigma_{ji} n_j \tag{A.34}$$

と書ける。これは法線ベクトル n から応力ベクトル t への線形変換則であり，σ_{ij} は2階の対称テンソルで**コーシー応力**（Cauchy stress）または**真応力**（true stress）と呼ばれる。

これに対して，時刻 $t=0$ における変形前の断面積 dS とその法線ベクトル N により

$$\frac{df_i}{dS} = \Pi_{ji} N_j \tag{A.35}$$

で表す場合，Π_{ji} は非対称な2階テンソルであり，**第1ピオーラ・キルヒホッフ応力**（first Piola-Kirchhoff stress）**テンソル**と呼ばれる。

あるいは，時刻 $t=0$ における変形前の内力 dF を，変形勾配テンソルを用いて時刻 $t=t$ における変形後の内力 df と

$$dF_i = \frac{\partial X_i}{\partial x_j} df_j \tag{A.36}$$

のように関係づけ，変形前の内力 dF と断面積 dS により定義される応力テンソルも考えられる。

$$\frac{dF_i}{dS} = \Sigma_{ij} N_j \tag{A.37}$$

Σ_{ij} は2階の対称テンソルであり，**第2ピオーラ・キルヒホッフ応力**（second Piola-Kirchhoff stress）と呼ばれる。

A.3 支 配 方 程 式

物理現象を記述する方程式を支配方程式と呼ぶ[3]~[8]。線形弾性問題の場合には，力

の釣合い式と境界条件式から構成される．また，ひずみ-変位関係式と応力-ひずみ関係式（構成則）を加えたものが線形弾性問題の基礎式である．線形弾性以外の問題の基礎式および有限要素法による離散化は各章で随時解説した．ここでは主に2.3節の均質化法の定式化の補足と，3章，4章などに登場する異方性の理解のために必要な事項を記述する．

力の釣合い式と構成則は

$$\frac{\partial \sigma_{ji}}{\partial x_j} = 0 \tag{A.38}$$

$$\sigma_{ij} = D_{ijkl} \varepsilon_{kl} \tag{A.39}$$

である．ここで，D_{ijkl} は**弾性スティフネス定数**であり，4階のテンソルである．

$$D_{ijkl} = D_{jikl} = D_{ijlk} = D_{klij} \tag{A.40}$$

の対称性をもつことから，独立成分は21成分となる．構成則 (A.39) に式 (A.32) に示した微小ひずみを適用した場合，式 (A.40) の対称性によって構成則は

$$\begin{aligned}
\sigma_{ij} &= D_{ijkl}\varepsilon_{kl} = D_{ijkl}\left(\frac{\partial u_k}{\partial x_l} + \frac{\partial u_l}{\partial x_k}\right) \\
&= D_{ij11}\frac{\partial u_1}{\partial x_1} + \frac{1}{2}D_{ij12}\left(\frac{\partial u_1}{\partial x_2} + \frac{\partial u_2}{\partial x_1}\right) + \frac{1}{2}D_{ij13}\left(\frac{\partial u_1}{\partial x_3} + \frac{\partial u_3}{\partial x_1}\right) \\
&\quad + \frac{1}{2}D_{ij21}\left(\frac{\partial u_2}{\partial x_1} + \frac{\partial u_1}{\partial x_2}\right) + D_{ij22}\frac{\partial u_2}{\partial x_2} + \frac{1}{2}D_{ij23}\left(\frac{\partial u_2}{\partial x_3} + \frac{\partial u_3}{\partial x_2}\right) \\
&\quad + \frac{1}{2}D_{ij31}\left(\frac{\partial u_3}{\partial x_1} + \frac{\partial u_1}{\partial x_3}\right) + \frac{1}{2}D_{ij32}\left(\frac{\partial u_3}{\partial x_2} + \frac{\partial u_2}{\partial x_3}\right) + D_{ij33}\frac{\partial u_3}{\partial x_3} \\
&= D_{ij11}\frac{\partial u_1}{\partial x_1} + D_{ij12}\frac{\partial u_1}{\partial x_2} + D_{ij13}\frac{\partial u_1}{\partial x_3} \\
&\quad + D_{ij21}\frac{\partial u_2}{\partial x_1} + D_{ij22}\frac{\partial u_2}{\partial x_2} + D_{ij23}\frac{\partial u_2}{\partial x_3} \\
&\quad + D_{ij31}\frac{\partial u_3}{\partial x_1} + D_{ij32}\frac{\partial u_3}{\partial x_2} + D_{ij33}\frac{\partial u_3}{\partial x_3} \\
&= D_{ijkl}\frac{\partial u_k}{\partial x_l}
\end{aligned} \tag{A.41}$$

とも表せる．弾性スティフネス定数テンソルの対称性により微小ひずみは構成則において単純に $\partial u_k/\partial x_l$ と記述できる．

さらに，弾性スティフネス定数テンソルに加えてひずみテンソルの対称性も考慮すると，構成則は

$$\sigma_{ij} = D_{ijkl}\varepsilon_{kl}$$
$$= D_{ij11}\varepsilon_{11} + D_{ij12}\varepsilon_{12} + D_{ij13}\varepsilon_{13}$$
$$+ D_{ij21}\varepsilon_{21} + D_{ij22}\varepsilon_{22} + D_{ij23}\varepsilon_{23}$$
$$+ D_{ij31}\varepsilon_{31} + D_{ij32}\varepsilon_{32} + D_{ij33}\varepsilon_{33}$$
$$= D_{ij11}\varepsilon_{11} + D_{ij22}\varepsilon_{22} + D_{ij33}\varepsilon_{33} + D_{ij232}\varepsilon_{23} + D_{ij312}\varepsilon_{31} + D_{ij122}\varepsilon_{12} \quad (A.42)$$

のように展開できる．ここで，テンソルひずみのせん断成分を

$$2\varepsilon_{23} = \gamma_{23}, \quad 2\varepsilon_{31} = \gamma_{31}, \quad 2\varepsilon_{12} = \gamma_{12} \quad (A.43)$$

のように工学ひずみで表せば

$$\sigma_{ij} = D_{ij11}\varepsilon_{11} + D_{ij22}\varepsilon_{22} + D_{ij33}\varepsilon_{33} + D_{ij23}\gamma_{23} + D_{ij31}\gamma_{31} + D_{ij12}\gamma_{12} \quad (A.44)$$

と記述できる．応力テンソルおよびひずみテンソルは，いずれも2階の対称テンソルで独立成分は6成分であることから，次式のように9成分のテンソルから6成分のベクトルに縮約すると便利がよい．

$$\begin{Bmatrix} \sigma_1 \\ \sigma_2 \\ \sigma_3 \\ \sigma_4 \\ \sigma_5 \\ \sigma_6 \end{Bmatrix} = \begin{Bmatrix} \sigma_1 \\ \sigma_2 \\ \sigma_3 \\ \tau_{23} \\ \tau_{31} \\ \tau_{12} \end{Bmatrix} = \begin{Bmatrix} \sigma_{11} \\ \sigma_{22} \\ \sigma_{33} \\ \sigma_{23} \\ \sigma_{31} \\ \sigma_{12} \end{Bmatrix}, \quad \begin{Bmatrix} \varepsilon_1 \\ \varepsilon_2 \\ \varepsilon_3 \\ \varepsilon_4 \\ \varepsilon_5 \\ \varepsilon_6 \end{Bmatrix} = \begin{Bmatrix} \varepsilon_1 \\ \varepsilon_2 \\ \varepsilon_3 \\ \gamma_{23} \\ \gamma_{31} \\ \gamma_{12} \end{Bmatrix} = \begin{Bmatrix} \varepsilon_{11} \\ \varepsilon_{22} \\ \varepsilon_{33} \\ 2\varepsilon_{23} \\ 2\varepsilon_{31} \\ 2\varepsilon_{12} \end{Bmatrix} \quad (A.45)$$

なお，前節で述べた式 (A.33) の応力ベクトルと混同しないように注意してほしい．本書では，式 (A.45) の応力とひずみをそれぞれ**縮約された応力ベクトル**，**縮約されたひずみベクトル**と呼ぶことにする．

式 (A.45) を導入して，構成則 (A.44) をベクトル・マトリックス表記すれば

$$\begin{Bmatrix} \sigma_1 \\ \sigma_2 \\ \sigma_3 \\ \tau_{23} \\ \tau_{31} \\ \tau_{12} \end{Bmatrix} = \begin{bmatrix} D_{11} & D_{12} & D_{13} & D_{14} & D_{15} & D_{16} \\ & D_{22} & D_{23} & D_{24} & D_{25} & D_{26} \\ & & D_{33} & D_{34} & D_{35} & D_{36} \\ & & & D_{44} & D_{45} & D_{46} \\ & \text{sym.} & & & D_{55} & D_{56} \\ & & & & & D_{66} \end{bmatrix} \begin{Bmatrix} \varepsilon_1 \\ \varepsilon_2 \\ \varepsilon_3 \\ \gamma_{23} \\ \gamma_{31} \\ \gamma_{12} \end{Bmatrix} \quad (A.46)$$

となる．

一方，ひずみ-応力関係式も同様に次式のように記述できる．

A.3 支配方程式

$$\varepsilon_{ij} = C_{ijkl}\sigma_{kl} \tag{A.47}$$

ここで，$C_{ijkl} = (D_{ijkl})^{-1}$ は**弾性コンプライアンス定数**であり，4階のテンソルであり

$$C_{ijkl} = C_{jikl} = C_{ijlk} = C_{klij} \tag{A.48}$$

の対称性をもつ．さらに，式 (A.45) に示した縮約された応力，ひずみベクトルを用いてベクトル・マトリックス表記すれば

$$\begin{Bmatrix} \varepsilon_1 \\ \varepsilon_2 \\ \varepsilon_3 \\ \gamma_{23} \\ \gamma_{31} \\ \gamma_{12} \end{Bmatrix} = \begin{bmatrix} C_{11} & C_{12} & C_{13} & C_{14} & C_{15} & C_{16} \\ & C_{22} & C_{23} & C_{24} & C_{25} & C_{26} \\ & & C_{33} & C_{34} & C_{35} & C_{36} \\ & & & C_{44} & C_{45} & C_{46} \\ & \text{sym.} & & & C_{55} & C_{56} \\ & & & & & C_{66} \end{bmatrix} \begin{Bmatrix} \sigma_1 \\ \sigma_2 \\ \sigma_3 \\ \tau_{23} \\ \tau_{31} \\ \tau_{12} \end{Bmatrix} \tag{A.49}$$

となる．ここで，工学ひずみの導入によって，縮約された弾性コンプライアンス定数マトリックスの全 36 成分のうち，せん断成分を意味する 4～6 のインデックスを一つ含む 18 成分がテンソル値の 2 倍，せん断成分のインデックスを二つ含む 9 成分がテンソル値の 4 倍になることに注意が必要である．

材料定数の関係に着目すると，材料は一般に異方性材料，直交異方性材料，横等方性材料，等方性材料に大別できる．異方性材料は材料主軸が直交しないでいずれの方向の材料定数も異なる材料であり，弾性スティフネス定数および弾性コンプライアンス定数の独立成分は式 (A.46) および (A.49) に示したようにいずれも最大の 21 成分となる．

直交異方性材料は直交する材料主軸をもち，いずれの方向の材料定数も異なる材料であり，独立成分は 9 成分となる．一例として，材料主軸と直交座標軸が一致した状態での弾性コンプライアンス定数マトリックスをつぎに示す．

$$C = \begin{bmatrix} C_{11} & C_{12} & C_{13} & 0 & 0 & 0 \\ & C_{22} & C_{23} & 0 & 0 & 0 \\ & & C_{33} & 0 & 0 & 0 \\ & & & C_{44} & 0 & 0 \\ & \text{sym.} & & & C_{55} & 0 \\ & & & & & C_{66} \end{bmatrix} \tag{A.50}$$

せん断ひずみ成分は垂直応力成分に影響を及ぼさず，またほかのせん断応力成分に

も干渉しないことから，それらの係数は零になる。なお，直交座標軸に対して材料主軸が傾いた状態では，零成分も非零になることに注意してほしい。

横等方性材料は面内等方性で1方向のみ異方性をもつ材料である。異方性をもつ材料主軸を x_3 軸とした場合，式 (A.50) の弾性コンプライアンス定数マトリックスの成分にはさらに

$$C_{11}=C_{22}, \quad C_{13}=C_{23}, \quad C_{44}=C_{55}, \quad C_{66}=2(C_{11}-C_{12}) \tag{A.51}$$

の関係が成立する。その結果，独立成分は5成分となる。

等方性材料はいずれの方向も材料定数に差異がない材料であり

$$C_{11}=C_{22}=C_{33}, \quad C_{12}=C_{13}=C_{23}, \quad C_{44}=C_{55}=C_{66}=2(C_{11}-C_{12}) \tag{A.52}$$

の関係が成立し，独立成分は2成分となる。

A.4 有 限 要 素

連続体の支配方程式をコンピュータにより数値的に解析するには，連続体を微小な領域に分割して無限個の点を有限個の点で代表させて処理する，すなわち**離散化** (discretization) をする必要がある。また，離散化された点の間は，適切な関数で補う，すなわち**補間** (interpolation) することで連続体を近似できる。**有限要素法** (finite element method, **FEM**)[6]～[14] では，連続体を**要素** (element) と呼ばれる微小領域に分割し，各要素内に**節点** (node) と呼ばれる有限個の評価点を設置することで離散化を達成する。また，正規化座標系から実座標系への写像，要素内変位の補間には多項式で記述した**形状関数** (shape function) を採用する。

要素形状に着目すると，**図A.4**に示すように1次元形状のビーム要素，2次元形状の平面要素，3次元形状のシェル要素およびソリッド要素に分類できる。図中○印により1次要素（形状関数が1次の多項式）における節点の位置を示す。

ビーム要素は，棒状の部材で構成されたトラス構造やラーメン構造の解析に使用される。ビーム要素は1次元形状であるが，立体的配置により3次元構造物の解析も可能であり，軸力に加えてモーメントやトルクも評価できる。

平面要素は2次元解析に使用され，面内外力による面内変形のみ取り扱うことができる。3次元構造物に対して長手方向の垂直断面を代表面として解析する場合には平面ひずみ状態，面外変形を伴わない薄い板状の構造物の場合には平面応力状態を

(a) ビーム要素　　三角形要素　　四角形要素
　　　　　　　　(b) 平面要素

四面体要素　　六面体要素
(c) シェル要素　　(d) ソリッド要素

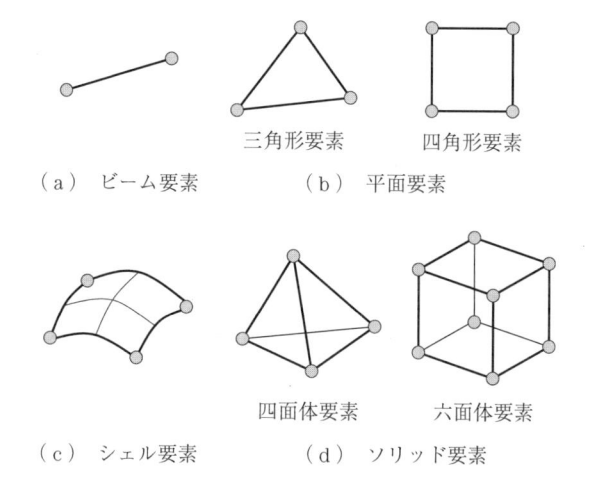

図 A.4　有限要素の種類

仮定する必要がある。

　シェル要素は 3 次元形状をもつ薄い板状の構造物の解析に使用され，面外のモーメントによる面外変形も取り扱うことができる。

　ソリッド要素は 3 次元構造物に使用され，四面体要素や六面体要素がある。四面体はさまざまな形状に整合する利点があることから，四面体要素は自動要素分割が容易であり複雑な形状を有する 3 次元構造物に用いられる。しかし，1 次要素は計算精度が悪く，2 次要素を使用するのが望ましい。ただし次数が大きくなるに伴って計算量は増加する。六面体要素は，計算精度が比較的よく頻繁に使用される。3 次元解析においては，一般に要素分割が可能であれば六面体要素，分割が困難であれば四面体 2 次要素が使用される場合が多い。

　一般に材料定数は要素単位で設定される場合が多く（要素内の積分点単位で設定される場合もある），異種材料で構成された複合材料においては応力が要素境界で不連続になる。このため，要素境界にある節点ではなく要素内の積分点で応力が評価されるが，要素内の応力分布の評価には注意が必要である。

　つぎに，形状関数を用いた写像および補間の方法を説明する。図 A.5 に示すように，写像はさまざまな形状や大きさをもつ要素を正規化された理想形状をもつ領域で統一して扱うための方法である。写像を式で表現すると

$$x_i = N_a x_{ia} \tag{A.53}$$

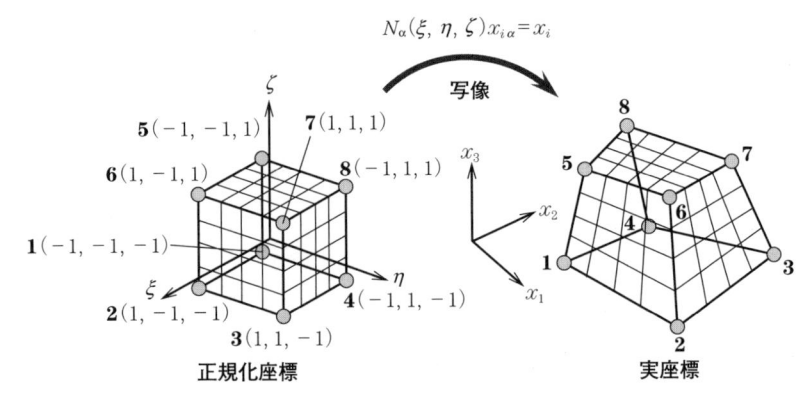

図 A.5 写 像

となる。ここで，x_i は要素内の任意点における座標，$x_{i\alpha}$ は要素構成する節点の座標，N_α は形状関数である。インデックス α は要素を構成する節点の番号を意味し，どの種の要素を選択するかによって異なる。例えば，六面体1次要素の場合は要素の頂点に八つの節点をもつため，$\alpha=1,2,\cdots,8$ となる。テンソルで使用したインデックスとは区別してほしい。

形状関数 N_α は，正規化座標 (ξ,η,ζ) の関数であり，一例として本書で多用する六面体1次要素の形状関数を以下に示す。

$$N_1 = \frac{1}{8}(1-\xi)(1-\eta)(1-\zeta), \quad N_2 = \frac{1}{8}(1+\xi)(1-\eta)(1-\zeta),$$

$$N_3 = \frac{1}{8}(1+\xi)(1+\eta)(1-\zeta), \quad N_4 = \frac{1}{8}(1-\xi)(1+\eta)(1-\zeta),$$

$$N_5 = \frac{1}{8}(1-\xi)(1-\eta)(1+\zeta), \quad N_6 = \frac{1}{8}(1+\xi)(1-\eta)(1+\zeta),$$

$$N_7 = \frac{1}{8}(1+\xi)(1+\eta)(1+\zeta), \quad N_8 = \frac{1}{8}(1-\xi)(1+\eta)(1+\zeta) \tag{A.54}$$

形状関数 N_α を用いた要素内変位の補間を式で表すと

$$u_i = N_\alpha u_{i\alpha} \tag{A.55}$$

となる。ここで，u_i は要素内の任意点における変位，$u_{i\alpha}$ は節点の変位である。形状関数により節点変位に基づいて要素内任意点における変位が補間される。要素内任意点の位置は，正規化座標 (ξ,η,ζ) で指定する。

ここで，式 (A.53) は座標，式 (A.55) は変位を与えるものであるが，両者を比較

すると同形の計算式であることがわかる。したがって，形状関数を用いた写像は，節点座標に基づいて要素内の任意点における座標の補間と考えることもできる。

　式 (A.53) および式 (A.55) の物理的な意味についてふれる。左辺は，要素内の任意点，すなわち無限個の点における座標または変位であり連続値である。一方，右辺は有限個の節点における座標または変位であり離散値である。したがって，両式を連続体の基礎式に導入することで，連続的な幾何量や物理量を離散値に置換できる，すなわち離散化が実現する。なお，同一の形状関数により式 (A.53) と式 (A.55) を記述したが，座標と変位の補間に異なる形状関数を適用することも可能である。一般には座標と変位の補間に同一の形状関数を用いる要素が多用され，**アイソパラメトリック要素**と呼ばれる。一方，座標の補間関数の次数が変位の補間関数の次数よりも高い場合は**スーパーパラメトリック要素**，逆に変位の補間関数の次数が座標の補間関数の次数よりも高い場合は**サブパラメトリック要素**と呼ばれる。

A.5　剛性方程式の導出

　前記の線形弾性問題の基礎式を有限要素法により離散化し，最終的に解くべき剛性方程式を導出する[6]~[15]。

　力の釣合い式 (A.38) は偏微分方程式であり，強形式の表記法といわれる。有限要素法では，物体中のすべての点において強形式の支配方程式を厳密に満足する解を得ることは避け，強形式の支配方程式と等価な積分形で記述された弱形式の方程式，すなわち**仮想仕事の原理**（principle of virtual work）を導出したうえで，節点による離散化式を導入する。

　式 (A.38) および境界条件式が成立し，式 (A.56) を満足する可容変位の変分 δu_i が与えられた場合

$$\int_\Omega \frac{\partial \sigma_{ji}}{\partial x_j} \delta u_i d\Omega - \int_{\Gamma_t} (\sigma_{ji} n_j - t_i) \delta u_i d\Gamma = 0 \tag{A.56}$$

ガウスの発散定理を適用すると

$$\int_\Omega \sigma_{ij} \delta \varepsilon_{ij} d\Omega = \int_{\Gamma_t} t_i \delta u_i d\Gamma \tag{A.57}$$

と表現される仮想仕事の原理が導かれる。左辺は物体に蓄えられるひずみエネルギーであり，右辺は表面力がなす仕事を意味する。仮想仕事の原理の式は，力学的境

界条件において物体内の任意点ではなく領域全体で応力の平衡方程式を満足するものである。

式 (A.57) 中の応力に対して，構成則を代入すると

$$\int_\Omega D_{ijkl}\frac{\partial u_k}{\partial x_l}\frac{\partial \delta u_i}{\partial x_j}d\Omega = \int_{\Gamma_t} t_i\delta u_i d\Gamma \tag{A.58}$$

を得る。

上式を有限要素法により離散化する。前節に示したように，形状関数 N_α を用いると要素内の座標および変位は式 (A.53)，式 (A.55) のように離散化される。ここで，$x_{i\alpha}$ は節点座標，$u_{i\alpha}$ は節点変位であり，インデックス α および後述の β は要素を構成する節点番号を意味する。これより変位の偏微分は

$$\frac{\partial u_i}{\partial x_j} = \frac{\partial}{\partial x_j}N_\alpha u_{i\alpha} = B_{j\alpha}u_{i\alpha} \tag{A.59}$$

と表せる。これらを式 (A.58) に適用すると

$$\int_\Omega D_{ijkl}B_{l\alpha}u_{k\alpha}B_{j\beta}\delta u_{i\beta}d\Omega = \int_{\Gamma_t} t_i N_\beta \delta u_{i\beta}d\Gamma \tag{A.60}$$

となる。式 (A.60) が任意の仮想的な節点変位 $\delta u_{i\beta}$ に対して成り立つことから，最終的に次式の連立1次方程式，すなわち剛性方程式を得る。

$$K_{ik\alpha\beta}u_{k\alpha} = f_{i\beta} \tag{A.61}$$

ここで

$$K_{ik\alpha\beta} = \int_\Omega D_{ijkl}B_{l\alpha}B_{j\beta}d\Omega \tag{A.62}$$

$$f_{i\beta} = \int_{\Gamma_t} t_i N_\beta d\Gamma \tag{A.63}$$

$u_{k\alpha}$ は節点変位ベクトル，$f_{i\beta}$ は節点力ベクトルであり，1要素当りの節点数を n_e とすれば3次元問題の場合にはいずれも $3n_e$ の成分をもつ。また，$K_{ik\alpha\beta}$ は**要素剛性マトリックス**と呼ばれ，$3n_e \times 3n_e$ の成分をもつ。なお，上式は単一要素に対する方程式であり，各要素に対して得た要素剛性マトリックスを重ね合わせることで構造全体の剛性方程式が得られる。

つぎに，式 (A.62) および式 (A.63) の積分計算について簡単に説明する。被積分項中の $B_{j\alpha}$ は，式 (A.59) より

$$B_{j\alpha} = \frac{\partial N_\alpha}{\partial x_j} \tag{A.64}$$

A.5 剛性方程式の導出

と定義されている。したがって，両式の被積分項は，いずれも形状関数 N_α を含むことから正規化座標 (ξ, η, ζ) の関数であり，積分領域を実座標系から正規化座標系へ変換する必要である。正規化座標系および実座標系で形状関数の偏微分は

$$\left\{\begin{array}{c}\dfrac{\partial N_\alpha}{\partial \xi}\\[4pt] \dfrac{\partial N_\alpha}{\partial \eta}\\[4pt] \dfrac{\partial N_\alpha}{\partial \zeta}\end{array}\right\}=\left[\begin{array}{ccc}\dfrac{\partial x_1}{\partial \xi}&\dfrac{\partial x_2}{\partial \xi}&\dfrac{\partial x_3}{\partial \xi}\\[4pt] \dfrac{\partial x_1}{\partial \eta}&\dfrac{\partial x_2}{\partial \eta}&\dfrac{\partial x_3}{\partial \eta}\\[4pt] \dfrac{\partial x_1}{\partial \zeta}&\dfrac{\partial x_2}{\partial \zeta}&\dfrac{\partial x_3}{\partial \zeta}\end{array}\right]\left\{\begin{array}{c}\dfrac{\partial N_\alpha}{\partial x_1}\\[4pt] \dfrac{\partial N_\alpha}{\partial x_2}\\[4pt] \dfrac{\partial N_\alpha}{\partial x_3}\end{array}\right\} \tag{A.65}$$

と関係づけられる。ここで

$$\boldsymbol{J}=\left[\begin{array}{ccc}\dfrac{\partial x_1}{\partial \xi}&\dfrac{\partial x_2}{\partial \xi}&\dfrac{\partial x_3}{\partial \xi}\\[4pt] \dfrac{\partial x_1}{\partial \eta}&\dfrac{\partial x_2}{\partial \eta}&\dfrac{\partial x_3}{\partial \eta}\\[4pt] \dfrac{\partial x_1}{\partial \zeta}&\dfrac{\partial x_2}{\partial \zeta}&\dfrac{\partial x_3}{\partial \zeta}\end{array}\right] \tag{A.66}$$

は**ヤコビマトリックス**と呼ばれ，実座標系での偏微分を正規化座標系での偏微分に変換するマトリックスである。したがって，実座標系の積分領域は

$$d\Omega = dx_1 dx_2 dx_3 = (\det \boldsymbol{J})\, d\xi d\eta d\zeta \tag{A.67}$$

$$d\Gamma = dx_1 dx_2 = (\det \boldsymbol{J}')\, d\xi d\eta \tag{A.68}$$

のように正規化座標系の積分領域に変換される。なお，面積分は表面力が作用する表面 Γ_t の法線ベクトルが x_3 軸に平行な場合を一例として示す。また，$\boldsymbol{J}'$ は 2×2 成分をもつ2次元のヤコビマトリックスを意味する。したがって，要素剛性マトリックスおよび節点力ベクトルは

$$K_{ik\alpha\beta} = \int_{-1}^{1}\int_{-1}^{1}\int_{-1}^{1} D_{ijkl} B_{l\alpha} B_{j\beta} (\det \boldsymbol{J})\, d\xi d\eta d\zeta \tag{A.69}$$

$$f_{i\beta} = \int_{-1}^{1}\int_{-1}^{1} t_i N_\beta (\det \boldsymbol{J}')\, d\xi d\eta \tag{A.70}$$

と計算できる。有限要素法ではガウス積分法を適用し数値積分することで，要素剛性マトリックスおよび節点力ベクトルを得る。ガウス積分法では，被積分関数をラグランジュ補間多項式と誤差項の和により近似し，誤差項の積分値が零になるように不等分間隔の積分点が設定される。積分点の数は被積分関数の次数に応じて選択し，正規化座標系における積分点の位置とその重みは，**表 A.1** に示すように積分公

表 A.1　ガウス積分における積分点と重み

積分点数 n	積分点の座標 ξ_i	重み w_i
$n=1$	$\xi_1=0.0$	$w_1=2.0$
$n=2$	$\xi_1=+0.577\,350$	$w_1=1.0$
	$\xi_2=-0.577\,350$	$w_2=1.0$
$n=3$	$\xi_1=+0.774\,597$	$w_1=0.555\,556$
	$\xi_2=0.0$	$w_2=0.888\,889$
	$\xi_3=-0.774\,597$	$w_3=0.555\,556$

式として与えられる。積分点数を n とすれば，$2n-1$ 次以下の被積分関数に対して厳密な解を得ることができる。ガウス積分法を用いた場合，次式に示すように積分点における関数値 $f(\xi_i)$ と重み w_i の積の総和として数値積分値を得る。

$$\int_{-1}^{1} f(\xi)\,d\xi = \sum_{i}^{n} w_i f(\xi_i) \tag{A.71}$$

したがって，要素剛性マトリックスおよび節点力ベクトルは

$$K_{ika\beta} = \sum_{p}^{n}\sum_{q}^{n}\sum_{r}^{n} w_p w_q w_r D_{ijkl} B_{la}(\xi_p,\eta_q,\zeta_r) B_{j\beta}(\xi_p,\eta_q,\zeta_r)\,(\det \boldsymbol{J}) \tag{A.72}$$

$$f_{i\beta} = \sum_{p}^{n}\sum_{q}^{n} w_p w_q N_{\beta}(\xi_p,\eta_q)\,(\det \boldsymbol{J}') \tag{A.73}$$

と計算できる。なお，テンソル総和と区別するため，数値積分に関する総和のみ総和記号により明記した。

最後に，剛性方程式の解である節点変位からひずみおよび応力を求める。要素内の任意点における変位は，前節に示した形状関数により次式のように評価できる。

$$u_i(\xi,\eta,\zeta) = N_a(\xi,\eta,\zeta)\,u_{ia} \tag{A.74}$$

ここで，形状関数は正規化座標 (ξ,η,ζ) の関数であり，評価点の位置は正規化座標で指定する。なお，式 (A.74) より要素内の任意点で変位を評価することが可能であるが，形状関数による補間誤差が含まれるため，一般に変位は剛性方程式より得た節点値で評価される。つぎに，要素内のひずみは，ひずみ-変位関係式より与えられる。

$$\varepsilon_{ij}(\xi,\eta,\zeta) = \frac{1}{2}(B_{ja}(\xi,\eta,\zeta)\,u_{ia} + B_{ia}(\xi,\eta,\zeta)\,u_{ja}) \tag{A.75}$$

なお，要素内の変位と同様に，ひずみの評価点も正規化座標で指定する。さらに，要素内の応力は，応力-ひずみ関係式によって次式のように評価される。

$$\sigma_{ij}(\xi,\eta,\zeta) = D_{ijkl}\varepsilon_{kl}(\xi,\eta,\zeta) \tag{A.76}$$

ここで，応力の評価点は，当然のことながらひずみの評価点と同一となる．式 (A.76) よりひずみ，さらには応力を要素内の任意点で評価することが可能であるが，一般に積分点での評価値が計算精度の点で望ましい．なお，節点におけるひずみや応力が算出される場合もある．しかし，式 (A.76) の弾性スティフネス定数は要素単位で設定される場合が多く，異種材料で構成された複合材料においては応力が要素境界で不連続になる．A.4 節でも述べたように，要素境界に位置する節点では，それらの平均値として算出されるので注意してほしい．

A.6 境 界 条 件

　境界条件は，力学的境界条件と幾何学的境界条件に大別される．力学的境界条件は表面に作用する外力に関する条件であり，外力には点に作用する集中外力と面に作用する分布外力が考えられる．集中外力の場合は，作用点に節点が位置するように要素を分割し，外力を節点力として剛性方程式の右辺項に直接代入する．一方，分布外力の場合は，単位面積当りに作用する表面力として指定し，式 (A.63) に示した面積分により等価な節点力に変換して剛性方程式の右辺項に反映する．

　一例として，1次要素により規則分割した解析モデルに等分布外力が作用する場合を図 A.6 に示す．各要素の面積を s とすれば，大きさ t の等分布外力が作用する四つの要素には，それぞれ ts の外力が作用する．1次要素の場合，外力の作用面において頂点に四つの節点があり，要素に作用する外力は各節点に等配分され $ts/4$ の節点力として表現される．したがって，等分布外力が作用する四つの要素に関して，一つの要素にのみ含まれる節点には $ts/4$，二つの要素に含まれる節点には $ts/4\times 2= ts/2$，四つの要素に含まれる節点には $ts/4\times 4=ts$ なる節点力が作用することになる．なお，2次以上の高次要素の場合，等分布外力であっても要素に作用する外力は

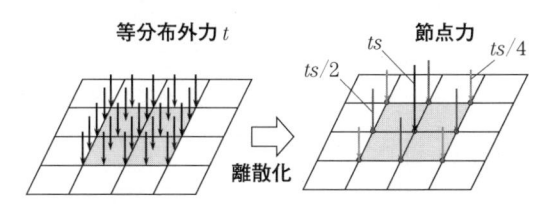

図 A.6　分布外力の離散化（1次要素）

各節点に等配分されず，頂点や辺など要素における節点の位置に応じて異なる節点力が設定される。

幾何学的境界条件は解析モデルの支持条件を表すもので，節点変位ベクトルの拘束として剛性方程式に反映される。図 A.7 に示すように，変位ベクトルの成分に対して一つの成分を拘束する場合を**移動拘束**（または1方向拘束），すべての成分を拘束する場合を**完全拘束**と呼ぶ。また，ビーム要素やシェル要素を用いた場合は節点における回転の拘束条件も伴う。解析モデルに対して拘束条件を指定しない場合，作用する外力に応じて剛体移動や剛体回転が起こるため，物体は変形しない（剛性マトリックスの逆マトリックスが存在せず，剛性方程式を解くことができない）。したがって，各成分に対して1点以上の拘束条件を必ず設定する必要がある。

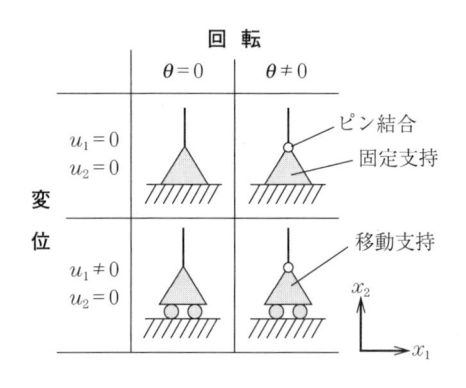

図 A.7 さまざまな拘束条件

解析モデルの形状および境界条件において対称性や周期性がある場合にはそれらを利用して解析領域を限定し，解析の省力化を図る。対称性や周期性は，図 A.8 に示すように幾何学的境界条件として処理できる。対称性をもつ場合は，対称面上の節点はその法線方向に変位しないことから，移動拘束として処理できる。周期性をもつ場合は，対応する周期境界面上の節点変位は等しい。周期境界条件は，剛性方程式においてある節点の成分を関連するほかの節点の成分に重ね合わせて一つの未知数として解くことで処理できる。なお，周期境界条件は複数の節点変位を関係づけるだけで変位量を規定するものではない。したがって，周期境界条件だけを設定して剛性方程式を解くことはできず，なんらかの変位拘束条件を付与する必要がある。

A.6 境界条件

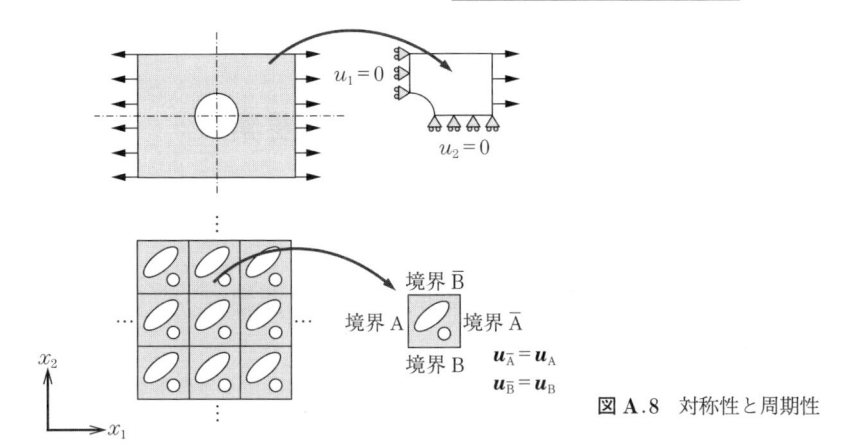

図 A.8 対称性と周期性

付録 B 圧電体の有限要素式

B.1 通常の圧電問題の有限要素式

6.1 節に示した式 (6.21) および式 (6.22) を有限要素法により離散化する。形状関数 N_a を用いると，要素内の座標，変位および電位は次式のように離散化される。

$$x_i = N_a x_{ia} \tag{B.1}$$

$$u_i = N_a u_{ia} \tag{B.2}$$

$$\phi = N_a \phi_a \tag{B.3}$$

ここで，x_{ia} は節点座標，u_{ia} は節点変位，ϕ_a は節点電位を表す。なお，使用したインデックス i, j, k, l, m および n は 2 次元問題では 1, 2 と変化し，3 次元問題では 1, 2, 3 となる。これに対して，インデックス a は要素を構成する節点の番号を意味し，1 要素当りの節点数を n_e とすると $a = 1, 2, \cdots, n_e$ と変化することに注意してほしい。式 (B.2) および式 (B.3) を適用して，変位および電位の偏微分を

$$\frac{\partial u_i}{\partial x_j} = \frac{\partial}{\partial x_j} N_a u_{ia} = B_{ja} u_{ia} \tag{B.4}$$

$$\frac{\partial \phi}{\partial x_m} = \frac{\partial}{\partial x_m} N_a \phi_a = B_{ma} \phi_a \tag{B.5}$$

と表す。離散化の式 (B.1)〜(B.5) を仮想仕事の原理の式 (6.21) および式 (6.22) に適用すると

$$\int_\Omega (D^E_{ijkl} B_{la} u_{ka} + e_{nij} B_{n\beta} \phi_\beta) B_{j\gamma} \delta u_{i\gamma} d\Omega = \int_{\Gamma_t} t_i N_\gamma \delta u_{i\gamma} d\Gamma \tag{B.6}$$

$$\int_\Omega (e_{mkl} B_{la} u_{ka} - \kappa^\varepsilon_{mk} B_{k\beta} \phi_\beta) B_{m\gamma} \delta\phi_\gamma d\Omega = \int_{\Gamma_\rho} \rho N_\gamma \delta\phi_\gamma d\Gamma \tag{B.7}$$

となる。ここで，インデックス β および γ は，a と同様に要素を構成する節点の番号を意味する。式 (B.6) および式 (B.7) が任意の仮想節点変位 $\delta u_{i\gamma}$ および仮想節点電位 $\delta\phi_\gamma$ に対して成り立つことから，最終的に次式となる。

$$K^{uu}_{ika\gamma} u_{ka} + K^{u\phi}_{i\beta\gamma} \phi_\beta = f_{i\gamma} \tag{B.8}$$

$$K^{\phi u}_{k a \gamma} u_{k a} - K^{\phi\phi}_{\beta\gamma} \phi_\beta = q_\gamma \tag{B.9}$$

ここで

$$K^{uu}_{ik a \gamma} = \int_\Omega D^E_{ijkl} B_{la} B_{j\gamma} d\Omega \tag{B.10}$$

$$K^{u\phi}_{i\beta\gamma} = \int_\Omega e_{kij} B_{k\beta} B_{j\gamma} d\Omega \tag{B.11}$$

$$K^{\phi u}_{k a \gamma} = \int_\Omega e_{ikl} B_{la} B_{i\gamma} d\Omega \tag{B.12}$$

$$K^{\phi\phi}_{\beta\gamma} = \int_\Omega \kappa^\varepsilon_{ik} B_{k\beta} B_{i\gamma} d\Omega \tag{B.13}$$

$$f_{i\gamma} = \int_{\Gamma_t} t_i N_\gamma d\Gamma \tag{B.14}$$

$$q_\gamma = \int_{\Gamma_\rho} \rho N_\gamma d\Gamma \tag{B.15}$$

式 (B.8) および式 (B.9) をマトリックス表記すれば，6.1節に示した連立一次方程式となる。

B.2 マルチスケール圧電弾性問題の有限要素式

6.2節において均質化理論に基づいて導出したマクロ方程式については，付録 B.1 を参照されたい．ここでは，ミクロ方程式 (6.43)〜(6.49) を有限要素法により離散化する．

形状関数 N^1_a を用いると，要素内の座標，特性変位関数，特性連成関数および特性電位関数は次式のように離散化される．

$$y_i = N^1_a y_{ia} \tag{B.16}$$

$$^{uu}\chi^{kl}_i = N^1_a {}^{uu}\chi^{kl}_{ia} \tag{B.17}$$

$$^{u\phi}\chi^n_i = N^1_a {}^{uu}\chi^n_{ia} \tag{B.18}$$

$$^{\phi u}\chi^{kl} = N^1_a {}^{\phi u}\chi^{kl}_a \tag{B.19}$$

$$^{\phi\phi}\chi^n = N^1_a {}^{\phi\phi}\chi^n_a \tag{B.20}$$

ここで，y_{ia} はミクロ構造の節点座標，$^{uu}\chi^{kl}_{ia}$ は節点における特性変位関数，$^{u\phi}\chi^n_{ia}$ および $^{\phi u}\chi^{kl}_a$ は節点における特性連成関数，$^{\phi\phi}\chi^n_a$ は節点における特性電位関数を表す．式 (B.17)〜(B.20) を適用して，ミクロ構造を特徴づける特性関数の偏微分を

$$\frac{\partial^{uu}\chi_i^{kl}}{\partial y_j} = \frac{\partial}{\partial y_j} N_a^{1uu}\chi_{ia}^{kl} = B_{ja}^{1\ uu}\chi_{ia}^{kl} \tag{B.21}$$

$$\frac{\partial^{u\phi}\chi_i^{n}}{\partial y_j} = \frac{\partial}{\partial y_j} N_a^{1u\phi}\chi_{ia}^{n} = B_{ja}^{1\ u\phi}\chi_{ia}^{n} \tag{B.22}$$

$$\frac{\partial^{u\phi}\chi^{kl}}{\partial y_m} = \frac{\partial}{\partial y_m} N_a^{1\phi u}\chi_{a}^{kl} = B_{ma}^{1\ \phi u}\chi_{a}^{kl} \tag{B.23}$$

$$\frac{\partial^{\phi\phi}\chi^{n}}{\partial y_m} = \frac{\partial}{\partial y_m} N_a^{1\phi\phi}\chi_{a}^{n} = B_{ma}^{1\ \phi\phi}\chi_{a}^{n} \tag{B.24}$$

と表す．ここで，前述のマクロ方程式中の均質化されたマクロ材料定数は，ミクロ構造の節点における特性関数によってつぎのように離散化される．

$$D_{ijmn}^{EH} = \frac{1}{|Y|}\int_Y (D_{ijmn}^E + D_{ijkl}^E B_{la}^{1\ uu}\chi_{ka}^{mn} + e_{nij}B_{k\beta}^{1\ \phi u}\chi_{\beta}^{mn})\, dY \tag{B.25}$$

$$e_{pij}^H = \frac{1}{|Y|}\int_Y (e_{pij} + e_{kij}B_{k\beta}^{1\ \phi\phi}\chi_{\beta}^{m} + D_{ijkl}^E B_{la}^{1\ u\phi}\chi_{ka}^{p})\, dY$$

$$= \frac{1}{|Y|}\int_Y (e_{pij} + e_{pkl}B_{la}^{1\ uu}\chi_{ka}^{ij} - \kappa_{pk}^{\epsilon}B_{k\beta}^{1\ \phi u}\chi_{\beta}^{ij})\, dY \tag{B.26}$$

$$\kappa_{ip}^{\epsilon H} = \frac{1}{|Y|}\int_Y (\kappa_{ip}^{\epsilon} + \kappa_{ik}^{\epsilon}B_{k\beta}^{1\ \phi\phi}\chi_{\beta}^{p} - e_{ikl}B_{la}^{1\ u\phi}\chi_{ka}^{p})\, dY \tag{B.27}$$

また，離散化式 (B.17)～(B.24) をミクロ方程式 (6.43)～(6.46) に適用すると

$$\int_Y (D_{ijkl}^E B_{la}^{1\ uu}\chi_{ka}^{mn} + e_{kij}B_{k\beta}^{1\ \phi u}\chi_{\beta}^{mn}) B_{j\gamma}^{1}\, dY = -\int_Y D_{ijmn}^E B_{j\gamma}^{1}\, d\Gamma \tag{B.28}$$

$$\int_Y (e_{ikl} + B_{la}^{1\ uu}\chi_{ka}^{mn} - \kappa_{ik}^{\epsilon}B_{k\beta}^{1\ \phi u}\chi_{\beta}^{mn}) B_{j\gamma}^{1}\, dY = -\int_Y e_{imn}B_{j\gamma}^{1}\, d\Gamma \tag{B.29}$$

$$\int_Y (D_{ijkl}^E B_{la}^{1\ u\phi}\chi_{ka}^{p} + e_{kij}B_{k\beta}^{1\ \phi\phi}\chi_{\beta}^{p}) B_{j\gamma}^{1}\, dY = -\int_Y e_{pij}B_{j\gamma}^{1}\, d\Gamma \tag{B.30}$$

$$\int_Y (e_{ikl} + B_{la}^{1\ u\phi}\chi_{ka}^{p} - \kappa_{ik}^{\epsilon}B_{k\beta}^{1\ \phi\phi}\chi_{\beta}^{p}) B_{j\gamma}^{1}\, dY = -\int_Y \kappa_{ip}^{\epsilon}B_{i\gamma}^{1}\, d\Gamma \tag{B.31}$$

となる．積分項を整理すれば，ミクロ方程式は最終的に次式のように表される．

$$k_{ika\gamma}^{uu\ uu}\chi_{ka}^{mm} + k_{i\beta\gamma}^{u\phi\ \phi u}\chi_{\beta}^{mm} = t_{i\gamma}^{mm} \tag{B.32}$$

$$k_{ka\gamma}^{\phi u\ uu}\chi_{ka}^{mm} + k_{\beta\gamma}^{\phi\phi\ \phi u}\chi_{\beta}^{mm} = q_{\gamma}^{mm} \tag{B.33}$$

$$k_{ika\gamma}^{uu\ u\phi}\chi_{ka}^{p} + k_{i\beta\gamma}^{u\phi\ \phi\phi}\chi_{\beta}^{p} = t_{i\gamma}^{p} \tag{B.34}$$

$$k_{ika\gamma}^{uu\ u\phi}\chi_{ka}^{p} + k_{i\beta\gamma}^{u\phi\ \phi\phi}\chi_{\beta}^{p} = q_{\gamma}^{p} \tag{B.35}$$

ここで

$$k_{ika\gamma}^{uu} = \int_Y D_{ijkl}^E B_{la}^{1} B_{j\gamma}^{1}\, dY \tag{B.36}$$

$$k_{i\beta\gamma}^{u\phi} = \int_Y e_{kij} B_{k\beta}^1 B_{j\gamma}^1 dY \tag{B.37}$$

$$k_{k\alpha\gamma}^{\phi u} = \int_Y e_{ikl} B_{l\alpha}^1 B_{i\gamma}^1 dY \tag{B.38}$$

$$k_{\beta\gamma}^{\phi\phi} = \int_Y \kappa_{ik}^\varepsilon B_{k\beta}^1 B_{i\gamma}^1 dY \tag{B.39}$$

$$t_{i\gamma}^{mm} = -\int_Y D_{ijmn}^E B_{j\gamma}^1 dY \tag{B.40}$$

$$t_{i\gamma}^p = -\int_Y e_{pij} B_{j\gamma}^1 dY \tag{B.41}$$

$$q_\gamma^{mm} = -\int_Y e_{imn} B_{j\gamma}^1 dY \tag{B.42}$$

$$q_\gamma^p = \int_Y \kappa_{ip}^\varepsilon B_{i\gamma}^1 dY \tag{B.43}$$

ミクロ方程式 (B.37)〜(B.43) をマトリックス表記すれば，6.2 節に示した連立一次方程式 (6.47) および式 (6.48) となる．

引用・参考文献

1章
1) 鈴木, 鳥山, 浅井, 高野, 大関, 金：超小型ターボ機械用燃焼器の空力・構造設計に関する考察, 電気学会第23回センサ・マイクロマシンと応用システムシンポジウム (2006)
2) 勝村, 高野, 鳥山, 金：マイクロコンプレッサの熱流体―構造連成解析, 第55回理論応用力学講演会 (2006)
3) 城戸, 高野, 山東：グローバル/ローカル動的応力解析へのモデル縮約法の適用, 日本機械学会第20回計算力学講演会 (2007)
4) 山田, 横尾, 高野, 鳥山, 古谷, 金：マイクロガスタービンエンジン用燃焼器の流体解析, 日本機械学会第20回計算力学講演会 (2007)
5) 高野, 浅井, 黄田, 橋本：TEMトモグラフィー技術を用いたナノスケール・イメージベース解析手法の研究, 日本計算工学会第12回計算工学講演会 (2007)
6) Hollister and Kikuchi：Homogenization theory and digital imaging：a basis for studying the mechanics and design principles of bone tissues, Biotechnology and Bioengineering, **43**, pp.586〜596 (1994)
7) 鬼沢, 高野, 永納, 河本, 座古, 石井：均質化法による多孔質セラミックスのミクロ応力評価・可視化ソフトV-SEMの開発, 日本計算工学会第8回計算工学講演会 (2003)
8) 高野, 中野, 馬越, 安達, 田原：生体硬組織の高分解能イメージベース・シミュレーション, まてりあ, **46**-7, pp.456〜459 (2007)
9) 田原, 安達, 中野, 高野, 馬越, 石本, 宮部, 平下, 小林, 岩城, 高岡：ヒト椎体海綿骨の高分解能イメージベース応力解析, 第27回日本骨形態計測学会 (2007)
10) 山東, 櫛田, 高野, 安達, 中野, 馬越, 石本, 榎元, 河井, 山本：生体硬組織の高分解能イメージベース・マルチスケールモデリング, 日本計算工学会論文集, Paper No.20060017 (2006)

2章

1) J.M. Gudes and N. Kikuchi：Preprocessing and postprocessing for materials based on the homogenization method with adaptive finite element methods, Computer Methods in Applied Mechanics and Engineering, **83**-2, pp.143〜198 (1990)
2) 寺田，菊池：均質化法入門，丸善 (2003)
3) 高野，座古，上辻，柏木：均質化法と異方損傷力学を用いた織物複合材料のメゾ強度評価，日本機械学会論文集（A編），**63**-608，pp.808〜814 (1997)
4) N. Takano, Y. Uetsuji, Y. Kashiwagi and M. Zako：Hierarchical modelling of textile composite materials and structures by the homogenization method, Modelling and Simulation in Materials Science and Engineering, **7**, pp.207〜231 (1999)
5) Fish：The s-version of the finite element method, Computers & Structures, **43**-3, pp.539〜547 (1992)
6) Robbins Jr. and Reddy：An efficient computational model for the stress analysis of smart plate structures, Smart Materials and Structures, **5**, pp.353〜360 (1996)
7) Rashid：The arbitrary local mesh replacement method：an alternative to remeshing for crack propagation analysis, Computer Methods in Applied Mechanics and Engineering, **154**, pp.133〜150 (1998)
8) 高野，座古，柏木：複合材料構造物の階層的有限要素解析，日本学術会議第47回応用力学連合講演会 (1998)
9) 高野，柏木，大西，座古：複合材料構造物の階層モデリングと局所的応力解析手法，日本機械学会論文集A編，**65**-631，pp.498〜505 (1999)
10) 鈴木，大坪，関，白石：重合メッシュ法による船体構造のマルチスケール解析，日本計算工学会論文集，**1**，pp.155〜160 (1999)
11) 高野，座古，石園：局所的不均質部を有する構造体のグローバル／ローカルモデリング，日本機械学会論文集A編，**66**-642，pp.220〜227 (2000)
12) 高野，座古：重合メッシュ法による不均質体のミクロ応力解析，日本機械学会論文集A編，**67**-656，pp.603〜610 (2001)
13) Takano, Zako and Okazaki：Efficient modeling of microscopic heterogeneity and local crack in composite materials by finite element mesh superposition method, JSME International Journal, Series A, **44**-4, pp.602〜609 (2001)

14) 高野，座古，奥野：界面き裂を有する不均質接合体のマルチスケール有限要素解析，材料，**52**-8，pp.952～957 (2003)
15) 高野，奥野：マルチスケール法による不均質体中のき裂先端におけるミクロ応力解析，日本機械学会論文集A編，**70**-692，pp.525～531 (2004)
16) Kawagai, Sando and Takano : Image-based multi-scale modelling strategy for complex and heterogeneous porous microstructures by mesh superposition method, modelling and Simulation in Materials Science and Engineering, **14**-1, pp.53～69 (2006)
17) 浅井，高野，植村，Marcal：MEMSシミュレーションのためのCADベース Global-Localモデリング，日本機械学会第18回計算力学講演会 (2005)
18) 高野，浅井，植村，Marcal：MEMSシミュレーションのためのCADセントリック Global-Localモデリング，第55回理論応用力学講演会 (2006)

3章
1) 上辻，倉敷，座古：損傷力学に基づいた平織強化複合材料の3次元有限要素解析 —損傷進展に及ぼす開繊繊維束の幾何学的変化の影響—，日本繊維機械学会誌，**57**-2，pp.45～51 (2004)
2) 座古，倉敷：複合材料力学入門 第10章 複合材料の強度則，日本複合材料学会誌，**23**-4，pp.144～150 (1997)
3) Hill : The mathematical theory of plasticity, Oxford (1950)
4) Hoffman : The brittle strength of orthotropic materials, J. Composite Materials, **1**, pp.200～206 (1967)
5) Tsai and Wu : A general theory of strength for anisotropic materials, J. Composite Materials, **5**, pp.58～80 (1971)
6) Zako, Takano and Tsumura : Numerical prediction of strength of UD notched laminates by analyzing the propagation of intra- and interlaminar damage, Materials Science Research International, JSMS, **2**-2, pp.117～122 (1996)
7) 上辻，座古：織物複合材料の損傷進展解析，材料，**48**-9，pp.1029～1034 (1997)
8) 高野，座古，上辻，柏木：均質化法と異方損傷力学を用いた織物複合材料のメゾ強度評価，日本機械学会論文集A編，**63**-608，pp.808～814 (1997)
9) 高野，座古，坂田：均質化法による織物複合材料の三次元マイクロ構造設計（第1報，強度に及ぼす織物積層方向位置ずれの影響），日本機械学会論文集

A編，**61**-585, pp.1038〜1043 (1995)
10) Terada, Ito and Kikuchi：Characterization of the mechanical behaviors of solid-fluid mixture by the homogenization method, Computer Methods in Applied Mechanics and Engineering, **153**, pp.223〜257 (1998)
11) 高野, 寺田, 座古, 吉岡：均質化法によるテキスタイル複合材料の樹脂浸透係数の評価, 日本複合材料学会誌, **26**-5, pp.171〜178 (2000)
12) 高野, 座古, 岡崎：せん断変形した織布の樹脂透過テンソルの数値解析, 日本機械学会論文集A編, **68**-668, pp.529〜536 (2002)
13) 高野, 大西, 西籔, 座古：均質化法による編物強化熱可塑性プラスチックの深絞り成形解析とその検証, 材料, **50**-5, pp.461〜467 (2001)
14) Takano, Zako, Fujitsu and Nishiyabu：Study on large deformation characteristics of knitted fabric reinforced thermoplastic composites at forming temperature by digital image-based strain measurement technique, Composites Science and Technology, **64**, pp.2153〜2163 (2004)
15) Takano, Ohnishi, Zako and Nishiyabu：The formulation of homogenization method applied to large deformation problem for composite materials, International Journal of Solids and Structures, **37**-44, pp.6517〜6535 (2000)

4章

1) シナジーセラミックス研究会 編：シナジーセラミックスII（材料基盤技術と要素技術）, 技報堂出版 (2004)
2) 木村, 高野, 久保, 小川, 河本, 座古：セラミックス多孔体のイメージベースモデリングと均質化法による弾性解析, 日本セラミックス協会学術論文誌, **110**-1282, pp.567〜575 (2002)
3) 高野, 辻村：多孔体モルフォロジーのディジタルイメージベース・アナリシス, 日本機械学会論文集A編, **70**-694, pp.787〜793 (2004)
4) 高野, 木村, 座古, 久保：セラミックスのランダムなミクロ構造を考慮したマルチスケール解析とミクロ応力評価, 日本機械学会論文集A編, **68**-671, pp.1046〜1053 (2002)
5) 高野, 木村, 座古, 久保：針状気孔を有するアルミナ多孔体の3次元ミクロ構造モデリングと均質化, 日本機械学会論文集A編, **68**-672, pp.1163〜1169 (2002)
6) 高野：生体骨医療を目指したマルチプロフェッショナル・シミュレータ, 独立行政法人 科学技術振興機構（JST）戦略的創造研究推進事業（CREST）

シミュレーション技術の革新と実用化基盤の構築 第2回シンポジウム講演要旨集，pp.33〜38 (2007)
7) 高野，中野，馬越，安達，田原：生体硬組織の高分解能イメージベース・シミュレーション，まてりあ，**46**-7, pp.456〜459 (2007)
8) 高野，中野，安達，馬越，河貝：ナノーミクローマクロスケールを繋ぐマルチスケール法による海綿骨の高精度応力解析，第27回日本骨形態計測学会 (2007)
9) 田原，安達，中野，高野，馬越，石本，宮部，平下，小林，岩城，高岡：ヒト椎体海綿骨の高分解能イメージベース応力解析，第27回日本骨形態計測学会 (2007)
10) 田原，安達，高野，中野：高分解能力学解析による骨粗鬆症脊椎の骨折リスクの評価，第34回日本臨床バイオメカニクス学会，東京 (2007)
11) 河貝，高野，中野，浅井：海綿骨の骨梁モルフォロジーと生体アパタイト結晶配向性を考慮したマルチスケール応力解析，材料，**55**-9, pp.874〜880 (2006)
12) 高野，浅井：メカニカルシミュレーション入門，コロナ社 (2006)
13) 山東，櫛田，高野，安達，中野，馬越，石本，榎元，河井，山本：生体硬組織の高分解能イメージベース・マルチスケールモデリング，日本計算工学会論文集，Paper No.20060017 (2006)
14) 松永，滝，田松，高野，井出：ヒトインプラント周囲骨梁における荷重伝達気孔の解析，第49回歯科基礎医学会学術大会 (2007)

5章

1) Takano, Zako and Okazaki : Efficient modeling of microscopic heterogeneity and local crack in composite materials by finite element mesh superposition method, JSME International Journal, Series A, **44**-4, pp.602〜609 (2001)
2) Takano, Zako and Okazaki : Local and microscopic analysis of woven fabric composite material under bending by finite element mesh superposition method, Information and Innovation in Composites Technologies (Ed. by T. Ishikawa and S. Sugimoto, Society for the Advancement of Material and Process Engineering), presented at the Seventh Japan International SAMPE Symposium, pp.725〜728 (2001)
3) 高野，座古，奥野：界面き裂を有する不均質接合体のマルチスケール有限要

素解析,材料,**52**-8,pp.952～957 (2003)
4) 高野,奥野:マルチスケール法による不均質体中のき裂先端におけるミクロ応力解析,日本機械学会論文集A編,**70**-692,pp.525～531 (2004)
5) Kawagai, Sando and Takano : Image-based multi-scale modelling strategy for complex and heterogeneous porous microstructures by mesh superposition method, Modelling and Simulation in Materials Science and Engineering, **14**-1, pp.53～69 (2006)

6章

1) Asai, Takano, Uetsuji and Taki : An iterative solver applied to strongly coupled piezoelectric problems of porous $Pb(Zr,Ti)O_3$ with nondestructive modelling of microstructure, Modelling and Simulation in Materials Science and Engineering, **15**-6, pp.597～617 (2007)
2) Nelli Silva, Fonseca, Montero de Espinosa, Crumm, Brady, Halloran and Kikuchi : Design of piezocomposite materials and piezoelectric transducers using topology optimization, Archives of Computational Methods in Engineering, **6**-2, pp.117～182 (1999)
3) 上辻,中村,上田,仲町:結晶均質化法に基づく圧電弾性有限要素解析手法の開発,日本機械学会論文集A編,**69**-679,pp.501～508 (2003)
4) 上辻,吉田,山川,槌谷,上田,仲町:結晶均質化法とSEM・EBSD結晶方位解析に基づいた圧電セラミックスの強誘電特性評価,日本機械学会論文集 (A編),**71**-702,pp.241～246 (2005)
5) 上辻,佐藤,長倉,西岡,倉前,槌谷:電子線後方散乱法による圧電セラミックスの結晶形態分析とそれを用いたマルチスケール有限要素解析,日本機械学会論文集 (A編),**74**-739,pp.342～347 (2008)
6) 上辻,堀尾,槌谷,仲町:マルチスケール有限要素解析による圧電セラミックスのミクロ結晶形態最適設計,日本機械学会論文集 (A編),**73**-725,pp.50～56 (2007)
7) 浅井,高野,滝,足森,日下,上辻:均質化法による多孔質圧電材料のイメージベース・マルチスケール解析,材料,**55**-12,pp.1111～1116 (2006)

7章

1) Dzung, Toriyama, Wells and Sugiyama : Silicon piezoresistive six-degree of freedom force-moment micro sensor, Sensors and Actuators A, **15**-3, pp.

113～135 (2003)
2) 矢川 編：構造工学ハンドブック，丸善 (2004)
3) Kiuchi, Matsui and Isono：Mechanical characteristics of FIB deposited carbon nanowires using an electrostatic actuated nano tensile testing device, Journal of Microelectromechanical System, **16**-2, pp.191～201 (2007)
4) 鈴木，鳥山，浅井，高野，大関，金：超小型ターボ機械用燃焼器の空力・構造設計に関する考察，電気学会第23回センサ・マイクロマシンと応用システムシンポジウム (2006)
5) 山田，横尾，高野，鳥山，古谷，金：マイクロガスタービンエンジン用燃焼器の流体解析，日本機械学会第20回計算力学講演会 (2007)
6) Betchtold, Rudnyi and Korvink：Fast simulation of electro-thermal MEMS, Springer (2007)
7) Baltes, Fedder and Korvink：Sensors update, **11**, Wiley-VCH (2003)
8) Korvink, Paul：MEMS, a practical guide to design, analysis and applications, William Andrew Publishing (2006)
9) 城戸，高野，山東：グローバル／ローカル動的応力解析へのモデル縮約法の適用，日本機械学会第20回計算力学講演会 (2007)
10) 浅井，高野，鳥山，Rudnyi, Korvink：モデル縮約法による高速動的構造解析，日本機械学会2006年度年次大会 (2006)

付録 A

1) 石原：テンソル―科学技術のために―，裳華房 (1991)
2) 久田：非線形有限要素法のためのテンソル解析の基礎，丸善 (1992)
3) Y.C. ファン (大橋，村上，神谷 共訳)：連続体の力学入門，培風館 (1974)
4) 中村，森：連続体力学の基礎，コロナ社 (1998)
5) 冨田：連続体力学の基礎，養賢堂 (1995)
6) 日本塑性学会 編：非線形有限要素法，コロナ社 (1994)
7) 久田，野口：非線形有限要素法の基礎と応用，丸善 (1995)
8) 高野，浅井：メカニカルシミュレーション入門，コロナ社 (2006)
9) O.C. ツィエンキーヴィッツ (吉識，山田 監訳)：マトリックス有限要素法 (三訂版)，培風館 (1984)
10) 鷲津，宮本，山田，山本，川井 共編：有限要素法ハンドブック Ⅰ基礎編，培風館 (1981)

11) 日本機械学会 編：計算力学ハンドブック（Ⅰ有限要素法 構造編），丸善 (1998)
12) 日本材料学会 編：改訂・初心者のための有限要素法，日本材料学会 (2001)
13) 日本計算工学会 編：計算力学―有限要素法の基礎，森北出版 (2003)
14) 三好：有限要素法入門（改訂版），培風館 (1994)
15) 片岡，安田，高野，芝原：数値解析入門，コロナ社 (2002)

索　　引

【あ】
アイソパラメトリック要素　　204

【い】
移動拘束　　208
異方性　　7, 68, 119, 128, 170
イメージベースモデリング　　10
異メッシュ接合法　　63, 178

【お】
応力ベクトル　　197
オートメッシュ　　2, 99

【か】
界　面　　141, 146
界面応力　　8
海綿骨　　119
ガウスの発散定理　　195
荷重伝達経路　　134
仮想仕事の原理　　204
完全拘束　　208

【き】
境界要素法　　27, 181
局所化　　39, 52, 125, 151
均質化法　　38, 138, 166

【く】
グリーン・ラグランジュ
　ひずみテンソル　　197
クロネッカーのデルタ　　191

【け】
形状関数　　202

【こ】
勾　配　　194
高品質シミュレーション　　12
コーシー応力　　198

【さ】
サブパラメトリック要素　　204

【し】
四面体要素　　4, 12, 99, 178
周期性　　42, 51, 93, 130
重合メッシュ法　　53, 125, 137
主応力ベクトル　　134
縮約された応力ベクトル　　200
縮約されたひずみベクトル　　200
真応力　　198

【す】
スーパーパラメトリック
　要素　　204

【せ】
生体アパタイト　　119
漸近展開　　41, 53, 77

【そ】
ソリッドモデル　　2, 24, 64, 101
損　傷　　68, 145

【た】
第1ピオーラ・キルヒ
　ホフ応力テンソル　　198
第2ピオーラ・キルヒ
　ホフ応力　　198
大変形　　88
ダミーインデックス　　194
ダルシー則　　78
弾性コンプライアンス定数　　201
弾性スティフネス定数　　199

【と】
等価介在物理論　　35
特性変位関数　　43

【な】
ナブラ　　194

【は】
発　散　　194
反復法　　21, 163

【ひ】
微小電気機械システム　　1
微小ひずみテンソル　　197
ヒストグラム　　85, 112
被覆要素　　130, 151
非連成化　　95

【ふ】

複合則	32
プリプロセシング	2

【へ】

変　位	195
変位勾配	196
変　形	195
変形勾配	196

【ほ】

補　間	202
ボクセル	10, 60, 153
ポストプロセシング	2, 13, 135

【ま】

マルチフィジックス	154, 179

【も】

モデル縮約法	184
モルフォロジー	19, 36, 104, 120

【や】

ヤコビマトリックス	206

【ゆ】

有限要素法	202

【よ】

要　素	202
要素剛性マトリックス	205

【ら】

ラベリング	18, 105

【り】

離散化	202
リナンバリング	61

【数字】

2値化	10, 17
3D-CAD	1

【B】

BEM	27, 181

【C】

CAE	2

【E】

EBE	21, 166

【F】

FEM	202

【G】

GUI	16

【M】

MEMS	1, 22, 172, 177
micro TAS	22
MOR法	184

【R】

RF-MEMS	22
RTM成形シミュレーション	76

【X】

X線マイクロCT	10, 103, 118, 173

―― 著者略歴 ――

高野　直樹（たかの　なおき）
1986 年　東京大学工学部精密機械工学科卒業
1988 年　東京大学大学院工学系研究科修士課程修了（精密機械工学専攻）
1988 年　東京大学助手
1993 年　博士（工学）（東京大学）
1993 年　ミシガン大学客員研究員
1994 年　大阪大学助手
1995 年　大阪大学助教授
1997 年　大阪大学大学院助教授
2004 年　立命館大学教授
2008 年　慶應義塾大学教授
　　　　　現在に至る

浅井　光輝（あさい　みつてる）
1998 年　岐阜大学工学部土木工学科卒業
2003 年　東北大学工学研究科博士後期課程修了（土木工学専攻），博士（工学）
2003 年　オハイオ州立大学博士研究員
2005 年　立命館大学助手
2007 年　九州大学准教授
　　　　　現在に至る

上辻　靖智（うえつじ　やすとも）
1993 年　大阪大学工学部生産加工工学科卒業
1995 年　大阪大学大学院工学研究科修士課程修了（生産加工工学専攻）
1998 年　大阪大学大学院工学研究科博士課程単位取得退学（生産加工工学専攻）
1998 年　博士（工学）（大阪大学）
1998 年　大阪大学接合科学研究所中核的研究機関研究員
1999 年　京都工芸繊維大学大学院ベンチャーラボラトリー中核的研究機関研究員
2001 年　大阪工業大学講師
2005 年　大阪工業大学助教授
2007 年　大阪工業大学准教授
　　　　　現在に至る

マイクロメカニカルシミュレーション
Micro Mechanical Simulation　　　　Ⓒ Takano, Uetsuji, Asai 2008

2008 年 10 月 8 日　初版第 1 刷発行

検印省略	著　者	高　野　直　樹
		上　辻　靖　智
		浅　井　光　輝
	発行者	株式会社　コロナ社
	代表者	牛来辰巳
	印刷所	新日本印刷株式会社

112-0011　東京都文京区千石 4-46-10

発行所　株式会社　コロナ社
CORONA PUBLISHING CO., LTD.
Tokyo Japan

振替 00140-8-14844・電話 (03) 3941-3131 (代)
ホームページ　http://www.coronasha.co.jp

ISBN 978-4-339-04594-9　　　（金）　　（製本：愛千製本所）
Printed in Japan

無断複写・転載を禁ずる
落丁・乱丁本はお取替えいたします

メカトロニクス教科書シリーズ

(各巻A5判)

■編集委員長　安田仁彦
■編集委員　末松良一・妹尾允史・高木章二
　　　　　　藤本英雄・武藤高義

配本順			頁	定価
1.（4回）	メカトロニクスのための**電子回路基礎**	西堀賢司著	264	3360円
2.（3回）	メカトロニクスのための**制御工学**	高木章二著	252	3150円
3.（13回）	**アクチュエータの駆動と制御（増補）**	武藤高義著	200	2520円
4.（2回）	**センシング工学**	新美智秀著	180	2310円
5.（7回）	**CADとCAE**	安田仁彦著	202	2835円
6.（5回）	**コンピュータ統合生産システム**	藤本英雄著	228	2940円
7.（16回）	**材料デバイス工学**	妹尾允史・伊藤智徳共著	近刊	
8.（6回）	**ロボット工学**	遠山茂樹著	168	2520円
9.（11回）	**画像処理工学**	末松良一・山田宏尚共著	238	3150円
10.（9回）	**超精密加工学**	丸井悦男著	230	3150円
11.（8回）	**計測と信号処理**	鳥居孝夫著	186	2415円
12.	**人工知能工学**	古橋武・鈴木達也共著		
13.（14回）	**光工学**	羽根一博著	218	3045円
14.（10回）	**動的システム論**	鈴木正之他著	208	2835円
15.（15回）	メカトロニクスのための**トライボロジー入門**	田中勝之・川久保洋二共著	240	3150円
16.（12回）	メカトロニクスのための**電磁気学入門**	高橋裕著	232	2940円

定価は本体価格+税5%です。
定価は変更されることがありますのでご了承下さい。

図書目録進呈◆

機械系 大学講義シリーズ

(各巻A5判)

■編集委員長　藤井澄二
■編集委員　臼井英治・大路清嗣・大橋秀雄・岡村弘之
　　　　　　黒崎晏夫・下郷太郎・田島清灝・得丸英勝

配本順　　　　　　　　　　　　　　　　　　　　　　頁　定価

1. (21回) 材　料　力　学　　西谷　弘　信著　190　2415円
3. (3回) 弾　　性　　学　　阿部・関根共著　174　2415円
4. (1回) 塑　　性　　学　　後藤　　學著　　240　3045円
5. (27回) 材　料　強　度　　大路・中井共著　222　2940円
6. (6回) 機　械　材　料　学　須藤　　一著　　198　2625円
9. (17回) コンピュータ機械工学　矢川・金山共著　170　2100円
10. (5回) 機　械　力　学　　三輪・坂田共著　210　2415円
11. (24回) 振　　動　　学　　下郷・田島共著　204　2625円
12. (26回) 改訂 機　構　学　　安田仁彦著　　244　2940円
13. (18回) 流体力学の基礎（１）　中林・伊藤・鬼頭共著　186　2310円
14. (19回) 流体力学の基礎（２）　中林・伊藤・鬼頭共著　196　2415円
15. (16回) 流体機械の基礎　　井上・鎌田共著　232　2625円
16. (8回) 油　空　圧　工　学　山口・田中共著　176　2100円
17. (13回) 工業熱力学（１）　伊藤・山下共著　240　2835円
18. (20回) 工業熱力学（２）　伊藤猛宏著　　302　3465円
19. (7回) 燃　焼　工　学　　大竹・藤原共著　226　2835円
21. (14回) 蒸　気　原　動　機　谷口・工藤共著　228　2835円
23. (23回) 改訂 内　燃　機　関　廣安・實諸・大山共著　240　3150円
24. (11回) 溶　融　加　工　学　大中・荒木共著　268　3150円
25. (25回) 工作機械工学（改訂版）　伊東・森脇共著　254　2940円
27. (4回) 機　械　加　工　学　中島・鳴瀧共著　242　2940円
28. (12回) 生　産　工　学　　岩田・中沢共著　210　2625円
29. (10回) 制　御　工　学　　須田信英著　　268　2940円
31. (22回) システム工学　　　足立・酒井・髙橋・飯國共著　224　2835円

以下続刊

7.　機　械　設　計　　北郷薫他著　　　20.　伝　熱　工　学　　黒崎・佐藤共著
22.　原子力エネルギー工学　有冨・齊藤共著　26.　塑　性　加　工　学　中川威雄他著
30.　計　測　工　学　　山本・宮城共著　32.　ロボット工学　　　内山勝著

定価は本体価格+税5%です。
定価は変更されることがありますのでご了承下さい。

図書目録進呈◆

機械系教科書シリーズ

(各巻A5判)

■編集委員長　木本恭司
■幹　　　事　平井三友
■編集委員　　青木　繁・阪部俊也・丸茂榮佑

配本順		書名	著者	頁	定価
1.	(12回)	機械工学概論	木本　恭司 編著	236	2940円
2.	(1回)	機械系の電気工学	深野　あづさ 著	188	2520円
3.	(20回)	機械工作法（増補）	平井三友・和田任弘・塚本晃久 共著	208	2625円
4.	(3回)	機械設計法	朝比奈奎一・黒田孝春・山口健二・三村誠一 共著	264	3570円
5.	(4回)	システム工学	古川正志・荒井浜洋・吉斎克蔵 共著	216	2835円
6.	(5回)	材料学	久保井徳恵・樫原克洋 共著	218	2730円
7.	(6回)	問題解決のための Cプログラミング	佐藤村男・中次理郎・一 共著	218	2730円
8.	(7回)	計測工学	前田良一・和村至・押田州昭・木田啓之 共著	220	2835円
9.	(8回)	機械系の工業英語	牧野雅晴・生橋俊雄・髙部也 共著	210	2625円
10.	(10回)	機械系の電子回路	阪本・丸茂榮吉・木恭佑・司 共著	184	2415円
11.	(9回)	工業熱力学	藪田悼男・伊本紀・山崎友司 共著	254	3150円
12.	(11回)	数値計算法		170	2310円
13.	(13回)	熱エネルギー・環境保全の工学	井下城城民恭浩・木崎武田明・松宮坂 共著	240	3045円
14.	(14回)	情報処理入門 ―情報の収集から伝達まで―	今本雅光・口石紘剛・田明吉村米山内靖 共著	216	2730円
15.	(15回)	流体の力学	坂田 共著	208	2625円
16.	(16回)	精密加工学	田明吉米村内山靖 共著	200	2520円
17.	(17回)	工業力学		224	2940円
18.	(18回)	機械力学	青木　繁 著	190	2520円
19.	(19回)	材料力学	中島　正貴 著	216	2835円
20.	(21回)	熱機関工学	越老智固本敏潔隆・部阪俊賢田恭弘・川明一光・飯川明一 共著	206	2730円
21.	(22回)	自動制御	早櫟野松矢重順洋一男 共著	176	2415円
22.	(23回)	ロボット工学		208	2730円
23.	(24回)	機構学		202	2730円

以下続刊

流体機械工学	小池　勝著		伝　熱　工　学	丸茂・矢尾・牧野共著
材料強度学	境田・上野共著		生　産　工　学	下田・櫻井共著
CAD／CAM	望月　達也著			

定価は本体価格＋税5％です。
定価は変更されることがありますのでご了承下さい。

図書目録進呈◆

コンピュータダイナミクスシリーズ
(各巻A5判)

■(社)日本機械学会 編

			頁	定価
1.	数値積分法の基礎と応用	藤川　　猛 編著 清水信行	238	3465円
2.	非線形系のダイナミクス －非線形現象の解析入門－	近藤・永井・矢ヶ崎 藪野・吉沢 共著	256	3675円
3.	マルチボディダイナミクス(1) －基礎理論－	清水信行 共著 今西悦二郎	324	4725円
4.	マルチボディダイナミクス(2) －数値解析と実際－	清水信行 編著 曽我部　潔	272	3990円

コンピュータアナリシスシリーズ
(各巻A5判)

■(社)日本機械学会 編

		頁	定価
1.	熱と流れのコンピュータアナリシス	248	3045円
2.	固体力学におけるコンピュータアナリシス	288	3360円
3.	振動工学におけるコンピュータアナリシス	274	3360円
4.	流れの数値シミュレーション	318	3780円
5.	相変態と材料挙動の数値シミュレーション	204	2625円
6.	逆問題のコンピュータアナリシス	222	2940円
7.	原子・分子モデルを用いる数値シミュレーション	232	3045円
8.	バイオメカニクス数値シミュレーション	250	3570円

定価は本体価格+税5%です。
定価は変更されることがありますのでご了承下さい。

図書目録進呈◆

塑性加工技術シリーズ

(各巻A5判，欠番は品切れです)
■(社)日本塑性加工学会編

配本順		(執筆者代表)	頁	定価
2.(17回)	材　　　　　　料 ―高機能化材料への挑戦―	宮川　松男	248	3990円
4.(19回)	鍛　　　　　　造 ―目指すはネットシェイプ―	工藤　英明	400	6090円
5.(10回)	押　出　し　加　工 ―基礎から先端技術まで―	時澤　　貢	278	4410円
6.(2回)	引　抜　き　加　工 ―基礎から先端技術まで―	田中　　浩	270	4200円
9.(1回)	ロ　ー　ル　成　形 ―先進技術への挑戦―	木内　　学	370	5250円
10.(11回)	チューブフォーミング ―管材の二次加工と製品設計―	淵澤　定克	270	4200円
11.(4回)	回　転　加　工 ―転造とスピニング―	葉山　益次郎	240	4200円
12.(9回)	せ　ん　断　加　工 ―プレス加工の基本技術―	中川　威雄	248	3885円
13.(16回)	プレス絞り加工 ―工程設計と型設計―	西村　　尚	278	4410円
15.(7回)	矯　　正　　加　　工 ―板,管,棒,線を真直ぐにする方法―	日比野　文雄	222	3570円
16.(14回)	高エネルギー速度加工 ―難加工部材の克服へ―	鈴木　秀雄	232	3675円
17.(5回)	プラスチックの溶融・固相加工 ―基本現象から先進技術へ―	北條　英典	252	3990円

加工プロセスシミュレーションシリーズ

(各巻A5判，CD-ROM付)
■(社)日本塑性加工学会編

配本順		(執筆者代表)	頁	定価
1.(2回)	静的解法FEM―板成形	牧野内　昭武	300	4725円
2.(1回)	静的解法FEM―バルク加工	森　謙一郎	232	3885円
3.	動的陽解法FEM―3次元成形	大下　文則		
4.(3回)	流動解析―プラスチック成形	中野　　亮	272	4200円

定価は本体価格+税5％です。
定価は変更されることがありますのでご了承下さい。

図書目録進呈◆

工学分野を横断する制振技術の集大成!

制振工学ハンドブック

制振工学ハンドブック編集委員会 編／B5判／1,272頁／定価36,750円（上製・箱入り）

[内 容]

本書は振動・音響工学における制振機能の役割について，多くの分野から具体的事例を取り入れ解説した。どのような振動・音響問題に対して制振は有効か，また効果が出にくい条件はなにかなどについてわかりやすく体系的にまとめた。

[主要目次]

1．基礎理論（総論／制振とその機能／ミクロの制振機構／マクロの制振機構／いろいろな制振機構／制振の基本モデルと数式的表現／動的モデルにおける制振の挙動）2．制振材料（総論／高分子系制振材料／制振金属・合金／制振鋼板／インテリジェント材料）3．計測技術（総論／制振特性／吸音・遮音特性／動吸振器特性／数値解析パラメータ計測・評価技術／計測・評価装置）4．解析・適用技術（総論／解析技術／実験的解析技術／構造系の振動低減への適用技術／音響系・流体系の騒音低減への適用技術／適用技術の考え方／具体的適用事例／アクティブ制御）5．利用技術（総論／産業別制振技術の適用）6．基礎資料（総論／研究の動き／基準・規格／法規／材料のデータベース／構造集）

塑性加工全般を網羅した!

塑性加工便覧 [CD-ROM付]

日本塑性加工学会 編／B5判／1,194頁／定価37,800円

[まえがき（抜粋）]

塑性加工分野の学問・技術に関する膨大かつ貴重な資料を，学会の分科会で活躍中の研究者，技術者から選定した執筆者が，機能的かつ利便性に富むものとして役立て，さらにその先を読み解く資料へとつながる役割を持つように記述した。

[主要目次]

総論／圧延／押出し／引抜き加工／鍛造／転造／せん断／板材成形／曲げ／矯正／スピニング／ロール成形／チューブフォーミング／高エネルギー速度加工法／プラスチックの成形加工／粉末／接合・複合／新加工／特殊加工／加工システム／塑性加工の理論／材料の特性／塑性加工のトライボロジー

定価は本体価格+税5％です。
定価は変更されることがありますのでご了承下さい。

図書目録進呈◆